军事科技史话

——古兵·枪械·火炮

李俊亭 游 云 主编

科学普及出版社
·北京·

图书在版编目（CIP）数据

军事科技史话. 古兵、枪械、火炮 / 李俊亭，游云主编. —北京：科学普及出版社，2014.11
　　ISBN 978-7-110-08737-4

　　Ⅰ.①军… Ⅱ.①李… ②游… Ⅲ.①军事技术—技术史—世界—普及读物②兵器（考古）—世界—普及读物③枪械—历史—世界—普及读物④火炮—历史—世界—普及读物　Ⅳ.①E9-091

中国版本图书馆 CIP 数据核字（2014）第 190601 号

责任编辑	鲍黎钧
责任校对	孟华英
责任印制	张建农

出　版	科学普及出版社
发　行	科学普及出版社发行部
地　址	北京市海淀区中关村南大街16号
邮政编码	100081
电　话	010-62103123　62103349
传　真	010-62173081
网　址	http://www.cspbooks.com.cn
印　刷	北京长宁印刷有限公司

开　本	787mm×1092mm　1/16
字　数	260千字
印　张	16
版　次	2014年11月第1版
印　次	2014年11月第1次印刷
书　号	ISBN 978-7-110-08737-4 / E·37
定　价	32.00元

（凡购买本社图书，如有缺页、倒页、脱页者，请联系本社发行部调换）

开篇的话

丛书名为"军事科技史话",有必要对"军事科技"概念先行探讨。军事科技,可理解为军事科学、军事技术的简称。《美国军事百科》这样定义军事科学:"军事科学是指导作战的诸原则和规律的研究,目的在于改进未来的战略、战术和武器。"中国军事科学院将军事科学的学科结构定为:军事思想、军事历史、军事地理、军事学术、军事技术、武装力量建设。这里已经把军事技术列入军事科学的范畴。《中国人民解放军军语》称:"军事技术包括(1)运用于军事领域的一切科学技术成就。如研制枪炮、战斗车辆、飞机、舰艇、电子设备、核武器、导弹、火箭、卫星、激光武器和各种技术器材等的科学技术。(2)操纵或使用武器、技术装备等的军事技能的通称。"此前,我国学术界曾把军事科学归入社会科学范畴,理由是它的研究对象——战争和军事活动,是一种社会现象。在军事技术对于战争和军事活动的影响日益增大的时代,军事技术在军事科学中的分量也日益加重。如今,在美国及欧洲,人们常常把军事技术与军事科学混为一谈;在我国,"军事科技"已经成为一个约定俗成的常用词语,其含义更侧重于应用类自然科学技术,是直接为军事服务的科学技术,主要包括各类武器装备的研究、设计、制造、试验、操作使用、维护修理,以及国防和军事设施(机场、基地、工事、港口等)的设计建造等,其最重要的成果是物化的武器装备。

战争和其他军事活动的需求,是军事科技发展的主动力。同时,军事科技的发展又对战争产生巨大的影响。对军事有着深刻研究的革命导师恩格斯指出:"一旦技术上的进步可以用于军事目的,它们便立刻几乎强制地、而且往往是违反指挥员的意志引起作战方式上的改变甚至变革。"(《马克思恩格斯全集》第20卷第187页)。军事科技推动武器装备、作战方式、军队结构的更新,是决定战争胜负的重要因素。

自从有了战争，就有了军事科技，至今已有约五千年的历史。可划分为三个历史阶段：

（一）古代军事科技。以冷兵器和早期火器制造和使用为主要特征，时间跨度在世界范围内为公元前 3000 年至 17 世纪，中国则是到 19 世纪中期。冷兵器经历了石木兵器、青铜兵器、钢铁兵器几个发展阶段。公元 10 世纪，中国发明的火药用于军事，宋朝初年出现火器，开始了人类战争史上火器与冷兵器并用的时代，在中国历经宋、元、明到清代鸦片战争时期，延续达 9 个世纪。中国发明的火药、火器于 12~13 世纪经阿拉伯传入欧洲后，伴随着文艺复兴运动、资本主义生产方式开始确立、近代自然科学初步创立，兵器的研制快速发展，到 15 世纪末欧洲的枪炮制造技术超越了中国。17 世纪末，性能优越的燧发枪和火炮普遍装备军队，长矛、长弓等冷兵器从欧洲各国步兵兵器中退出，结束了欧洲战争史上火器与冷兵器并用的时代（另一种观点，把资本主义萌芽的 15 世纪作为古代军事科技的结束和近代军事科技的开端）。实际上，在欧洲国家军队大量装备火绳枪的 15~16 世纪，长矛、长弓等冷兵器仍在广泛使用，如瑞典军队一个 408 人的战术单位中，长矛兵占 53%，火绳枪兵占 47%。

（二）近代军事科技。以热兵器制造和机械化技术为主要特征，时间跨度为 17 世纪至第二次世界大战前后，中国则是从 19 世纪中期到 20 世纪中期。热兵器取代冷兵器成为战争的主战武器，是军事科技发展跨入近代的标志。随后，在 18 世纪以蒸汽机技术为代表、19 世纪以电磁技术为代表的两次技术革命的推动下，军事科技获得迅速发展，枪炮由前装更新为后装，并出现了自动装弹的枪炮，大量机械化技术装备（包括飞机、坦克、蒸汽舰艇等）投入战场。

（三）现代军事科技。第二次世界大战前至今，以核技术、电子技术、信息技术为主要特征。战后，在常规武器制备技术继续发展的同时，核能、电子计算机、航天、人工智能、信息网络等高新技术在军事上的运用，使军事科技进入了一个崭新的时代。

作者从事军事史、军事科技史研究 30 载，1994 年即为撰写《兵器史话》做准备。因近五年参与筹建军事科技馆，便将内容扩充为《军事科技史话》。这部《史话》，是多年"史海"邀游采撷的浪花——古今中外军事科技发明创新的精彩故事，也是军事科技馆筹建过程中发掘的宝藏——陆海空天电各类武器装备的技术奥秘。《史话》无疑是军事博物馆、军事科技馆的"对口"文化产品，愿读者在兴致盎然的阅读中，从一个个兵器大师的成长成功中启迪智慧，从一件件领先于世的科技发明中萌发灵感，从一场场科技影响战争模式、结局的战例中顿悟升华，为实现中华民族的强国梦、强军梦增加一份正能量。

本册《古兵·枪械·火炮》从古代兵器讲起，近现代的枪械火炮都源于中国古代发明的管形射击武器，由此我们可领略中国古代军事科技的辉煌，也可了解近代中国军事科技落后导致的悲剧，更可满足"枪迷""炮迷"们溯源追潮的兴致。

丛书总撰稿　李俊亭
于北京玉渊潭畔
军事博物馆

目录 / CONTENTS

古代兵器

古代兵器概述 …………………………………………………… 002
石器时代的"尖端技术" ………………………………………… 003
弓箭和弩的发明发展 …………………………………………… 004
最早的部落战争和"五兵" ……………………………………… 007
金属时代的开始和青铜兵器 …………………………………… 009
青铜技术的高峰——吴越青铜剑 ……………………………… 010
青铜兵器造就的古埃及帝国 …………………………………… 012
靠铁兵器称雄的亚述帝国 ……………………………………… 012
领先于世的中国钢铁兵器 ……………………………………… 013
金属兵器引发的军事变革 ……………………………………… 015
金属化变革时代的军事强国比较 ……………………………… 017
马镫发明的非凡作用 …………………………………………… 019
火药的发明与初级火器 ………………………………………… 021
最早的管形射击火器 …………………………………………… 023
中国古代火箭 …………………………………………………… 026
中国武备由盛转衰 ……………………………………………… 027
虎门大炮及三星令旗 …………………………………………… 030

枪械技术

枪械发展概述 …………………………………… 034
钟表匠发明了燧发枪 …………………………… 035
火器取代冷兵器 ………………………………… 037
世界上首次全面火力战 ………………………… 039
雷汞火帽与第一支击发枪 ……………………… 040
普鲁士人发明后装击针枪 ……………………… 042
定装式枪弹成就枪械后装 ……………………… 043
后装线膛枪与前装滑膛枪的较量 ……………… 044
斯潘塞发明连发步枪 …………………………… 047
无烟火药取代黑火药 …………………………… 048
跨世纪名枪——毛瑟步枪 ……………………… 050
毛瑟步枪在中国 ………………………………… 053
日本"三八大盖" ………………………………… 055
伽兰德和他的"半自动" ………………………… 056
向应式半自动步枪 ……………………………… 058
中间型枪弹催生突击步枪 ……………………… 059
费德洛夫研制的自动步枪 ……………………… 061
卡拉什尼科夫开创 AK 系列枪 ………………… 062
源自 AK-47 的 56 式冲锋枪 …………………… 066
北约步枪口径大论战 …………………………… 067
北约 7.62 毫米名枪 ……………………………… 068
斯通纳开拓小口径之路 ………………………… 070
积木玩具的启示——枪族 ……………………… 074
短步枪——卡宾枪 ……………………………… 075
步兵手中的"炮"——枪榴弹 …………………… 077
比利时步枪和 SS109 枪弹夺魁记 ……………… 078
北约 5.56 毫米名枪 ……………………………… 079

以色列伽利尔突击步枪	083
"一枪夺命"的狙击步枪	084
俄罗斯狙击步枪	089
德国"精确射击步枪"	090
中国 81 式班用枪族	091
95 式枪族和"中国枪王"	094
中国小口径狙击步枪	097
中国研制的高精度狙击步枪	098
俄罗斯新一代步枪	099
研制试验中的美军新型步枪	100
发展中的单兵武器系统	102
早期手枪的演变	105
致林肯总统遇难的单发手枪	107
柯尔特发明转轮手枪	109
史密斯 & 韦森转轮手枪	111
左权使用的转轮手枪	113
博查特、卢格研制的自动手枪	115
战斗性能突出的毛瑟手枪	116
朱德在南昌起义时使用的毛瑟手枪	118
德国华尔特和伯格曼手枪	121
勃朗宁和他的自动手枪	123
刘志丹使用的勃朗宁手枪	127
旧中国兵工厂制造的手枪	129
革命根据地制造的手枪	130
新中国生产的系列手枪	131
苏联/俄罗斯系列手枪	134
"世界第一枪"美誉属于谁	136
引领新潮的格洛克手枪	137
后来居上的德国 HK 公司手枪	139
马克沁的伟大发明	140

马克沁机枪在中国 …… 143
麦德森轻机枪 …… 145
德国人首创通用机枪 …… 146
服役50年的M60通用机枪 …… 148
历久不衰的勃朗宁机枪 …… 150
源于捷克ZB26的布伦轻机枪 …… 151
美国M249机枪及其改进型 …… 153
创制于第一次世界大战的冲锋枪 …… 154
开现代冲锋枪之先的MP38 …… 156
美国第一种制式冲锋枪 …… 157
M3冲锋枪走物美价廉之路 …… 158
生产量巨大的苏联冲锋枪 …… 159
纳百家之长的乌齐冲锋枪 …… 160
特种部队钟爱的MP5、MP7 …… 162
中国冲锋枪由仿制到创新 …… 164

火炮技术

火炮发展概述 …… 168
火炮始祖 …… 170
靠火炮称雄欧洲的瑞典军队 …… 171
善于用炮的拿破仑 …… 174
卡瓦利创制后装线膛炮 …… 177
制作精良的克虏伯钢炮 …… 178
架退式到管退式，又一次飞跃 …… 180
地面压制火炮两个主炮种 …… 182
红军长征带到陕北的唯一山炮 …… 183
超远射程的"巴黎大炮" …… 185
"战争之神"威名的由来 …… 186
为超级大炮殉难的巴尔博士 …… 188

自行火炮崛起	190
牵引火炮走出新路	193
火炮口径标准化	195
为火炮配备长眼睛的炮弹	196
日俄战争中诞生的迫击炮	199
大渡河畔显威的迫击炮	200
82迫击炮毙命日军中将	203
迫击炮的新发展	205
盯着飞机发展的高射炮	208
朝鲜战场的绞杀反绞杀较量	211
持久不衰的小高炮	213
弹炮结合的防空武器	215
戴维斯发明无坐力炮	217
"门罗效应"与空心装药破甲弹	218
前景难测的无坐力炮	220
"巴祖卡"和新一代火箭筒	221
反坦克炮的发展	224
火箭炮源远流长	228
液体发射药火炮	230
前途无量的激光炮	233
走向成熟的电磁炮	236
参考文献	240
作者简介	242
后记	244

古代兵器

古代兵器概述

古代军事科技，包括冷兵器时代和冷兵器与火器并用时代。冷兵器依赖人的体能为动力，包括长兵器、短兵器、弹射兵器等；材质上经历了石兵器、青铜兵器、铁兵器、钢兵器的演变；形制上可分为刀、枪、剑、戟、棍、棒、槊、镋、斧、钺、钩、叉、鞭、锏、锤、钯、戈、矛、弓、弩等。基于先进的冶炼、铸造技术，古代中国的青铜兵器、钢铁兵器长期领先于世，著名的越王勾践剑、汉代百炼环首钢刀等，就是中国古代军事科技的杰作。

火药的发明，在军事科技史上具有重大意义，引发了兵器革命性的变化，硝石、硫黄、木炭混合爆炸燃烧产生的化学能，使兵器威力不再依靠人的体能。公元 1044 年刊印的北宋官书《武经总要》，记载了三个世界上最早用于实战的燃烧性火器火药配方。此后，作战中大量使用的爆炸性火器（震天雷等）、军用火箭（三飞箭、火龙出水等）、金属管形射击火器（火铳）等，更彰显了中国古代军事科技的辉煌。

图 1　军事博物馆古代战争馆陈列的孙武塑像和"十八般兵器"。
十八般兵器有多种说法，一般为：刀枪剑戟，斧钺勾叉，
镋棍槊棒，鞭锏锤抓，拐子流星

13世纪开始，中国发明的火药火器先后传入阿拉伯地区和欧洲。14世纪中叶，欧洲人制成了金属管形射击火器——火门枪，技术水平与中国元代和明初的手铳相近。15世纪初创制的火绳枪，为枪械配置了最早的点火发射装置——火绳枪机，大幅度提高了射速、射程和命中率，欧洲的火器技术水平由此超越了中国老师。火绳枪16世纪倒流回火器发源地，称鸟铳，很快取代了中国旧式火铳。17世纪，欧洲军队普遍装备用燧发枪机点火发射的燧发枪，燧发枪比火绳枪点火可靠，而且配有刺刀，长矛等冷兵器终于从欧洲战争舞台退出。到19世纪鸦片战争暴发时，英国军队配备了更加先进的后装线膛枪炮（属近代军事科技装备），而此时的中国清朝军队仍在使用大刀、长矛、火绳枪（属冷兵器、火器并用的古代军事科技装备）。落后就要挨打，如果"落后"呈现巨大的"代差"，惨败无疑。

石器时代的"尖端技术"

兵器，是进行战争的工具，是与战争同步产生的。在漫长的原始氏族社会里，部落之间为争夺生存空间、抢婚、血缘复仇等原因，时而会发生具有战争形态的强力冲突，平常狩猎使用的棍棒、石块、弓箭就是兵器。在人类早期漫长的岁月里，生产工具与兵器是不分的，用于打野兽、种粮食是生产工具，用于人与人争斗就是兵器。

原始社会后期，部落间的战争日益频繁，军事首长成为部落中一个不可缺少的公职，战争成为一种经常性的职业。根据战争需求，通过对生产工具的改造和创新，便出现了专用于作战的工具——兵器。

在距今八九千年前的新石器时代，人类制造工具、兵器的技术有了一次大的进步：由天然石块、打制石器发展到磨制石器。为了把磨制的石器和木棒结合在一起，发明了钻孔穿槽技术。为石器打眼穿孔，堪称新石器时代的"尖端技术"。掌握了这种技术，就可以制造石木结合的复合兵器。长长的手柄，延长了人的手臂，大大提高了搏击能力。大量出土文物证明，中国黄河流域是最早发明和掌握此项技术的地区之一。带柄穿孔石钺是当时常见的生产工具，也是最具威力的兵器，氏族首领大都使用刃部宽大、锋利的石钺，石钺成为权力的象征。

山东莒县曾出土一件国宝级墓葬陶缸，其最珍贵的价值是缸上的彩绘鹳鱼石钺图，它讲述了一个远古战争的故事：一个以鹳为图腾的氏族首领，率众战胜了以鱼为图腾的敌对氏族。为了颂扬他的英雄业绩，远古时期画师在47厘米高的陶缸上创作了这幅珍贵作品。

图2 安徽潜山薛家岗出土的七孔石刀，刀长22.6厘米

图3 鹳鱼石钺图

弓箭和弩的发明发展

弓箭是蒙昧时代人类的重大发明，是原始人最重要的狩猎工具，有战争后便成为最重要的原始兵器。恩格斯说："弓箭对于蒙昧时代，正如铁剑对于野蛮时代一样，乃是决定性的武器"。

最初形态的弓，由单片的木、竹制成，把木棍、竹棍削尖即为箭。《易·系辞下》称上古之人"弦木为弧，剡（shan）木为矢"。虽然简单，却是人类一项伟大的发明：首次把人的体力和物体的弹力结合起来。

军事科技史话 ●古兵·枪械·火炮

古代兵器

弓箭可以远距离地射杀猎物和敌人,是冷兵器时代最有效、使用最广泛的兵器。中国古代传说中,把弓箭发明的殊荣归于一个叫羿的英雄:远古时代,天上有10个太阳,晒得大地干裂,万木枯萎。百姓们请来了神通广大的羿。羿拿出特制的大弓,张弓放箭,一口气射掉了9个太阳。当他要射第10个太阳时,几位老人急忙上前阻止:"留下这一个,让它给人间送来温暖。"(见《山海经·海外南经》、《孙膑兵法·势备篇》)

实际上,弓箭发明的年代,比古代传说更久远。1963年山西朔县考古发现1支用燧石打制的石镞,经放射性碳素测定,距今约2.8万年。从此镞加工精细的程度看,我们的祖先至少在3万年前就能制造弓箭,掌握了一种射猎远距离动物的利器。

图4 原始人射箭。摘自军事博物馆古代战争馆景观

为了提高弓箭的杀伤威力,先民对弓和箭不断进行改进。弓逐渐由单片的竹木,发展成为综合运用竹木、牛角、筋、胶、丝等材料制成的复合弓,大大增强了弓体的韧性、强度和弹射力。为增强穿透力,在箭端加装用石或骨、角等材料制成的箭头——箭镞。还学会了在箭尾装上鸟类羽毛制成的箭羽,增强了箭矢飞行的稳定性,也飞得更远,射得更准。箭羽以雕翎为上品,雁鹅羽为最差。

商周时期,弓箭的发展趋于成熟,弓箭是当时车战的主要武器之一。每辆战车上有甲士3人,主将在左,专管张弓射箭。

周代,射是六艺(礼—礼仪、乐—音乐、射—射箭、御—驾车、书—识字、数—计算)之一,也是古代最强大的攻击手段之一。早时的

图5 战国驷马战车,军事博物馆古代战争馆陈列

贵族，如果家中生下男孩，都要向天地四方射出六箭，以示男子所要征服的世界。

商周箭镞多为铜制，铜箭头凸脊、三角形扁翼，当箭头刺入身体后，两翼的倒刺会牢牢钩住合拢的伤口难以拔出，血槽就像吸血蝙蝠般抽出敌人的血液。时至战国，新兴的三棱翼样式更使箭即便拔出伤口也很难愈合，并且相应的血槽增至六个。秦代箭头则提高了致人中毒的铅含量。随着西汉炼铁业的发达，全铁制的箭头也问世了。

图6 战国铜镞

东周时期复合技术的普及，大大增加了弓身可储存的势能，使射手能将更多力量转化给弓身，射出更快更远之箭。古人超常的膂力令人惊诧，精锐射手竟能拉开70千克的强弓，估计有效射程应在50~70米之间。当然这其中也离不开始于商代的扳指的功劳。扳指这项不起眼的发明，却令拉动强弓硬弩得以可行，避免因疼痛降低射速，甚至割伤手指。扳指对射手的意义如此重大，以至骑射起家的清朝王公贵族们最终使其异化成为一种首饰。

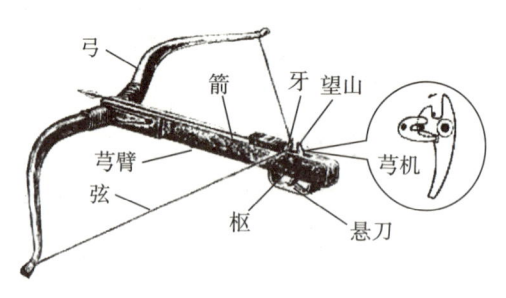

图7 弩结构示意图

图8 陕西临潼出土的秦弩机　　图9 汉画像石拓片中的武士与蹶张弩

弩，亦称弩弓，是弓的发展，相传为黄帝所造，出现不晚于商周时期。它将弓装在弩臂上，并用弩机控制弓弦的回弹，这样就可以延时发射，射手从容地把装箭与纵弦发射分解为两个动作，有更高的命中率和更远的射程。

军事科技史话 ●古兵·枪械·火炮

弩的关键部件是弩机，能完成勾弦、瞄准、扣射等功能。

在春秋时期，用铜做弩机的弩，已经成为一种常见的兵器，在作战中大量使用。早期为臂张弩，靠臂力张弓，射程约80米。《孙膑兵法》中称，这种弩"发于肩膺之间，杀人百步之外"。战国晚期出现蹶张弩，发射时把弩竖立在地上，双足踏住弓臂，双手向上提拉弓弦，手足合力，射程可达160～240米。韩国称之为"劲督"，文献记载十二石弩可射六百步，选武卒的一项考核要求就是能够挽十二石弩。

图10　汉代弩机，望山上有刻度线。摘自军事博物馆收藏

弩在汉代更加完善，弩机外面增设一个匣状铜郭，可承受更大的张力，用于瞄准的望山上。增加了刻度，可根据目标的距离调整发射角，提高了命中率。汉军与匈奴作战时，著名将领李广善使大黄弩，在众寡悬殊的情况下，远距离射杀敌首，扭转战局。

最早的部落战争和"五兵"

中国古代早期文献中，记载了许多部落和部落联盟之间发生战争的传说。其中，规模比较大、最著名的黄帝与蚩尤的涿鹿之战，就发生在这一时期。

距今5000多年前，中国黄河流域主要有三大部族集团：黄帝部落集团、炎帝部落集团和蚩尤为首的东夷部落集团（九黎族为主）。其中，黄帝、炎帝原为一族，通称华夏部落集团。《国语·晋语》记载："昔少典娶于有虫乔氏，生黄帝、炎帝。黄帝以姬水成，炎帝以姜水成。成而异德，故黄帝为姬，炎帝为姜。"黄帝部落集团发祥于黄河中游地区（今陕西北部），后来南下，东渡黄河，进入今山西、河北地区。炎帝部落集团兴起于渭水上游，后来迁徙到黄河两岸的今河南、河北、山东接壤地区。蚩尤为首的东夷部落集团，主要活动于泰山以西,以及今冀鲁豫交界地区。华夏部落集团东迁后,与东夷部落集团的地盘靠得很近,特别是炎帝部落与蚩尤的九黎氏族部落聚居区域犬牙交错。为争夺适于牧猎和浅耕的地带,炎帝部落与蚩尤的九黎氏族部落之间首先发生了战争。战争初期,炎帝战败,请求黄帝部落支援。炎黄两部落联合,在太行山与泰山之间的涿鹿地区展开大战(涿鹿,一说在今河北石家庄附近的涿鹿南,另说为邢台地区的巨鹿县)。传说,蚩尤既聪明,又勇敢,他的军队不仅武器精良,而且阵法变化无穷。他用兽皮制成大鼓,大鼓发出响雷般的声音,使黄帝的军队胆战心惊。他利用大雾把黄帝的军队团团围住,使黄帝损失惨重。黄帝依照北斗星的原理,造指南车辨明方向,才冲出重围。黄帝依靠与炎帝联盟的强大力量,经过多年苦战,终于打败蚩尤,在冀州将其擒杀。涿鹿之战是炎黄部落集团在黄河中下游的奠基之战,对华夏民族的融合有着重大影响。

《史记·五帝本纪》引用更早的古书《龙鱼河图》记载:"蚩尤兄弟81人,并兽身人语,铜头铁额,食沙造五兵,仗刀戟大弩,威震天下。……天遣玄女,下授黄帝兵符,伏蚩尤。"

涿鹿之战时期的兵器——"五兵"(弓矢、殳、矛、戈、戟等冷兵器的泛称),它们都是仿照野兽猛禽的角、爪、牙、喙的样式,具有刺、斩、击、砍等功能,奠定了冷兵器的基本类型。

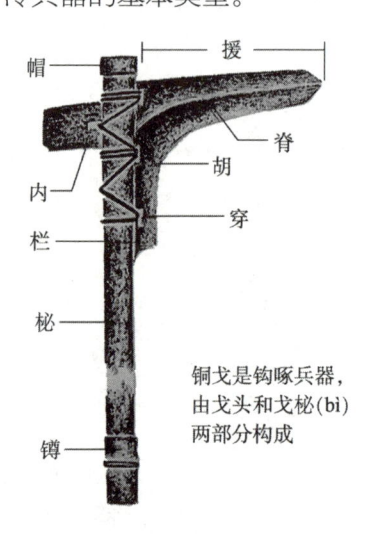

图11 戈结构示意图　　图12 汉代蚩尤像

中国古籍和传说中,称"蚩尤造五兵","黄帝以玉为兵",(《孙膑兵法》

称黄帝制剑），把兵器的发明归功于部落联盟首领蚩尤和黄帝。汉代画像石上的蚩尤像，被描绘成一个似人非人的神兽状怪物，头顶、手中、身旁都是他发明的兵器。

金属时代的开始和青铜兵器

原始社会末期，人类发现了比石器更锐利的金属，并开始利用金属制造工具和兵器。在五金——金、银、铜、铁、锡中，金银锡质软，不适宜制作生产工具。除天然陨铁石，铁都是以化合物存在的矿石，必须经过冶炼。而铜有天然的，而且有一种叫孔雀石的铜矿石，用木炭加热到一千多度，就能炼出铜来，因此铜成为最早被人类利用的金属。真正的金属时代是从冶炼和使用青铜开始的。青铜是铜和锡或铅的合金，因为色青，故称青铜，具有熔点低，易锻造，硬度比纯铜高的特点。迄今发现最早的中国青铜兵器，是1975年出土于甘肃马家窑文化遗址（东乡族自治县）的一把青铜刀，大约铸造于公元前3000年。古史传说把早期铜器及其冶铸技术，追溯到黄帝至夏禹时期，与出土实物的铸造年代大体吻合。《史记·孝武本纪第十二》记载："黄帝作宝鼎三，象天地人也。禹收九牧之金，铸九鼎。"

图13　1972年在湖北大冶发现的春秋铜炉渣和炼铜工具木铲

图14　商妇好铜钺

古书还称：夏禹"以铜为兵"。

中国从夏代（公元前21世纪）开始进入青铜时代，但青铜兵器数量还不多，尚处于"金石并用"时期。到了商、周、春秋，军队大量装备青铜兵器，而且种类齐全，制作精美。青铜时代在中国历经约1500年。青铜兵器取代石兵器是一个质的飞跃，由于制造兵器材料的变化，引发了人类历史上第一次军事变革，称为金属化军事变革。

1976年，在河南安阳小屯殷墟的5号墓——妇好墓，出土了12件青铜兵器。图14是其中的妇好铜钺，长39.5厘米，刃宽37.5厘米，重达9千克，雕有双虎噬人头纹饰。妇好是殷商第23代王武丁的配偶。史载，她经常领兵作战，是中国古代最早的著名女将领。此时，铜钺不再是威猛的实战兵器，而是统帅权威的象征。这件铜钺，就是妇好统兵出征时，借以显示其权威用的。周武王伐纣，誓师牧野，也是"左仗黄钺，右秉白旄"。

青铜技术的高峰——吴越青铜剑

青铜兵器的技术，关键是要有合理的合金配比，才能达到既锋利、又坚韧的性能要求。一般来说，含锡量高，则硬度高、韧性差。春秋时期，中国工匠能分铸出脊部和刃部含锡量不同的复合剑，使脊部坚韧，刃部锋利，其代表作就是著名的吴越青铜剑——吴王夫差剑、越王勾践剑等。

早期的剑都比较短小，长20～40厘米，一般只用于防身。商和西周时代的中原诸国，两军交战以车战为主，近距离用戈、矛搏杀，远距离用弓箭对射，剑很少用于实战。到了春秋时代，吴国、越国争霸于南方。而江南地区水网纵横，战车几乎无用武之地，步兵和水兵是吴越军队的主要兵种，铸剑技术在吴越地区得到长足发展，剑身大都超过50厘米，剑与盾配合，成为步兵的锐利武器。吴越地区出现了一批擅长制造青铜剑的工匠，《吴越春秋》、《越绝书》传颂了欧冶子、风胡子、干将、莫邪等铸剑大师的业绩，说他们冶铸的名剑可"陆斩犀兕(si)，水截蛟龙"。传说越王勾践酷爱宝剑，重金聘请铸剑大师欧冶子进宫为他铸剑。欧冶子花费了几年时间，铸造出5把青铜宝剑，剑名分别是湛卢、纯勾、胜邪、鱼肠、巨阙。

图15 春秋越王勾践剑，湖北省博物馆收藏

1965年，从湖北江陵县望山1号楚墓中，发掘出1把越王勾践剑。此剑全长55.6厘米，柄长8.4厘米，剑格宽5厘米，剑

图16 春秋吴王夫差矛

身满布精美的菱形花纹。刃口两度弧曲的外形，利于直刺。主要材料是铜、锡，杂以少量的铅和镍，剑的外形和合金配比都有突破和创新。历经2000多年，出土时剑身光亮，完好如新，锋刃锐利。剑身近格处镌有8个错金的鸟篆体铭文："越王鸠浅自乍用鐱"。鸠浅即勾践，乍即作，鐱即剑。

图17 战国越王州勾剑，长57厘米，剑主为勾践之孙，浙江省博物馆收藏

之所以在楚国故地发现越王剑，是因为越王勾践卧薪尝胆，率军打败吴国后，不久又被楚国灭掉，带有越王、吴王铭文的宝剑成为楚军的战利品，吴越精湛的铸剑技术在楚国得到继承和发展。湖北襄阳蔡坡12号墓曾出土1把吴王夫差剑，安徽庐江和南陵分别出土1把吴王光剑。它们也都十分精美锐利，达到了很高的技术水平。到战国晚期和秦初，青铜剑的长度达到八九十厘米，剑脊和剑刃含锡量不同的复合剑广泛使用。剑刃含锡量高，则硬度高，锋利；剑中脊含锡量低，有的还加入较多的铅，则韧性强。

图18 战国双色剑，剑身中间含锡量低，韧性较好；两刃含锡量较多，硬度较高。军事博物馆收藏

青铜兵器造就的古埃及帝国

根据目前的考古物证，世界上最早的青铜器出现于公元前3000年的古希腊克里特岛（地中海东部。中国此时为黄帝时期）。古埃及使用青铜工具始于公元前2800年。公元前21世纪埃及第六王朝法老佩比一世的塑像，就是用铜铸成的。他生前统帅的军队，主要装备青铜兵器（中国此时为夏禹时期）。在埃及法老的坟墓中，随葬品有不少青铜材料的斧、剑、矛等，属4000年前的制品。公元前1479年，埃及法老索特摩斯三世率领的军队，在被埃及占领的亚洲西部——今叙利亚、巴勒斯坦等地区，与反抗埃及统治的部落进行了一场大战。索特摩斯三世乘坐战车，率装备青铜兵器的军队，突破叛军扼守的麦基多山口，将卡德希为首的反抗力量一举击溃。这是人类历史上最早见诸于文字记载的战争。此后，索特摩斯三世发动了15次进攻性战役，征服了亚洲、非洲及地中海周围的诸多王国。这些王国的军队使用的多为石、木兵器。索特摩斯三世在位54年，他是世界上第一个帝国的缔造者，被西方史学家誉为"第一个世界英雄"。他倚仗的就是铜兵器的威力。这个靠铜兵器称雄的第一个大帝国，可称之为"青铜帝国"。

靠铁兵器称雄的亚述帝国

几个世纪后，又一个新帝国——亚述帝国在西亚地区崛起。生活在底格里斯河流域（今属伊拉克）的亚述人，最先充分认识铁的性能比铜优良，在世界上最早进入铁器时代。铁是质硬、耐损的优良金属，用铁制成的兵器坚硬而锐利，可大幅度增加剑、矛刺的长度，克服了青铜质脆易折的缺点。而且铁矿分布广泛，原料比铜丰富、价廉。公元前8世纪前后，亚述国王提格拉·帕拉萨三世废弃民兵组织，建立了一支常备正规军，而且全部配备了铁

军事科技史话 ●古兵·枪械·火炮

制兵器（铁制梭镖，弓箭兵发射铁箭头），并严格训练士兵，成为世界上第一支使用铁兵器的大军。

而此时的埃及军队，使用的依然是铜兵器。公元前700年前后，亚述国王指挥军队向巴比伦、埃及等国发动进攻，所向披靡，一度占领埃及，建立了横跨欧亚大陆的亚述帝国。这个靠铁兵器称雄世界的第二个大帝国，可称之为"铁器帝国"。

领先于世的中国钢铁兵器

中国是世界上最早发现和使用铁的国家之一。商代中期，华北地区有一位兵器制造师，无意中发现了几块从天上坠落的陨铁石，十分坚硬。在铸造铜钺时，他将陨铁石熔化，制成了一把铁刃铜钺。

这件商代铁刃铜钺，1970年代在河北藁城台西村出土，残件长8.4厘米。经鉴定，直刃部用陨铁锻成，而后再与青铜身浇铸在一起，体现了较高水平的锻造和铸造技术。

陨铁石难以满足大量制作兵器的需要，而自然界中所有的铁都是以化合物存在的，必须经过冶炼。1990年，在河南三门峡上村岭虢（guo）国墓出土一把西周晚期的铜柄铁剑；1978年，在甘肃灵台景家坪的墓葬中，也出土过一把春秋时期的铜柄铁剑。可以肯定，中国在公元前8世纪已经掌握了人工冶铁技术，并开始用铁制造兵器了。到战国时代，出铜的山467座，出铁的山3690座，各诸侯国都设有冶铁基地，据不完全统计有30多处，并专设工官——工师、冶尹等主管冶炼和兵器制造事宜。

图19 商代铁刃铜钺

图20 战国铁戟，河北易县燕下都出土

图 21　春秋晚期钢剑，目前发现的最早的钢剑，湖南长沙杨家山出土

　　铁有生铁、熟铁之分。生铁含碳量很高，性硬而脆，可以制造农具，制造兵器并不优于青铜；熟铁缺乏碳素，性柔软，不能制造需要相当硬度的兵器。熟铁的含碳量达到一定程度就成为钢材。只有进到钢铁阶段，才能制造更优越、可取代青铜的兵器。河北易县燕下都遗址，曾出土 79 件铁器，其中有矛、刀、剑等一批钢铁兵器。魏国一座墓葬，发现钢铁兵器 80 余件。在公元前 3 世纪的战国晚期，钢铁兵器已经普遍装备军队。铁剑普遍达到 70～100 厘米，有的甚至长达 140 厘米。燕人铸刀剑，采用块炼铁渗碳法：将熟铁块放入炭火中加热，然后淬火（把金属工件加热到一定温度，然后浸入冷却剂急速冷却，以增加强度和硬度），再反复加热、锤打，铁的表面便渗进了碳微粒，铁质变得十分坚硬，制成了最初的钢。燕国冶铁师还首创局部淬火技术，使刃部钢硬锋利，脊部富有弹性。有的冶铁匠师出奇招，把高温烧红的刀迅速放入一大盆牲畜的尿中冷却，"浴以五牲之溺，淬以五牲之脂"。这种方法制造的刀剑十分尖锐。这是因为牲畜的尿中含有盐分，钢在尿中冷却的速度比在水中慢，可获得更好的韧性，还能减少淬火时可能产生的脆裂和形变。

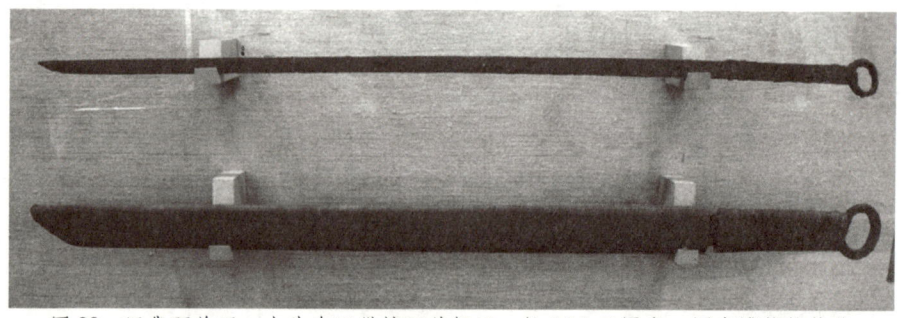

图 22　汉代环首刀，上为东汉卅湅环首钢刀，长 111.5 厘米，军事博物馆收藏

　　到了汉代，制钢技术有了重大突破，发明了炒钢、百炼钢等新技术，在世界处于领先地位。炒钢是先将矿石冶炼成生铁，向熔化的生铁水中鼓风，同时搅拌，促使生铁水中的碳氧化，生铁（含碳量较高）变成熟铁（含碳量

较低），然后经过渗碳法，反复锻打成钢。百炼钢是炒钢技术的进一步发展。百炼钢以炒钢为原料，以反复加热叠打、细化晶粒和夹物为工艺特征。一般以反复折叠锻打的最后层数表示炼数，"百炼钢"并不一定炼数是100，但肯定是在五六十次以上，晶粒和夹杂细化的程度很高，已经锻打成为质量精良钢。东汉时，百炼钢技术普遍推广。史料记载，刘备令工师造钢刀5000口，刻有"七十二湅"字样，锋利无比。蒲元为诸葛亮造刀3000口，用这种刀砍劈装满铁珠的竹筒，"举刀断之"，像砍草一样，被誉为"神刀"。

　　一位网友这样评论：西汉是铁的时代，蓬勃兴起的炼钢业将汉军队铸成为那个时代罕见的钢铁雄师。钢铁提供了兵器更为坚韧的骨骼，催生出长达1米的环首刀。在尚无马鞍和马镫的骑兵眼中，那粗犷有余细致不足的直窄刀身蕴含了前所未见的凌厉杀气，厚实的刀背将轻易承受住猛烈挥砍的应力，使他们化身为扑袭的猎鹰。环首刀彻底取代长剑是在东汉末年，在那之后它将作为一个经典和传奇横跨过300年时光，直达隋唐。

金属兵器引发的军事变革

　　金属兵器取代石木兵器，是金属化军事变革的基本标志之一。同时，由此引发了职业化军队的建立，朴素军事理论的诞生，作战方式的变化。

　　在以石兵器为主的年代，战争规模小，双方都是杂乱队形，信息指挥手段仅仅局限于肉眼观察和声音呼号，"作战方式"主要表现为个体搏斗和群体混战。

　　金属兵器成为主战兵器后，战争规模扩大，出现了步兵、车兵、骑兵，信息指挥手段发展为击鼓、鸣金、快马、狼烟等，人们认识到布阵作战能够产生更大的战斗力，严整密集的阵式作战成为主要作战方式。公元前1027年周武王灭商的牧野之战，300乘战车和几万士卒，排成许多整齐的方阵，以整个方阵作为一个战术单位，像一堵墙一样屹立着。

　　前进时，六步七步就要停一下，调整后再前进；交手打四下五下之后，也要照顾队列整齐。从商周到秦汉、到三国，阵式作战一直是主要作战方式。由单一

图23 秦始皇陵出土的兵马俑军阵

的方阵向圆阵、雁阵等多元方向发展。《孙膑兵法》中讲八阵，总结了八种常见的阵法。诸葛亮讲八阵，则为内含八种阵法的同一种阵法。

秦始皇陵出土的陶俑军阵：5600余人组成9个四路纵队为阵的主体，前有200余人为前锋，后有200余人为后卫，左右各有200余人为侧翼，整个军阵宽60米、长200余米。

汉以后，由于骑兵逐步成为主要兵种，战争机动性增强，特别是火药兵器普及后，阵式作战方式逐步衰弱，直至被线式作战和灵活的散兵作战方式取代。

在西方，阵式作战也曾称雄战场上千年。最著名的当属马其顿方阵。马其顿原是古希腊北部的一个小城邦，公元前4～3世纪崛起，国王腓力二世成为希腊联军统帅。他创造了一种以长矛兵为主体、多兵种配合的密集作战队形。作战时，士兵手持6～7米的马其顿长矛，以整齐的队形，像一面带刺的墙向敌军冲击，号称马其顿方阵。腓力二世的儿子亚历山大率这支大军远征波斯，建立了一个西起希腊，东至印度，南迄埃及，北临多瑙河的马其顿帝国，横跨欧亚非三大洲。历史学家称：亚历山大的盖世武功，是靠有力的武器、合理的组织编制，以及高明的阵式战术相结合而取得的。在战术史上，阵式作战的出现是一次飞跃，有人称之为第一次飞跃。"它的全部意义在于，智慧第一次站起来同蛮力斗争，而且成功了。"（卢林：《战术史纲要》第35页，解放军出版社）

随着金属兵器、多军兵种职业化军队和阵式作战的出现和发展，朴素直观的军事理论的诞生，也是金属化军事变革深化的重要标志。西方最早反映古希腊斯巴达与特洛伊战争的著作《荷马史诗》，讲这场发生在大约公元前10世纪、以"特洛伊木马"闻名的战争，目的是为了争夺一名叫海伦的希腊美女。古希腊"历史之父"希罗多德的著作《希腊波斯战争史》记述了战争的起因、过程、结果，但缺乏理论的抽象。在漫长的奴隶社会和封建社会发生的

军事科技史话●古兵·枪械·火炮

金属化军事变革中，中国人创立的军事理论达到世界最高水平。出现了《孙子》、《吴子》、《孙膑兵法》、《六韬》、《管子》等。其中，《孙子》是人类历史上第一次对战争规律进行的理性探索，被誉为"世界古代第一兵法"。

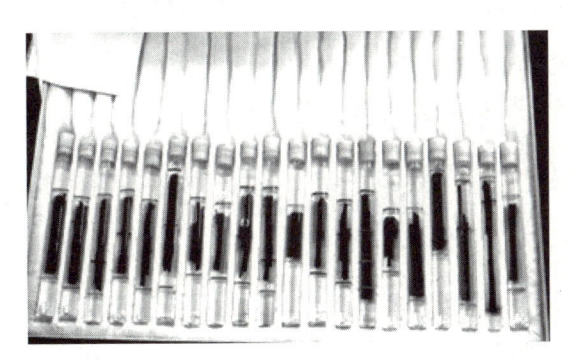

图24　孙子画像　　　图25　孙子兵法竹简，1972年山东临沂银雀山汉墓出土

金属化变革时代的军事强国比较

从世界范围看，金属化军事变革从公元前3000年前后开始萌芽，公元前后得到较大发展，历经青铜兵器和铁兵器两个阶段，到中国汉唐时期被推向高峰。

从公元前206年到公元后220年的400多年间，刘邦建立的汉帝国，从综合国力到军队实力，堪称是世界上最强大的国家。但汉民族占统治地位时期的中国，一直是防御型战略，没有大规模向外扩张，也就没机会与同期的罗马帝国（公元前30年~公元284年）一较高低。古罗马帝国军队的主要武器是铁制的短剑、盾牌和重标枪（长2.2米，一半为带铁枪尖的金属杆，另一半为木头制成，易投掷，穿透力极强）。在杰出统帅恺撒大帝指挥下，征服了整个地中海地区，建立了横跨欧亚非的大帝国。

大汉王朝与罗马帝国没有较量过，但有一个骁勇善战的民族——匈奴的命运，可以作为一个间接比较。

匈奴原是聚居中国北方大漠南北的游牧民族（今蒙古国和我国的内蒙古）。在中国古代北方民族中，匈奴最早统一了大漠南北的全部地区，并建立起强大的国家政权。匈奴兴起于公元前3世纪（战国时期），衰落于公元1世纪（东汉时期），在中国北方共活跃了约300年。

匈奴最高首领称单于，骑兵是主要作战力量。《史记·匈奴列传》记载，匈奴兵种"尽为甲骑"——普遍配有轻便、坚固盔甲的骑兵；匈奴兵器"其长兵则弓矢，短兵则刀铤"，"控弦之士三十余万"。匈奴刀剑多以铁制成，刀大多安装有木柄。

图26　匈奴铜柄铁剑

就是这支机动灵活而又庞大的匈奴骑兵，构成了草原第一帝国的军事基础，为匈奴族角逐草原霸主提供了坚强的军事保障。

匈奴经常南下袭扰。公元前200年冬，汉高祖刘邦亲率步兵32万人迎击匈奴，在平城白登山（今山西大同东北）被匈奴优势骑兵（号称40万人）围困7天7夜。后用陈平之计，派人私下以厚礼疏通冒顿单于的阏氏，才得以脱围。此后多年，汉对匈奴采取"和亲"和防御战略。到汉武帝时，汉王朝建立了强大的骑兵，对匈奴实施战略反击。经过大战10多次（河南之战、漠南之战、河西之战、漠北之战等），于公元前36年打败匈奴，卫青、霍去病都是与匈奴作战的著名将领。

匈奴后分裂为南匈奴和北匈奴，南匈奴归顺汉朝，与汉族同化。北匈奴在东汉时远走欧洲。后来，他们在顿河沿岸与阿兰国进行一场大战，阿兰王被杀，阿兰国灭，余部臣服于匈奴。几年后，匈奴又向西征讨，灭掉了位于黑海北岸、日耳曼人所建立的东哥特王国。匈奴人继续向西，把西哥特人赶过多瑙河。匈奴人再征服北方的诸日耳曼部落，夺取了匈牙利平原。被匈奴人驱逐的几十万日耳曼人大迁徙，逃入罗马帝国境内。当时的罗马军团，是以步兵为主的方阵，主要武器是短剑和标枪。公元378年，罗马军团在多瑙河以南的色雷斯地区，与败给匈奴骑兵的哥特骑兵进行了一次大战，史称亚得利亚堡战役。勇猛的哥特骑兵挥舞长矛和利剑，以雷霆万钧之势发动袭击，冲垮了罗马军左翼。密集的罗马步兵方阵，在哥特骑兵冲击下大乱，很快被击溃，6万精兵死伤4万多，东罗马皇帝瓦伦斯也战死沙场。此战不仅是被压迫者反抗罗马暴政的胜利，也是骑兵对步兵的胜利。

匈奴人在亚洲建立的帝国被汉军大败后，又在欧洲一度建立了一个庞大的帝国：东起咸海，西至大西洋海岸；南起多瑙河，北至波罗的海。在失去了强有力的领导人阿提拉之后，匈奴帝国很快瓦解。

匈奴铁骑的西征，如同推倒了"多米诺骨牌"，将强悍的日耳曼人逼出丛林，使鼎盛一时的罗马帝国从分裂走向落败，欧洲也在此后步入封建时代。匈奴能称雄欧亚，主要靠强大的骑兵。匈奴马匹身体略矮，头部偏大，属于蒙古马。蒙古马虽不十分高大，但体能充沛，耐力持久，行动迅速，非常适应高原环境，因此，蒙古马作为草原战马更较其他马种占有优势。这些优良的战马再配上先进的御马工具——马笼头和便于乘骑的马鞍、马镫，大大增强了匈奴军队的战斗力。打到欧洲去的匈奴骑兵，最重要的一件装具，就是从中国带去的马镫。

马镫发明的非凡作用

马镫是骑马时踏脚的装具，没有它，当马飞奔或腾越时，骑士们只能用双腿夹紧马身，同时用手紧抓马鬃才能避免摔下马来。陕西临潼秦始皇兵马俑二号坑中出土了许多与真马大小相似的陶马。马身上马具齐备，但就是没有发现马镫。马镫虽然很小，作用却很大，它可以使骑士和战马很好地结合在一起，把人和马的力量合在一起，骑在马背上的人解放了双手，骑兵们可以在飞驰的战马上且骑且射，也可以在马背上左右大幅度摆动，完成左劈右砍的战术动作，使兵器发挥出最大效能。

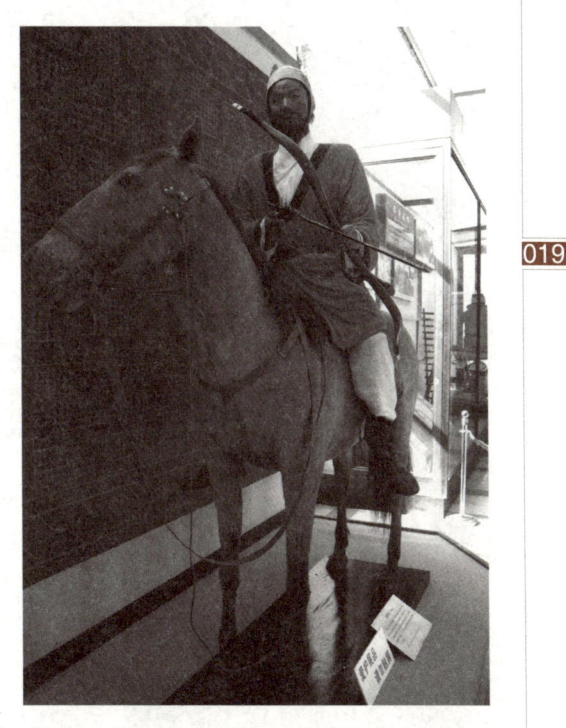

图27 胡服骑射，战国时期骑兵受到重视，西汉时期得到大力发展，但都还没有马镫

军事科技史话 ● 古兵 · 枪械 · 火炮

古代兵器

图28　西汉骑兵俑

马镫最早是由中国人发明的。文物考古最早的证据，是1987年甘肃武威南滩赵家磨1号墓出土的文物，其中"有铁马镫及铁饰件各一件，均残甚"（武威地区博物馆收藏）。北京大学的宿白教授就此问题做了进一步调查。他认为出土文物年代为东汉晚期，以前认为是魏晋时期。但这件铁马镫是一个铁单镫。

1993年在吉林市郊帽儿山墓地18号墓中出土了一副马镫，用铜片夹裹木芯，以铆钉缀合加固。帽儿山墓地年代大致相当于西汉中晚期至南北朝。

马镫被西方马文化研究界称为"中国靴子"，它是人类历史上一项具有划时代意义的发明。英国著名中国科技史专家李约瑟说："关于脚镫曾有过很多热烈的讨论……最近的分析研究，表明占优势的是中国。直到8世纪初期在西方（或拜占庭）才出现脚镫，但是它们在那里的社会影响是非常特殊的。"英国科技史学家怀特指出："很少有发明像马镫那样简单，而又很少有发明具有如此重大的历史意义。马镫把畜力应用在短兵相接之中，让骑兵与马结为一体"。"我们可以这样说，就像中国的火药在封建主义的最后阶段帮助摧毁了欧洲

图29　西晋带马镫的骑俑

封建制度一样，中国的马镫在最初却帮助了欧洲封建制度的建立"。

确实，中国马镫发明后，很快传播到亚洲的朝鲜、日本及欧洲等地，骑兵的战略地位大为提高，以步兵为主的、奴隶制的罗马帝国走向衰亡，欧洲开始进入封建制度时代。此后，配有马镫、马鞍的骑兵成为西方各国军队的主要兵种，在欧洲战场称雄近千年。

火药的发明与初级火器

火药是中国的四大发明之一。但它是什么人发明的？为什么叫火药？火药和治病的"药"有什么联系吗？

首先，可以肯定发明火药的不是某个天才人物，而是炼丹的道士们。在中国古代，硝石和硫黄都是重要药物。秦汉时期编写的《神农本草经》，硝石被列为 120 种上品药的第 6 种，硫黄被列为 120 种中品药药的第二种。并这样描述它们的药物特性："硝石，苦寒，主五脏积热，除邪气"，炼成仙丹，长久服用。可体轻神爽，如神仙一般。

图 30　军事博物馆古代战争馆陈列的黑火药三种成分：硝石、硫黄、木炭

战国时期，炼制仙丹的风气开始盛行，秦始皇、汉武帝雄才大略，但也相信服用仙丹能长生不死。炼丹道士们虽然没能为秦皇汉武炼成长生之药，但在无意中做了硝石、硫黄、木炭混合加热后的易燃易爆试验。

《太平广记》记载一个故事：隋朝初年。有个叫杜子春的年轻人，到深山里拜访一位炼丹道士。道士正在炼制"长生药",让他晚上守在炉旁。半夜,杜子春梦中惊醒,看到炼丹炉内有"紫烟穿屋上",顿时屋子燃烧起来。杜子春自言自语道:"这是一种能着火的药啊!""着火的药",简称火药,火药一名由此而来。

到唐宪宗元和三年(公元808年),炼丹道士清虚子写了一本书——《太上圣祖金丹秘诀》,记载了用"伏火硫黄法"炼成一种特殊物料的配方——硫二两,硝二两,马兜铃(含碳物质)三两半。这个雏形火药配方,标志着火药的问世。

但是,火药并没能解决长生不死的问题,又容易着火,炼丹家们对它的兴趣渐失,火药配方由炼丹家转到军事家手中。他们从实战需要出发,大胆利用硝、硫、炭合烧后产生的燃烧爆炸作用,制成具有燃烧和杀伤作用的火器。

图31 霹雳火球,爆炸性火器

北宋时期,燃烧性、爆炸性等初级火器开始用于作战。炼丹家们虽注定制不成"长生之药",但他们的不懈努力,却奇迹般划燃了人类新世纪的火种,引发了军事领域一次伟大变革。火药化军事变革从公元10世纪前后在中国启动,到19世纪后半叶普法战争达到高峰,历经800多年。

北宋仁宗庆历四年(公元1044年),我国官修第一部军事百科性著作《武经总要》(作者曾公亮等),记载了三个军用火药配方,是世界最早的公布的三个军用黑火药配方。其中"火球火药方"的硝石、硫黄和木炭三种成分分别为50.6%、26.6%、22.8%,与现代黑火药配比相近。

火药火器的发明意义重大。火药是由硝石(主要成分为硝酸钾)释放氧气完成燃烧过程的自供氧燃烧体系,不需空气中的氧气;火器将火药的化学能转换为军事能,首次打破了冷兵器时代主要凭人的体能搏杀的对抗格局。

恩格斯对中国古代这一伟大发明给予充分肯定。他在1857年发表的著名论文《炮兵》中指出:"现在几乎所有的人都承认,发明火药并用它朝一定方向发射重物的是东方国家。在中国,还在很早的时期就用硝石和其他引火剂混合制成了烟火剂,并把它使用在军事上和盛大典礼中。"

军事科技史话●古兵·枪械·火炮

古代兵器

最早的管形射击火器

在热兵器取代冷兵器的军事变革中，枪和炮是决定的武器。最初，枪、炮不分，从原理、结构上它们都属于管形射击火器。到了近现代，才按口径区分：20毫米以下为枪，20毫米以上为炮。

大约在公元10世纪，中国发明的黑火药被广泛用于军事。在唐朝至北宋时期，军队作战中使用的火器主要有霹雳火球、火药箭、震天雷等，它们都属于燃烧性和爆炸性火器。到了南宋时期，人们对火药的性能有了进一步的了解，发现火药不仅能燃烧、爆炸，燃烧后产生的气体还有巨大的能量，如果将此能量集中在管形器具内，可制成管形喷火和射击火器，威力惊人。

据现有资料，最早研制和使用管形火器的是个叫陈规的人。南宋初年，陈规担任德安（今湖北省安陆县）知府。当时，北方的金朝军队经常南侵，社会动乱不安。陈规为保一方平安，十分重视对守城军队的训练和火器的研制。

公元1132年，有一股散兵游勇聚集在李横的旗帜下，四处抢劫，袭扰城镇。一天，李横率众攻城，久攻不下，令部下做了一个与城墙差不多高的木制天桥，再次攻城。陈规前不久曾和制作火器的工匠发明了一种新式武器——火枪：用大毛竹做枪管，内装火药，从尾后点火，可喷出几丈远的火焰。他还组织了一支60多人的火枪队，2~3人操持一杆火枪。

陈规见李横部下所抬的巨型天桥即将接近城墙，急令火枪队出击。火枪喷出的烈焰将攻城天桥焚

图32 敦煌莫高窟一幅画中描绘的"火枪"

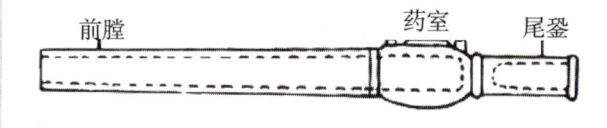

图 33　火铳结构图

毁，李横大惊失色，仓皇撤逃。德安城保住了，火枪的威名也传扬四方。

到南宋末年，火枪有了重大改进。公元1259年，在寿春府（今安徽省寿县）出现一种突火枪。突火枪的发明人至今不详，但《宋史》对它的结构和性能却有翔实记载，称这种枪"以巨竹为筒，内安子窠"。火药点燃后，竹管中先喷出火焰，接着飞出"子窠"，并伴随着很大的声响。

寿春府突火枪虽然也用竹做枪管，但它不仅能喷火烧灼目标，而且能发射"子窠"杀伤敌人。子窠材料为铁片、瓷片等，具备了管形射击火器的三个基本要素：一是身管，二是火药，三是弹丸（子窠），从原理上讲已近似于现代的枪炮，堪称管形射击火器之鼻祖。

南宋至元，类似突火枪的火器曾盛行一时。随着成吉思汗的西征大军，中国发明的火药、火器首先传入中东。阿拉伯人仿照中国的突火枪，造出了一种木质管形射击火器，称作"马达发"。

世界上最早研制和使用金属管形射击火器的也是中国人。那是在公元13世纪末的元朝，由于金属冶炼技术的进步，中国的火器制作者将火枪的枪管由竹、木改为铜、铁，造出了威力更大，也更加经久耐用的金属管形火器——火铳。火铳都是在枪管上部设一个火门，发射时，一手持枪，另一只手用红热的金属丝或木炭点燃火门里的火药。较大的火铳则需两人操作，分别负责瞄准和点火，很不方便。中国发明的火铳，实际上是世界上最早的火门射击武器。

火铳铳膛用于安放弹丸，药室用于装填火药，火捻从火门通出，尾銎可插手柄。口径有大有小，大者后来发展为炮，小者后来发展为枪。火铳的大量制造和应用，到明初引起军事领域的重大变革。主要表现：全国各地卫所驻军（明初全国有547个"卫"、2563个"所"，约5600人为一卫，下辖4户所、百户所）开始按编制总数的1/10装备火铳；永乐八年创建了世界上最早装备神机枪炮、独立的新兵种——火器部队神机营；创造了火铳和冷兵器相结合的

图 34　元至正十一年铜火铳

作战方式。

内蒙古蒙元博物馆收藏的元大德二年（公元 1298 年）铜火铳（全长 347 毫米，口径 92 毫米，重 6210 千克），中国国家博物馆收藏的元至顺三年（公元 1332 年）铜火铳（口径 105 毫米），铳身较重，多安于架上发射，是世界上现存最早的大口径金属管形火器，被视为炮的始祖。中国军事博物馆收藏的元至正十一年（公元 1351 年）铜火铳（长 435 毫米，口径 30 毫米，重 4.75 千克），重量较轻，适宜手持射击，是世界上现存最早的有铭文的小型金属铳，被视为枪的鼻祖。铳身前部刻有"射穿百札，声动九天"八个字。札是指铠甲的"甲叶"，铭文意思是说它可以射穿 100 层甲叶，而发射的声音可以传到天上。中、后部分别刻有"神飞"、"至正辛卯"（即元至正十一年，公元 1351 年）和"天山"等字样。全铳制作精细，造型美观，刻字清晰醒目，专家认为它可能不是装备普通士兵的兵器，而是高级武官或宫廷的防护装备。此铳于乾隆二年（公元 1737 年）在山东益都的苏埠屯发现，1951 年调至北京，1958 年转至军事博物馆。

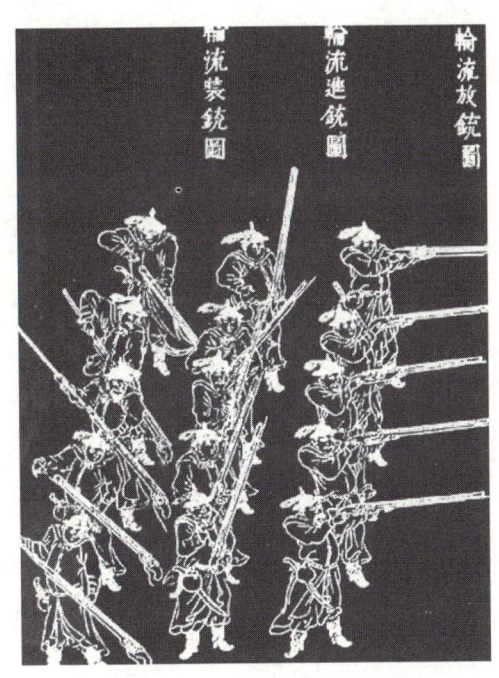

图 35　明代展示火器手使用火铳的绘画

从元到明，是中国火器快速发展的时期。到明中叶，"京军十万，火器手居其六"，战术、作战方式也发生很大变化。这幅明代绘画，表现的就是步兵作战时轮流装铳、进铳、放铳的情景。

公元 14 世纪，欧洲人在同阿拉伯人作战的过程中，学会了火药、

图 36　明军使用的三眼铳，可连续点火发射

火器的制作方法。中国发明的金属管形射击火器，在阿拉伯国家没有长足进步，传入欧洲后却有了突破性发展，出现了近代枪械意义上的火门枪。

早期传入欧洲的火药比较粗糙，不能应用于射击。为了制造管形射击火器，善于动脑筋的技师们很快学会了弄净硝石，提取硝酸钠，制成了粉末状火药，为制造火门枪创造了重要条件。欧洲最早的火门枪用一根金属管制成，长约0.6~0.9米，口径25毫米至1/2英寸左右，发射小石弹或铅弹。目前发现最早的火门枪，是英国人14世纪60年代制作的小马枪，长0.61米。由于火门枪在射击时枪管会很快发烫，便把枪管绑缚在木棍上。15世纪初，欧洲人发明了枪托，可夹在腋下或架在高物体上射击。

德国的黑衣骑士是欧洲最早装备和使用火门枪的一支军队。在与法国军队的一次战斗中，黑衣骑士用绳子把枪吊在脖子上，左手握枪，右手点火，向使用冷兵器的法军猛烈射击。法军士兵还从来没见过这种能喷火飞弹的新式武器，吓得争相溃逃。实际上，德国火门枪的命中率很低，因为射手的眼睛必须盯着火门，才不至于点错位置或烧了自己的手，这样就不能对目标进行瞄准。射手们说："单人操作火门枪，非得有两双眼睛三只手才够用哩！"

中国古代火箭

北宋后期，民间流行一种能高飞的"起火"，即利用了火药燃气的反作用力。按工作原理，此类烟火就是用于玩赏的火箭。南宋时期（12世纪中叶），此技术开始用于军事，出现了最早的军用火箭。

图37　单发军用火箭　　　　　　　图38　多发火箭"一窝蜂"

军事科技史话●古兵·枪械·火炮

这种单发火箭以火药燃烧的反冲力为动力,由动力部(火药筒)、战斗部(箭头)和箭体三部分组成,构造虽简单,但在原理和结构上都堪称现代火箭的雏形。

明代的多发火箭称为"一窝蜂"。32支箭齐发,射程百步以上。1399年,燕王朱棣与明建文帝争夺皇位,在"靖难之役"的白沟河之战中,曾大量使用"一窝蜂"。这是世界上最早的多发齐射火箭。

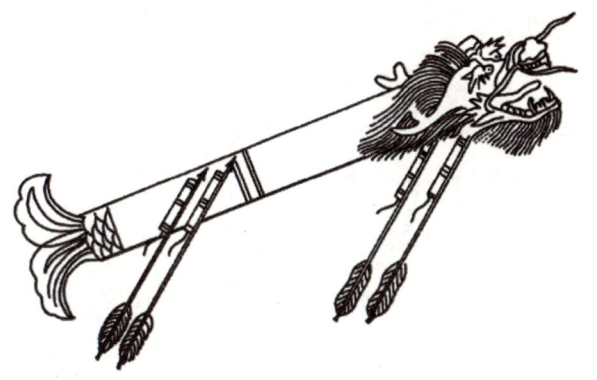

图39 明代二级火箭"火龙出水"

明代还创制出世界上最早的二级火箭"火龙出水",《武备志》绘有"火龙出水"图。发射时先点燃头尾两侧的四支大火箭,推动火龙在距水面三四尺高度飞行,如火龙出于水面,距离可达三四里。四支火箭燃烧将完时,连接的引线引燃龙腹内的小火箭,由龙口飞出,飞向目标,可使敌方"人船俱焚"。这是世界上最早的二级火箭。

火箭的发展,使人们产生利用火箭推力飞上天空的愿望。14世纪末的中国明朝,一位名叫万户的勇士,制造了一把"飞天椅",椅后绑缚47支火箭。一天,他坐在椅子上,双手各持一只大风筝,令助手点燃火箭,进行火箭载人飞行的尝试。不幸的是,随着一声巨响,万户和他的飞天椅被炸得粉碎。万户虽未成功,但他被公认为世界上第一个试图利用火箭飞行的先驱者,月球上的一座环形山被命名为万户山。

中国武备由盛转衰

作为文明古国,中国在经济、军事、科技等方面几千年来一直处于世界领先地位。元、明时期,火铳、火箭、铁炮、地雷等火器全面发展,导致军队编成和作战方式的嬗变。但明代中期后实施禁海锁国,及至清兵入关,满族统治者长期奉骑射为祖训,火器技术停滞不前,至鸦片战争时已远远落后于西方。

13世纪初、中期，成吉思汗及其后代率军进行了威震世界的西征，曾大量使用震天雷（最早的炸弹）、火箭等新式火器，席卷东欧，一直打到多瑙河流域，建立了横跨欧亚的大帝国。

1363年，朱元璋部与陈友琼部的鄱阳湖决战，是世界战争史上第一次使用船载火铳（即最早的舰炮）进行的水战，首创火铳同冷兵器相结合的作战方式。朱元璋得天下，善使火器是重要因素之一。洪武年间，明军装备各类火铳18万支。永乐年间，明成祖朱棣创建由朝廷直接指挥的战略机动部队——神机营，世界第一支以火炮为主兵器的新兵种诞生。到明中叶，"京军十万，火器手居其六"，战术、作战方式相应发生很大变化。

这门明代洪武五年（1372年）铸造的火铳，铳身中部刻有"水军左卫，进字四十二号大碗口筒重二十八斤，洪武五年十二月吉日宝源局造"等字样，表明该铳是装备水军舰船使用的，是世界现存的最早的有铭舰炮。口径115毫米，全长365毫米，重15.75千克。

图40 明洪武五年（公元1372年）舰用火铳，军事博物馆收藏

铳口处铭有"韩"字，这种铳铳身粗短，口径大如碗口，故又称为大碗口铳。

京军多次随皇帝出征，为平定北疆立下赫赫战功，并创造了炮兵同步骑兵协同作战的新战术。明成祖朱棣这样总结："神机铳居前，马队居后。首以铳摧其锋，继以骑冲其坚。"

明代永乐年间，明水师（海军）拥有3800艘舰船，其中有400艘大型主力舰。

图41 明水师宝船

大型宝船长44.4丈（明1尺约0.311米），宽18丈，是当时世界上最大的远洋海船，载重约7000吨，配置大炮8门、中炮16门。科技史专家李约瑟赞叹：在1420年前后，中国海军超过所有欧洲国家海军的总和。

1405~1433年，钦差总兵太监郑和奉命率领庞大船队（每次各类舰船约200艘、人员2万多）七下西洋，遍历30余个亚非国家和地区，创造了航海史上的奇迹。

郑和下西洋时，中国堪称世界一流强国。此后长期实行禁海锁国，社会生产力长期停留在封建手工业状态，明廷、清廷都严控火器的制造和使用，扼杀科技创新。到1840年鸦片战争时，清军仍是冷热兵器混用，比新崛起的欧洲强国落后了200余年。英国远征军20多艘战舰即夺取了广州至天津沿海的制海权，清廷被迫接受丧权辱国的《南京条约》。

清军战败，有政治腐败、军备废弛、战守乏策等原因，而从军事技术角度看，两支军队装备存在"代"的巨大反差：17世纪，英国军队淘汰火绳枪，装备燧发枪，进入了火器时代，到鸦片战争时的19世纪中期，武器装备处于世界领先水平。英军当时配备的是风帆和蒸汽动力炮舰，舰炮分为重型、中型和轻型，射程800~2000米，射速1~2发/分。主要使用两种枪，一种是贝克式燧发枪，口径15.3毫米，射程200米，射速3~4发/分；另一种是新研制的布伦斯威克击发枪，口径17.5毫米，射程300米，最大射速5发/分。

图42 鸦片战争中英国的"复仇女神"号蒸汽动力舰，排水量660吨，马力150匹

而清军自明代嘉靖年间从西方引进火绳枪炮后，300多年停滞不前。康熙时期，也曾仿制过燧发枪，但数量极少，故宫现收藏一种称为"自来火2号"

的隧发枪，仅供皇帝打猎用。16世纪中期至19世纪中期，清军士兵装备的一直是兵丁鸟枪。雍正、乾隆时期朝廷规定，内地各省驻军70%装备刀枪弓箭，30%装备鸟枪，沿海沿边驻军冷热兵器比例为3∶7，水师为4∶6。

图43　法军使用的鸟枪　　　　图44　法军使用的和大刀

鸦片战争期间英远征军与清军兵力和武器对比

	英　军	清　军
兵力	7000人（后增至2万人）	80万人（参战10万人）
冷兵器	0	50%
枪械	滑膛击发枪（部分燧发枪） 射程300米 射速3~5发/分 杀伤力理论指数50	兵丁鸟枪 射程100米 射速1~2发/分 杀伤力理论指数10
军舰	战舰16艘（后增至25艘） 排水量100~1000余吨 每艘配舰炮10~74门	700余艘 最大的排水量约100吨 最大的配炮10多门

注：英军另有武装轮船、运输船等25艘，后增至74艘

虎门大炮及三星令旗

　　走进军事博物馆广场，横列在展览大楼前炮台上的一排古近代时期的火炮格外引人注目。其中有一门尤为珍贵，那就是鸦片战争中虎门军民的抗英大炮。望着这门大炮，仿佛又看到当年那血与火的岁月。

军事科技史话 ●古兵·枪械·火炮

1839年3月，清朝廷钦差大臣林则徐抵达广州。此行他的主要目的是要严厉查禁泛滥成灾、祸国殃民的鸦片，勒令外国烟贩将存于鸦片趸船的鸦片全部上交，并予以销毁。6月3日，林则徐会同两广总督邓廷桢、广东水师提督关天培等，督令将收缴的英美等国的鸦片230多万斤在虎门太平镇海滩当众销毁。

中国禁烟的行动震惊了西方列强，随后，英国派遣舰队来到中国。1840年，中国近代史上清政府同西方资本主义国家的第一次较量——中英鸦片战争暴发。由于道光皇帝犹豫不决，直到1841年1月27日，清政府才正式下令对英宣战。

2月23日，英军开始对虎门炮台发起全面进攻。虎门要塞设有炮台11座，此时，驻守虎门的是广东水师提督、62岁的老将关天培，他亲自指挥了虎门保卫战。26日，英军派出10艘战舰、3艘汽船，配以登陆部队，猛攻炮台。弹片飞溅，清军伤亡过半。关天培负伤十多处，血染战袍，仍指挥若定，毫无惧色。他亲自点燃大炮，轰击英舰。由于装备落后，敌众我寡，关天培孤军奋战，一直坚持到深夜，终因寡不敌众，和驻守炮台的400多名守军一起壮烈牺牲。

当年在虎门炮台抗击英军的铁炮，军事博物馆和国家博物馆各收藏1门。铁炮长2.5米，口径155毫米，重3000斤。从炮身上的铭文等相关资料，可知这门大炮是道光十六年（公元1836年）由两广总督邓廷桢、广东全省水师提督关天培等人监造，先后铸造了9门。当时的清军大炮，炮身左右两侧均铸有炮耳，它的作用是依附炮座、支撑炮身平衡，调整射程和角度，如果炮耳缺损，大炮则失效，成为废炮。虎门失守后，沿海各炮台遭到英军严重破坏，他们除拆毁台址外，更多的是将大炮炮耳击毁。这门大炮（见图46）的双耳，就是当时被英军毁掉的。

虎门要塞失守之后，英军进入广州城烧杀抢掠，横行肆虐，激起当地民众的强烈愤慨。1841年5月29日，一股英军窜到广州城北郊的三元里村抢劫，菜农韦绍光率村民们奋起抗击，击毙英军多人，迫使英军退回四方炮台。为防英军报复，韦绍光召集众人到村北古庙，商定以庙中黑底白边的三星旗为"令旗"，誓言"旗进人进，旗退人退"。他们还联络附近103乡民众，商定15~50岁男子一律参战，以丘陵起伏。军事博物馆收藏的一面缺角三星旗

古代兵器

和刀、枪等冷兵器，就是当年三元里人民的战斗指挥旗和武器。旗高107厘米，宽101厘米，质地为黑、白布，中间缀以白三连星。在抗英斗争中，三元里民众为了统一行动，决定用它作指挥。

5月30日凌晨，三元里及城北各乡义勇数千人进军英军盘踞的四方炮台，将敌人包围。此时恰逢大雨倾盆，敌军火药尽湿，枪炮无法点燃。手持刀、矛、锄耙的民众乘势猛攻。击毙击伤英军数十人，缴获了大量战利品，取得了三元里大捷。

图45　虎门抗英铁炮，重1500千克，射程约1000米，刻有邓廷桢、关天培监制字样

2007年，中宣部、总政治部在军博举办《复兴之路》展览，除展出虎门大炮外，还有清军抗击英军时使用的火药缸、铁炮弹以及缴获英军军官的铁甲衣、镀金刺剑等。这批缴获的战利品当年被送到北京，存在了军机处。现在，这些文物收藏在国家博物馆和军事博物馆，是国家一级文物。它们既是英国侵略者的罪证，也是中国人民英勇不屈、反抗侵略的物证。

枪械技术

枪械发展概述

枪械——利用火药燃气能量发射弹头的手持管形射击武器，发端于中国南宋时期的突火枪和元代的火铳。欧洲从14世纪的火门枪和其后的火绳枪、燧发枪、来复枪，发展到19世纪末的自动枪，历经500余年，最后形成庞大的枪族。19世纪以前，枪械基本上都是前装滑膛枪，枪管内壁光滑，火药和弹丸从枪口装入膛内，操作复杂、笨重。进入19世纪，蒸汽机和车、铣、磨、刨、钻等各种机床广泛应用，枪械制造技术有了重大进步，可以制造出精密的螺旋膛线枪管；以雷汞为击发药的击发点火方式发明以后，出现了火药与弹头合成一体的定装式枪弹，催生了从枪管尾部装填弹药的后装枪。至此，后装线膛枪应运而生，1840年装备普鲁士军队的德莱赛后装线膛步枪，每分钟可发射6~7发子弹，在1866年的普奥战争中大胜曾称雄欧洲的奥地利军队，奥军当时使用的是前装燧发枪，每分钟只能发射1~2发子弹。随后出现的毛瑟步枪，成功采用金属弹壳枪弹、机柄式枪机、凸轮式自动待机击针式击发结构，是世界上第一种真正意义上的近代枪械。

图46　AK-47突击步枪剖视图

19世纪中期以后，枪械的机械化、自动化取得进展。美国人R.J.加特林发明的手摇式多管连发枪，H.S.马克沁发明的利用火药燃气能量实现自动射击的马克沁机枪，极大地提高了射速，增加了战场火力密度。此后，步枪、手枪也开始实现自动化，便于携行、火力猛烈的自动武器——轻机枪和冲锋枪相继问世。自动化枪械在两次世界大战中发挥了巨大作用。

战后枪械的发展主要有四个特点：一是枪械弹药通用化。苏联将7.62毫米43式枪弹用于半自动步枪、自动步枪和轻机枪，首先解决了班用枪械弹药通用化问题，并作为华约集团的通用枪弹。北约选用美国7.62毫米T65

枪弹，作为北约集团各国通用的标准枪弹。二是枪族化。几种具有不同战术功能的班用枪械，采用相同的结构原理，基本部件通用，便于生产、维修和补给。以步枪为基础，实现步枪／冲锋枪／轻机枪合一，是大多数国家发展枪族的普遍做法。三是小口径化。美国1963年列装的5.56毫米M16步枪，开创了班用枪械小口径化的历程。如今，多种系列的小口径枪族已经成为世界大多数国家军队的制式装备。四是点面杀伤和破甲一体化。1969年，美军M16A1步枪枪管下方安装了M203榴弹发射器，发射40毫米榴弹，具有面杀伤和破甲的战斗功能，如同步兵手中的"大炮"。此后许多新研制的突击步枪，都具有发射枪榴弹的能力，使步枪成为一种点面杀伤和破甲一体化的武器。

钟表匠发明了燧发枪

在成吉思汗大军西征时，中国火药火器通过阿拉伯人传到欧洲，14世纪中叶欧洲出现了火门枪，士兵需用一根火热的铁丝点燃火药，其结构与中国火铳相似。15世纪初，欧洲发明了第一种装有机械点火装置的管形射击火器——火绳枪。但这种枪射速慢（1~2发／分），怕风雨，需冷兵器部队掩护。

16世纪初的德国纽伦堡，有一位颇有名气的钟表师，他的名字叫约翰·基弗斯。基弗斯不仅能造出各种造型别致的精美手表，对各种枪械也有浓厚的兴趣，并亲手制作过不少精致实用的火绳枪。此时，火绳枪已使用了近百年，其缺点也暴露无遗。

当时的欧洲，战争频繁，新式武器有着广阔的市场，基弗斯以极大的热情投入了对火绳枪的改革。一天，家里来了一位客人。经主人同意后，客人掏出了香烟，可在点火时，他用的不是当时流行的火柴，而是用古老的燧石摩擦取火方式点

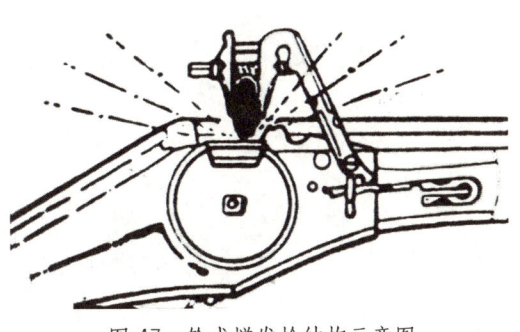

图47　轮式燧发枪结构示意图

燃香烟。燧石闪亮的火花，刹那间激发了基弗斯的灵感：把钟表上那带锯齿的旋转钢轮，与这能够产生火花的燧石结合在一起，不就可以替代枪上的火绳了吗？

基弗斯送走客人，立即扎进了他的钟表制作间。凭着一个能工巧匠的智慧和经验，他终于把设想变成了现实，于1515年制作成功世界上第一支轮式燧发枪。这种枪很快装备了德军骑兵和步兵，基弗斯也由此财运亨通。

1544年，在与法军进行的伦特战斗中，德军首次使用了燧石枪。战斗进行期间，突然风雨大作，仍装备火绳枪的法军几乎丧失了战斗力，而以燧发枪为主要武器的德军愈战愈勇，猛烈的火力使法军伤亡过半。此战后，燧发枪声威大振，火绳枪走向衰亡。

轮式燧石枪结构比较复杂，造价昂贵，特别是当钢轮上有污垢后就不能产生火花，易造成"瞎火"故障。17世纪初，西班牙人研制出撞击式燧石枪，取消了那个源于钟表的带发条钢轮，将燧石紧夹在击锤的夹口内。射手扣动扳机，燧石在弹簧的作用下撞击火药盖上方的打火钣，迸发火星引燃点火药。这种枪大大简化了射击过程，提高了发火率和射击精度，使用方便，而且成本较低，便于大批量制造。17世纪初期，法国自由民马汉对燧石枪作了重大改进。他研制了可靠、完善的击发发射机构和保险机构，使燧石枪达到了所能企及的最佳水平。多才多艺的马汉为法国争得了荣誉，法王亨利四世召他进宫委任其为贴身侍从，专门为宫廷制造枪械。同一时期，瑞典国王古斯塔夫·阿道夫、法国人布尔热瓦等人，也对撞击式燧发枪的完善作出了重要贡献。

图48 撞击式燧石枪　　　　图49 撞击式燧石枪结构示意图

火器取代冷兵器

经过不断改进的撞击式燧发枪，到17世纪中期大量装备欧洲国家的军队，显著地提高了军队的战斗力。但是，由于早期火枪射速慢，重新装填弹药费时费力，在步兵团编制中都配有长矛兵，以保障火枪兵的安全。当时的欧洲，倘若一支军队没有火枪，是绝不敢跟有火枪的军队交战的；但是，仅靠火枪也不能取胜，因为很多战斗是最后通过白刃战决定胜负的。在相当长一段时间内，战场上起决定的兵器不是新流行的火枪，而是老式的长矛和弓箭，火枪兵尚不具备独立作战能力。一支军队既有古老的冷兵器，又有新式的火器，在使用、管理、训练等方面有诸多不便。

能否将火枪和长矛纳入同一个武器体系？率部驻扎在巴荣纳城的一位法国军官皮塞居进行了最初的尝试。

在一次战斗中，皮塞居所在部队因弹药供应不上，士兵们捡起折断的长矛头，塞进燧发步枪的枪口，同敌人展开了白刃战。皮塞居由此受到启发：应该为火枪兵配备一种枪与矛结合的兵器，既可用于射远，又能进行格斗。

1640年，皮塞居和同事们一起研制出世界上第一种装有刺刀的步枪。开始是将刺刀直接插入燧发枪口内，被称为塞式刺刀。刺刀因诞生于法国东南部的巴荣纳，便以地名为其命名，称为bayonet，音译"巴荣纳"。

皮塞居的步兵团换装了装有刺刀的制式步枪，成为第一支完全使用火枪的部队。不久，皮塞居奉命进攻比利时的伊普雷城。他指挥部队先用火力向列队迎战的敌军射击，尔后命令士兵们装上刺刀，对阵势已乱的敌军发起冲锋，与敌展开搏斗，将对方打得落花流水，弃城而逃。

此后，法国陆军元帅戴沃邦又对刺刀进行了改进，将刺刀套在枪口外部，称为套筒式刺刀。这种刺刀不仅使火枪在任何时候都具有自卫能力，而且不影响枪的射击功能。1680年前后，法国陆军全部装备了带刺刀的新式燧发枪，成为欧洲首屈一指的劲旅。

枪械技术

著名沙俄将领苏沃洛夫有句名言："刺刀见红"是步兵之魂。1763年，苏沃洛夫任沙俄苏兹达利步兵团团长时，非常重视刺刀战。经严格训练，该团成为沙俄战斗力最强的团队。第二次俄土战争时，苏沃洛夫奉命攻打伊兹梅尔要塞。此前，沙俄已对这个设防坚固的城堡用火力强攻了两个月，均未得手。苏沃洛夫率领的部队到达后，乘夜暗冲过壕沟，爬上城墙，与土耳其军展开白刃格斗。在激烈的攻城和巷战中，沙俄的刺刀大显神威，15000名土军丧命刀下，被迫停止了一切抵抗。

18世纪中期，英国少校弗格森研制出后装燧发步枪。该枪获1776年英国1139号专利。枪表尺最大射程500码（1码合0.914米），是英军正式装备的第一种后装燧发步枪。1777年10月，弗格森率部在美国费城西北杰曼敦地区与大陆军作战，险些用这种枪改写美国独立战争的历史。当时，担任营长、有神枪手之称的弗格森，奉密令要寻机射杀一名美国大陆军的将军级指挥官以挫其士气。在两军对垒的前沿阵地，弗格森用手中的后装燧发步枪瞄准了美国阵地上的一个人，但这个人既没有前拥后呼的随员，穿着也很随便，他断定这个人不可能是大官，便没有扣动扳机。而这个人正是大陆军总司令乔治·华盛顿。

经历了大约100年的时间，欧洲各国完成了从中世纪到近代的军事过渡，装有刺刀的燧发枪射速达到3~5发/分，长矛在战场上消失了，性能日趋完善的枪械和火炮成为军队的主装备，热兵器完全取代冷兵器。燧发枪的发明意义十分重大，火绳枪在欧洲流行大约100年，而燧发枪流行近300年，是兵器史上装备时间最长的枪械。

图50 英国少校弗格森研制的后装燧发步枪

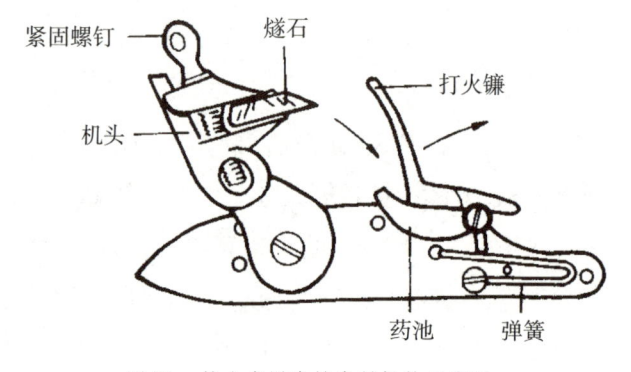

图51 撞击式燧发枪发射机构示意图

军事科技史话●古兵·枪械·火炮

图 52　军事博物馆陈列的双筒燧发枪

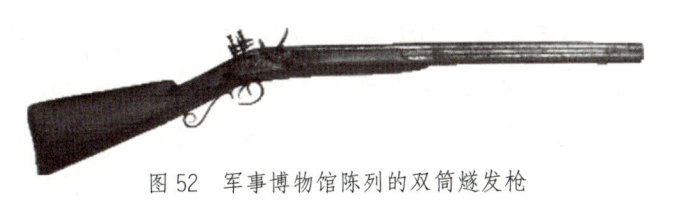

世界上首次全面火力战

1756～1763年，英、普同盟与法、奥、俄同盟为争夺殖民地及欧洲霸权，进行了一场史称"七年战争"的大战，从交战双方使用的兵器看，可以称之为世界上首次全面火力战。

在欧洲大陆，争霸的主要对手是普鲁士和奥地利。公元1740年，腓特烈（亦译费里德里希）继承普鲁士王位后，对部队的装备、训练、战术等进行了一系列改革，使普鲁士军队的战斗力超过法国军队，成为欧洲第一流的精锐之师。普军士兵使用配有刺刀的新型燧发枪，每分钟能发射5发子弹，而别国军队士兵只能发射2发。野心勃勃的腓特烈依靠强大的军事力量积极推行扩张政策，一心想成为德意志诸侯国中的霸主。

1757年12月，腓特烈指挥3.6万人的大军向奥军主力所在地洛伊滕进攻。行军途中，他把将领们召集到一棵大桦树下，慷慨激昂地说："必须打败奥地利，普鲁士才能建立起伟大的德意志帝国。敌人的军队超过我们两倍，但我们仍必须先发起攻击，以少胜多是普鲁士军队的光荣！"

查尔斯亲王指挥的8万人的奥地利军队集结在一条长达5英里的战线上。腓特烈首先以小部骑兵佯攻奥军右翼，尔后隐蔽集中兵力，以四个纵队的步兵、骑兵，采用斜行战斗队形向敌左翼发起猛烈冲击。接近敌阵时普军士兵横队以缓慢的节奏、稳健的步伐作齐步行进。在距敌100步起，燧发枪手们便按命令间隔一定时间开始齐射。普军的近百门大炮也发出怒吼，四处横飞的弹片，密集如雨的子弹，使奥军陷入混乱。奥军虽然人数众多，但火力远不如普军，加上指挥方面的失误，很快被普军击溃，人员损失约1/2。

七年战争包括30余次会战，普鲁士以有限的人力物力，在陆战场同几个强国对抗，取得了多次会战的胜利，腓特烈的军事生涯达到极盛时期，他统帅的军队成为欧洲许多国家军队学习的榜样。在这次战争中，步兵火力在作战中变得最为重要，而突击冲锋则退到了第二位，战场上已没有长矛的用武之地。从此，人们真正认识到火力在战争中的重要性，促进了枪械技术的迅速发展。

到17世纪末，欧洲各国军队普遍采用了刺刀。这样，火枪兵便一身兼二任，长矛兵很快从步兵编队中消失了。一位军事史学者曾对刺刀的使用作过这样的评价：燧发枪装上刺刀，终于使盛行上千年的长矛等冷兵器退出了战争舞台，标志着中世纪战争的结束和近代战争的开始。

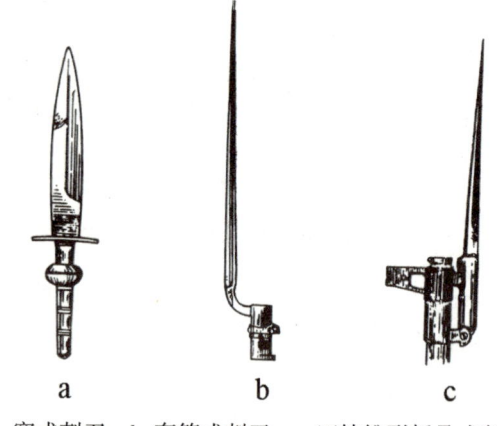

a. 塞式刺刀　b. 套筒式刺刀　c. 四棱锥形折叠式刺刀

图53　几种早期步枪刺刀

直至今日，刺刀仍作为现代步枪的一个部件，发挥着其不可替代的作用。1985年1月，美国陆军重新恢复了刺杀训练。美军的有识之士认为：刺刀战不仅需要士兵有熟练的技巧，更需要士兵有坚强的意志。刺杀训练除具有一定的实战应用性外，更重要的是一种精神训练。

雷汞火帽与第一支击发枪

同火门枪、火绳枪相比，燧发枪点火方式已是很大进步，但也存在诸多缺陷，如点火时间长，底火装置防水性能差等。进入19世纪，枪械的点火系统又发生了一次突破性发展，这首先要归功于苏格兰的一位牧师——亚历山大·约翰·福塞斯。

福塞斯学识渊博，在传经布道之余，经常钻研化学，对枪械也很有研究，特别喜欢亲自做实验。在一次实验中，他提炼出一种灰褐色晶状粉末——雷汞，稍不留心，受到轻微撞击的雷汞便发生了爆炸，险些酿成大祸。福塞斯并没有被雷汞的"火爆脾气"所吓倒，而是一心想着如何把它派上用场。经过多次试验，他发现雷汞对针刺、撞击和热作用都极其敏感，可作为枪械的理想起爆药。1805年，福塞斯将雷汞用于枪械点火系统，制成了最早的火帽，发明了具有重大意义的击发点火技术。他和蒸汽机的发明人詹姆斯·瓦特是好朋友，二人密切合作，制成了世界是第一支击发枪，于1807年4月17日获得英国专利。

福塞斯放弃了牧师职业，创立了福塞斯枪械公司，大批量生产"香水瓶"式击发枪。这种枪的设计很独特，在击发机构座板外侧确有一个如同香水瓶形状的金属罐，内装底火药，可绕轴转动。射手把发射药、垫片和弹丸由枪口装填完毕后，"香水瓶"即转动180度，瓶底朝上，便有一定量的雷汞洒到底火盘中，扣动扳机，击锤打击击针，击针撞击底火盘，使雷汞起爆，火焰经传火孔点燃发射药，将弹丸射出。

图54 火帽击发枪结构示意图

击发枪的发明是枪械发展史上的一个重要里程碑，它宣告了早期步枪历史使命的结束，近代步枪由此奠基。后来，很多枪械专家、爱好者又不断进行改进，推陈出新，使近代步枪趋于完善。其中，火帽的改进尤为重要。1814年，英籍美国人乔舒亚·肖在费城等地进行试验，将击发药装在铁盂内，制成铁盂火帽。1817～1818年，英国人阿加尔法研制成功压状击发药的火帽，使击发点火技术又向前迈进了一大步。金属火帽的发明，彻底改变了枪械的点火发射方式，击锤打击火帽即可引燃膛内发射药，显著提高了枪械射击动作的可靠性，并有了较好的防水性能，"瞎火"故障大幅度减少。使用燧发枪，平均7发子弹发现一次"瞎火"，而采用金属火帽的击发枪，大约发射200发子弹才出现一发"瞎火"弹。

普鲁士人发明后装击针枪

19世纪30年代,普鲁士泽默达城一位没有当过兵的"枪迷"——德莱赛,在击发枪的基础上发明了世界上第一支后装击针枪。后装击针枪的结构特点,主要是在滑动的枪机内装有一根细长的击针,采用瑞士人鲍利发明的金属底座纸壳定装式枪弹,这种枪弹把弹丸、底火、发射药合为一体,便于后装操作,同时解决了枪膛闭气问题,为后装击针枪的诞生创造了条件。德莱赛于1835年秘密研制成功机柄式后装击针步枪,射击时,射手用枪机从后面将子弹推入枪膛,扣动扳机后,枪机上的长杆形击针首先穿透纸质药筒,然后击发装在弹丸底部的点火剂,引燃发射药,将弹丸射出。

德莱赛的击针枪还采用了螺旋膛线,使弹丸边飞行边旋转,不仅飞行稳定,而且提高了射程和精度。膛线在英语中称refile,音译为"来复",这种有膛线的枪,过去曾长期被称为"来复枪"。而此前的前装燧发枪,枪管内壁都是光溜溜的,也称作滑膛枪。它们配用的弹丸多是大小不一、形状各异的铅丸、铁粒。如果弹丸和枪膛之间的空隙过大,密闭性不好,发射时火药气体泄漏,影响射程;如果空隙过小,从枪口装填弹丸便很费力。枪械由滑膛发展为线膛,由前装发展为后装,都是了不起的进步。普鲁士政府十分重视德莱塞的发明,投入大量人力、物力秘密生产后装击针枪,于1840年开始装备部队,很快建立了一支以后装击针枪为主装备的强大军队。在争霸欧洲的战争中,后装击针枪成为普鲁士人的"王牌"。

1866年7月3日,在易北河以西的萨多瓦地区,展开了欧洲近代史上一场空前规模的大会战,双方参战兵力达50余万。普鲁士军队在总参谋长毛奇的指挥下,以巧妙的战术、猛烈的火力,打败了曾称雄欧洲的奥地利军。此役,奥军伤亡、被俘4.5万人,普军仅损失约1万人。

这是普鲁士和奥地利为争夺对德意志领导权而进行的一场著名战争。普鲁士战胜奥地利,为最后解决德国的统一创造了条件。决定此次战争胜负的原因有许多方面,其中重要的一条,就是普鲁士军队大量装备了以后装击针枪为代表的先进武器，而奥军使用的仍是前装燧发枪。普鲁士射手只需操作机柄，使枪机前后滑动，即可装弹与退壳，每分钟能发射 6~7 发子弹，而且能以卧、跪、立或行进中多种姿势重新装弹和射击。而奥军士兵的前装枪，装填弹药时必须将枪管竖直，不仅费时费力，而且操作的动作大，很容易暴露目标，每分钟仅能发射 1~2 发子弹。这就意味着，1 万普鲁士枪手的火力，相当于 4 万~5 万奥地利枪手的火力！

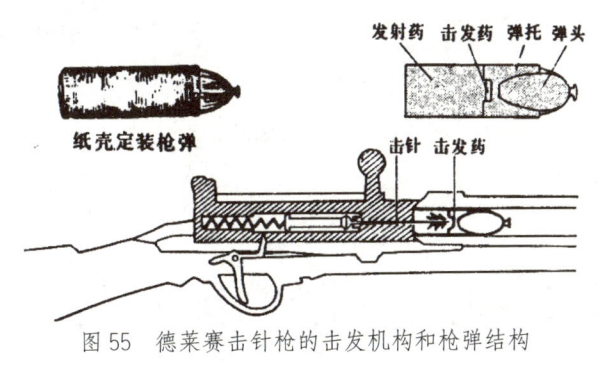

图 55　德莱赛击针枪的击发机构和枪弹结构

定装式枪弹成就枪械后装

德莱赛后装步枪极大地提高了部队战斗力，但它也存在缺陷，如没有解决好膛尾闭气问题，长长的击针容易烧蚀、折断损坏等。

1857 年，法国人夏斯珀特在德莱赛纸壳定装式枪弹的基础上，把火帽从弹头底部后移到壳底，同时缩短击针长度，采用带有横插击针的金属壳底技术，研制出硬纸板卷制壳体的定装枪弹，奠定了针刺中心发火定装枪弹的结构基础。1866 年，此枪弹被法国军队定型为制式枪弹，配用夏斯珀特 11 毫米步枪。与德莱赛步枪和枪弹系统相比，夏斯珀特 11 毫米步枪和枪弹系统在中心发火方式上迈出了成功的一步。夏斯珀特后装步枪的射速达到 10 发 / 分，弹头初速 410 米 / 秒，比德莱赛步枪显著提高。

同一个时期，美国人乔治·莫斯研制出全金属的中心发火枪弹和步枪，更好地解决了后膛闭气问题。那是一个发明创新如雨后春笋的年代，欧美各国出现的定装弹和后装枪方案有 50 余种。英国国防部对美国人雅格布·斯奈德的 14.7 毫米后装步枪和定装弹方案情有独钟，1867 年以该枪为样本，将现役的 M1853 式前装击发步枪改装为后装步枪，这就是著名的恩菲尔德－斯奈德步枪。改装方法是：将 M1853 步枪膛尾一段 7 厘米长的内膛去掉，换装一个铰链连接的枪机。该枪口径后期改为 11.43 毫米，枪长 1379 毫米，枪管长 990 毫米，全枪重 4.4 千克。1874 年，中国也从英国购进几千具配件，将旧有的恩菲尔德前装步枪改装为后装的恩菲尔德－斯奈德步枪。

在前装向后装步枪演进的历程中，法国人里福瑟和惠耶的边针发火金属壳底定装枪弹，美国人夏普斯的垂直起落式枪机，瑞士人马蒂尼的内置式击针等发明创新，如同一个个台阶，使后装枪逐步完善。

后装线膛枪与前装滑膛枪的较量

由前装、滑膛，到后装、线膛，是枪械发展史上的一场革命。一种新型枪械取代流行上百年的武器，除了技术上的不断改进，实战中显示的优势最具说服力。

美国独立战争期间，早期的后装线膛枪就同前装滑膛枪进行了一次较量。1775 年 4 月 19 日，在马萨诸塞州波士顿附近的列克星敦，由约翰·珀克上尉率领的民兵连，向英国殖民统治者打响了"声闻全世界"的第一枪，揭开了持续 8 年的美国独立战争序幕。

英国是当时世界的头号强国，本土人口 750 万，连同殖民地人口达 3000 万，在军事、经济力量等方面处于绝对优势。而北美殖民地总共 13 个州，只有 300 万人口，战斗打响前，既没有正规的陆军，也无海军舰队。但是，由于这场战争是争取民族独立的解放战争，得到了殖民地广大人民群众的支持与拥护。他们自动组织起来，制造武器，参军参战。在宾夕法尼亚州的一个小城，居民们大都是德国和瑞典的移民，从欧洲带来了最先进的枪械制造技术，研制了一种新型线膛枪——肯塔基步枪（Kentukyrifle）。这种枪的枪管内刻有螺旋形膛线，子弹飞行稳定，初速达 762 米／秒，射程远，精度高。大约有 1200 名德国、瑞典移民，带着肯塔基步枪参加了由华盛顿任总司令的大陆军，编为一个步兵团，由丹尼尔·摩根上校指挥。

1777年9月，丹尼尔·摩根率领步兵团参加了著名的萨拉托加战役，在一个农庄附近担负阻击任务。当时，英军使用的是能折成拱形的滑膛燧发步枪，射程只有100余米，而肯塔基线膛步枪的射程则达300米。当身着鲜红制服的英军走出森林，在开阔地带上以整齐的队列向前推进时，突然枪声四起，周围的每一棵树似乎都在向他们发射子弹。

丹尼尔·摩根将几个神枪手集中在一起，专门瞄准英军队列中的指挥官射击。在灿烂的阳光下，英军意在威慑敌人的红制服格外醒目。一位美军射手在270米外扣动扳机，当场击毙了英军进攻部队的最高指挥官弗雷塞，英军阵势顿时大乱。丹尼尔·摩根率部乘机反击，歼灭英军上千人。

萨拉托加战役最后以美军大胜而告结束。此役的胜利极大地改善了美国的战略防御态势，是美国独立战争的一个重要转折点。而性能优良的线膛步枪，则对这一转折的实现发挥了重要作用。

到19世纪中期，欧洲各先进工业国家的军队都换装了后装线膛枪，而尼古拉一世沙皇统治的俄国，却落后了一大步。尼古拉一世对科学技术在军事上的应用不感兴趣，而特别热心于形式主义的阅兵。各部队的将领投其所好，训练全为应付检阅，而不是为实战。俄国的军事工厂仍在生产别国已淘汰的枪炮。克里米亚战争前夕，部队装备的主要兵器是前装滑膛枪，性能与拿破仑战争时期的火枪差不多。

但是，尼古拉一世的野心却不小。拿破仑战争结束（1815年）之后，沙皇俄国凭借它在欧洲取得的霸主地位，积极推行南下政策，对土耳其步步紧逼，同欧洲列强争夺对近东地区的统治权。1853年10月，俄土战争爆发。战争后来发展成为以俄国为一方，以英国、法国、土耳其等为另一方的大规模战争，因为主战场在克里米亚（亦译为克里木），史称克里米亚战争。

如果是俄国同土耳其单独交战，俄国军事力量占有压倒优势。但英、法不能容忍俄国的野心，他们派出大批装备精良的陆军、海军，使俄国军事力量在数量、质量上都处于完全的劣势。

1854年秋，英、法、土联军在毗邻黑海的克里米亚半岛登陆，与俄军在阿尔马河地区展开会战。英国《泰晤士报》记者罗素随英军抵达前线，他这样描述战场上的情景：联军步骑兵在炮兵和舰炮的支援下，向俄军阵地发动多路攻击。联军士兵手中的猎兵枪（一种后装线膛步枪）火力猛烈，每分钟能发射7发子弹；而俄国人仍在使用过时的前装滑膛枪，5个俄国士兵的火力才抵得上1个英国士兵。因循守旧、庸碌无能的俄军司令官，在对方火力空前加强的情况下，仍按几十年前的步兵作战条令，强迫士兵保持密集的纵队队形进行反攻，企图以刺刀在近战搏斗中取胜。但未等到两军接近，就被猎兵枪的火力压倒，俄军一败涂地。

在与英、法、土联军作战的头两个月中，俄军即损失了四分之一的兵力，而联军死亡人数只有俄军的七分之一。战争以俄国失败而结束。1856年3月签订的巴黎和约规定，俄军无权在黑海保持舰队，同时必须撤出比萨拉比亚部分地区和多瑙河口，放弃对摩尔多瓦、瓦拉几亚和塞尔维亚的"保护"，将卡斯城交还土耳其。这样，俄国在巴尔干和黑海方向长期扩张的结果，几乎前功尽弃。

克里米亚之战，新式线膛枪大显威力，为旧式滑膛枪走向灭亡举行了"葬礼"。俄国人由此加深了对"落后就要挨打"这一普遍真理的理解，战争结束后的第二年，俄陆军部即决定步兵部队全部换用后装线膛枪。

在陆军大臣米柳京主持下，俄国进行了一系列军事改革，建立了生产能力很强的国营兵工厂，M1858式后装步枪成为俄军的标准装备，俄军战斗力大为增强。

19世纪后期，晚清政府筹建新军，大量引进西方武器装备，步兵配备的主要是奥地利曼利夏步枪（5发弹仓）。

图56 使用后装步枪的清朝新军蜡像，军事博物馆近代战争馆陈列

斯潘塞发明连发步枪

早期的后装线膛步枪，都是单发枪，每射击 1 次，射手都需重新装填 1 发子弹。19 世纪 50 年代出现了金属弹壳定装枪弹后，19 岁的美国青年 C.M. 斯潘塞于 1860 年研制成功世界上第一种连发枪，同年 3 月 6 日获得专利。

这种枪的奥妙在于枪托，内设一个管形弹仓，靠弹簧力将子弹输送入膛。枪弹用外击锤击发，以扳机护圈作为控制杆，操纵半圆形枪机反复转动，完成进弹、闭锁、开锁和抛壳。射击时，射手只需操纵控制杆，就可使子弹一发一发地入膛，扣动扳机即可射出，射速比单装枪快好几倍。该枪口径 14 毫米，弹仓可容弹 7 发。

当时正值美国南北战争期间，北军和南军使用的都是火帽击发的前装式步枪。斯潘塞拿着自己发明的步枪，胸有成竹地来到北军陆军部推荐，满以为会得到将军们的奖赏。

尽管斯潘塞费了不少口舌，反复说明新型步枪的优点，但忙于公务的军官们看到他年少的样子，根本不把他研究的武器放在眼里，不耐烦地说："小伙子，拿着你的枪去打猎吧，这里不需要。"

遭到冷遇的斯潘塞离开前和看门老头儿聊了几句。不料这位老人颇有眼力，他摆弄了一阵斯潘塞的枪，拍拍年轻人的肩膀，说："不用着急，下班后我帮你找个人评评这支枪。"

临近中午时分，看门人把斯潘塞领进了一座白色楼房。小伙子万万没有想到，接见他的竟是美国总统、北军统帅亚伯拉罕·林肯。

林肯满怀兴致地听完斯潘塞的介绍，站起来说："你的设计很有想象力，但打响了才算数。走，到外面试试看。"

在白宫的庭院里，一个靶子立在大树旁。斯潘塞沉稳地扣动扳机，将 7 发子弹一一射出，时间只有 10 秒左右。接着，林肯总统重新装满子弹，也打了 7 发，对连发枪的性能十分满意。

总统亲自试枪的消息引起了军方的重视，很快军方对斯潘塞步枪进行了试验和审定，然后投入批量生产，于 1862 年 12 月 31 日正式装备北军。

当然，早期的连发枪只是能够从弹仓中接连推弹入膛而已，开锁和退壳等动作还需要手动操作完成，但这在当时已经是了不起的进步。斯潘塞步枪的关键技术是：7 发装的筒形弹仓装在枪托里，通过装在枪托底板上的推弹机构和枪管后下方的杠杆装填枪弹，用杠杆开锁、抽壳，反方向扳动杠杆可推下一发弹入膛和闭锁。一般射手 12 秒内即可把弹仓内的 7 发子弹打光。

1863 年，斯潘塞组建了以自己名字命名的连珠枪公司，在南北战争期间共生产了 60000 多支连珠枪。在这场战争中，性能远远超过前装枪的斯潘塞步枪显示了威力。它极大地提高了射速，形成密集的火力，使南军闻风丧胆，在 1862 年 9 月的安蒂特姆战役，及此后的多次重大战役战斗中发挥了决定性的作用，为北军夺取胜利立下汗马功劳。

南北战争结束后，军队订货大幅度减少。斯潘塞公司的枪械生产陷入困境。而一位名叫奥利弗·费希尔·温彻斯特的美国人却认为，战争虽然结束了，但枪械制造业作为一种行业仍然有着广阔的前途。于是，他果断地收购了斯潘塞的连珠枪专利和库存的所有枪支，建立了温彻斯特连珠枪武器公司。1866 年，温彻斯特研制了一种以自己名字命名的连发步枪。此时的"连发枪"，还只是能够从弹仓中接连推弹入膛而已，开锁、退壳等动作仍需手动操作完成。该公司生产的连珠枪大量出口，在后来的俄土战争中大出风头。

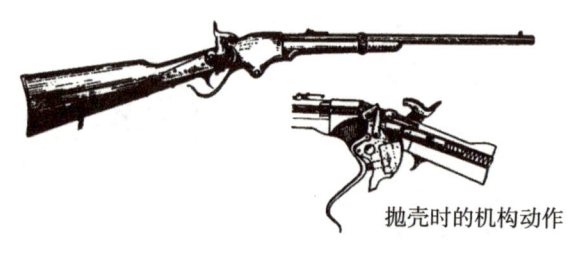

抛壳时的机构动作

图 57　斯潘塞连珠枪及后托弹仓

无烟火药取代黑火药

19 世纪中期以前，各国火器使用的都是中国发明的黑火药。这种用硝、硫、炭三种原料拌和的混合火药，燃烧后产生的化学能量低，需用剂量大，残渣污垢多，发射后生成大量烟雾。19 世纪 70 年代初，随着科学和工业技术的发展，欧洲出现了发射金属弹壳枪弹的机柄式步枪，枪械的设计十分成功，但发射的子弹仍采用古老的黑火药，严重影响战斗性能的进一步提高。

能否有一种更先进的发射药呢？枪械设计师把目光投向了化学家们。

1846年，瑞士化学家C.H.熊旁（1791~1868年，有资料说是德国人）开始致力于用硝硫混酸处理棉花和试制硝化棉的研究。一次做实验时，不小心把盛满硝酸和硫酸的混合液瓶碰倒了，溶液洒在桌子上，一时找不到抹布。熊旁看到椅子上有妻子的一条棉布围裙，便顺手拿来"救急"。事后，熊旁担心妻子看见会责怪，便到厨房想把围裙烘干。没料到刚靠近火炉，就听到"噗"的一声，围裙被烧得干干净净，没有一点烟，也没有剩一点灰。大吃一惊的熊旁静下心来，仔细回忆事情的经过，顿时兴奋万分："我已经合成了一种新的化合物——无烟火药！"接着，他又做了多次实验，证实了这一伟大的发现，并把这种化合物定名为"火棉"，亦称硝化棉。妻子知道事情的原委后，高兴地向丈夫祝贺："烧一条围裙，发明了世界上第一种无烟火药，值得！"

此后，意大利人F.阿贝尔、法国工程师P.维埃尔等又对硝化棉为原料的无烟火药进行了改进，发明了大量制造和提纯硝化棉的方法。

无烟火药很快被用作枪弹、炮弹的发射药，它能量大、残渣少，在较小的容积内装填，即可产生巨大的爆炸力、推动力，爆发威力比普通的黑火药大2~3倍。这样不仅使弹头初速加快，射程增远，而且使枪弹直径、枪械口径第一次缩小到10毫米以下。

硝化棉无烟火药属单基火药，瑞典科学家艾尔弗雷德·伯纳德·诺贝尔（1833–1896年）不久又发明了硝化甘油双基火药，将无烟火药的发展推进到一个新的水平。

诺贝尔的父亲也是个化学家。他在试验中发现，将硝化甘油同普通黑火药混合，可使火药的威力增强20倍。但是，硝化甘油的性能很不稳定。在法国赫伦尼堡的一个实验室，老诺贝尔领着几个人小量生产液体硝化甘油。由于未能控制好溶液温度，突然发生了可怕的爆炸，老诺贝尔最心疼的小儿子埃米尔和另外三个人被炸死。

爆炸事件引起全城关注，耸人听闻的谣言不胫而走，说是新炸药会将赫伦尼堡一扫而光。警察局迅即采取措施，禁止诺贝尔一家在城区生产硝化甘油。诺贝尔不肯半途而废，买了一艘驳船，把主要设备装在船上，在市区外的马拉伦湖面继续进行试验。一个偶然的机会，诺贝尔发现硝化甘油可被干燥的硅藻土吸附，吸附后能安全地生产和运输。诺贝尔天天和"死神"打交道，终于研制成功硝化甘油双基无烟火药，还制成了多种安全的烈性炸药，不仅可用作枪械、火炮的发射药，还广泛用于开矿、筑路施工等生产领域，在德、法、英等许多国家获得专利。

到19世纪后期，高能无烟火药取代黑火药，成为枪弹、炮弹的主要发射药，古老的黑火药逐渐退出了军事领域。

跨世纪名枪——毛瑟步枪

在德国的奥本多夫城，有一个枪械世家。老毛瑟从事枪械制造数十年，儿子彼得·保罗·毛瑟受家庭环境熏陶，从小就对机器、枪械充满了兴趣。14岁小学毕业后，毛瑟进入奥本多夫兵工厂当学徒，很快便继承父业，成为一名技术娴熟、心灵手巧的枪工。但他不满足于此。1859年，21岁的毛瑟应征入伍，这使他对如何使枪械满足战争的需要有了更深刻的理解。毛瑟毕生致力于枪械设计，在枪械发展史上占有重要地位，是举世闻名的枪械大师。毛瑟一生设计、制造的武器很多，尤以步枪最为著名。

图58　彼得·保罗·毛瑟
（1838~1914）

1865年，在美国雷明顿公司驻欧洲代表诺里斯的帮助下，毛瑟设计成功一种机柄式后膛单装步枪。步枪采用机柄式装置，是一个了不起的进步，步枪手只用一个动作就可抛出弹壳，同时把新弹推进枪膛，使射速大幅度提高。这种枪还首次成功地采用金属硬壳枪弹，较好地解决了枪在射击时自动待机和弹膛闭锁等难题。毛瑟步枪首创凸轮自动待击机针式击发机构，设计合理，操作简单，性能超群，其结构原理一直被后来的步枪所沿用。

起初，毛瑟设计的步枪在本国未受到重视，1868年，在美国获得发明专利，1872年被普鲁士陆军列为制式装备，命名为M1871式毛瑟步枪。这是世界上最早地成功发射金属弹壳枪弹的机柄式步枪，毛瑟由此确立了在德国乃至欧洲和世界枪械设计制造界的崇高地位。M1871式毛瑟步枪无弹仓，枪长1340毫米，枪重4.68千克，弹头初速435米/秒。该枪口径达11毫米，这是因为它仍然发射用古老的黑火药制成的枪弹，火药装填剂量大，残渣污垢多，当时的各种枪械的口径都在10毫米以上。

毛瑟密切关注着与枪械相关的新技术、新材料，不断推出新产品。1880年，毛瑟在枪管下方增设可容8发子弹的管式弹仓。普鲁士最高司令部于1884年决定采用该枪，并将其命名为1871/84年式毛瑟步枪，简称M71/84，使普鲁士军队在欧洲率先装备弹仓式步枪。

19世纪80年代，瑞士化学家熊旁夫妇发明了用硝化棉做原料的无烟火药，不久就被应用在枪弹、炮弹的制造上。无烟火药的优点是能量大，残渣少，在较小的容积内装填，即可产生巨大的爆炸力、推进力。这样不仅使弹头初速加快，射程增远，而且使枪弹直径、枪械口径大幅度缩小。后来，瑞典科学家诺贝尔又研制成功威力和安全性更优的硝化甘油双基无烟火药。毛瑟吸收科学和工业的新成果，很快研制出发射无烟火药子弹的1888年式毛瑟步枪。该枪口径减小至7.92毫米，新子弹弹丸飞行速度比旧弹加快一倍，从约390米/秒，增至850米/秒。初速越快，动能越大，打击目标的力量越强。M1888式步枪设有单排垂直盒式弹仓，容弹量5发，表尺射程2000米，有效射程600米，被公认为世界上第一种真正的近代步枪。毛瑟当之无愧地成为近代步枪的奠基人。

毛瑟在年届六旬时仍担任奥本多夫兵工厂的厂主和总设计师，推出了毛瑟步枪系列中最为著名的产品——M1898式7.92毫米毛瑟步枪（简称"毛瑟98"）。这种枪采用非自动方式，闭锁方式为枪机旋转式，全枪重4.10千克，全枪长1250毫米，枪管长740毫米，4条右旋膛线，采用5发弹仓供弹，弹丸初速870米/秒，表尺射程2000米，有效射程600米，发射被甲式尖头弹，射程和杀伤威力显著提高。

M1898式毛瑟步枪在人们即将跨入20世纪之际诞生，其最大成功在于旋转后拉式枪机的完美设计。这种整体式枪机操作方便，简单而可靠。枪机

枪械技术

军事科技史话 ●古兵·枪械·火炮

图 59　M1898 式 7.92 毫米毛瑟步枪多视图

位于弹膛后部的机匣内，枪机套管、击针、待击尾铁和环状弹簧、片状保险等组装在一起。毛瑟别具匠心，为枪机设计了两个相对的闭锁齿，使之与机匣内的环形台肩咬合。实践证明，这两个相对的闭锁齿有助于获得最好的射击精度。该枪的击针和待击尾部铁较重，击针行程约 1.27 厘米长，可保证在风雨、泥沙等恶劣野战条件下也能正常使用。

与以往的步枪相比，"毛瑟 98"的装弹系统有很大改进。一次性使用的 5 发弹夹是个创新，可迅速地直接从顶部插入机匣导槽，将枪弹压入弹仓，而空弹夹则在枪击闭锁时自动抛掉。这种弹夹装弹系统加上弹仓，有效地提高了步枪的发射速度。

出色的安全性是"毛瑟 98"的重要特征之一。该枪的抽壳钩长而不旋转，通过卡圈固定在枪机右侧，用于抓住弹壳底缘，牢固控制枪弹在枪机端面，直到弹壳抛出为止，这种结构确保了操作安全，对军用武器十分重要。为保护射手的眼睛，该枪机头套筒前部特置了一个大的挡板，即使发生罕见的子弹底火击穿等意外险情，也可避免火药燃气和弹壳碎片的伤害。

1898 年 4 月 5 日，是毛瑟一生中具有特别意义的日子。这一天，毛瑟最为得意的成功之作——98 旋转后拉式枪机步枪，正式被列为德国军队的制式装备。此后，"毛瑟 98"及其改进型作为最受欢迎的优秀军用步枪，在德国军队服役近半个世纪，直至第二次世界大战结束。它对世界许多国家的枪械设计师产生了深远的影响，后来问世的各种回转枪机式步枪的基本设计都源于"毛瑟 98"。一些毛瑟的崇拜者会骄傲地说："它们不过是'毛瑟 98'的复制品。"

为适应德意志帝国的军事需求，毛瑟对 M1898 步枪作了多次改进改型。毛瑟枪品种型号繁多，但基本结构很少变动。1908 年，毛瑟公司推出一种称为98AZ（后改称98a）的卡宾枪，显著特征是有一个弯转的机柄，枪管缩短为600毫米，携带比较方便，实际上是多用途短步枪，广泛装备德军的骑兵、炮兵和特种部队。直到第一次世界大战，带"毛瑟98"枪机的步枪和卡宾枪，仍被视为世界上最优良的步枪，在战争中发挥了出色的战斗效能。但在这场大战暴发那年，毛瑟就去世了，享年76岁。

第一次世界大战后，毛瑟创立的公司和工厂，继承毛瑟的事业，又制造出"毛瑟98"的多种变形枪，其中有称为"卡宾98b"的长卡宾枪，枪管长740毫米；称为98标准型的短步枪，1924年问世，枪管长600毫米，有7.92毫米、7.65毫米、7毫米等不同口径，主要外售；称为卡宾98k的新卡宾枪，1930年设计试验成功，发射7.92毫米重尖弹，威力大，膛口焰小，弯转机柄和提把方便适用，特别受到纳粹头子希特勒的钟爱，1935年6月正式列装，并以惊人的速度大批量生产，至1945年德国战败总产量达128万支。

毛瑟步枪在中国

19世纪后期至第二次世界大战，毛瑟步枪是世界上使用最广泛的军用枪械，以不同形式销往许多国家。中国满清王朝曾大量购买德国M1871式毛瑟步枪，装备部分八旗和绿营军。1867年，上海江南制造局率先仿制毛瑟步枪。1893年，中国汉阳兵工厂仿制成功M1888式毛瑟步枪，普遍装备新式陆军。因这种枪的枪管外有一套筒（防止枪管发热），被俗称为"老套筒"或"套筒枪"；后来去掉了套筒，改称"汉阳造"。"毛瑟98"传入中国后，广东石井兵工厂、沈阳兵工厂、上海兵工厂从1907年起开始仿制。

1915年8月，北洋政府在河南巩县孝义镇兴建了一座隶属陆军部的兵工厂，称巩县兵工厂，生产毛瑟式7.9毫米步枪和其他武器。第一次世界大战后，德国在M98毛瑟步枪基础上，又推出改进

图60 光绪二十年（1894年）仿制的毛瑟步枪，军事博物馆收藏

型号 1924 年式 7.9 毫米步枪，主要是缩短了枪管尺寸，与马枪合为一体，增强机动性，便于战壕作战。1934 年，军政部从德国购进 10000 支 1924 年式 7.9 毫米步枪，并索取该枪全套图纸资料和样板实物，交由巩县兵工厂试制。该厂经过改制，于 1935 年试制成新式步枪，并投入批量生产。与当时各厂仿制的几种步枪相比，质量最优。因 1935 年为民国二十四年，被命名为二四式 7.92 毫米毛瑟步枪。试制过程中，蒋介石曾到厂视察。后经兵工署署长俞大维上报批准，最后定名为中正式步枪。该枪作为制式步枪大量装备国民党军队。全枪质量 4.08 千克，全枪长 1533 毫米，发射毛瑟 98 式尖弹，战斗射速 10 发/分。抗日战争暴发后，巩县兵工厂迁址，改称兵工署第 11 厂，1940 年对中正式步枪进行过一次重新设计，枪筒、瞄准、击发等部件结构作了改进，性能更优。国内其他兵工厂也曾大量生产中正式步枪，枪的节套上都刻有中正式字样和各厂厂徽。早期中正式步枪的枪托均为核桃木，1946 年因材料来源缺乏，第 21 工厂改用钢条结构。至 1949 年，中正式步枪总产量近 70 万支。

图 61　中正式步枪，军事博物馆兵器馆陈列

抗日战争时期，八路军、新四军也都大量使用缴获来的毛瑟步枪。1939 年，陕甘宁边区机器厂的技术人员刘贵福、孙云龙等参照毛瑟步枪，设计制造出了人民军队的第一种自制步枪。因研制定型后马上送到在延安举办的"陕甘宁边区工业展览会"，还未取名就被展出，因此标为"无名式"步枪。该枪枪管较短，近似马枪，适当缩短了射程，减小后坐力，短小精悍，轻巧适用。毛泽东亲临展览会，端起崭新的"无名式"步枪瞄准，对身旁的边区军事工业局局长李强说："使上我们自己造的枪啦！枪造得很好嘛，也很漂亮啊。要创造条件多生产，支援前线打击日寇。"后来，刘贵福对"无名式"又进行了改进提高，于 1940 年 8 月设计制造出了"八一式"7.9 毫米步马枪，并投入批量生产，成为太行地区八路军的制式武器。

日本"三八大盖"

三八式步枪,是日本军官有坂上校在日本三十年式步枪的基础上改进而成,结构原理参照毛瑟步枪。因研制定型时间是日本明治三十八年(公元1905年),定名为三十八年式步枪(简称三八式)。该枪为非自动步枪,主要优点是坚固耐用,弹头飞行稳定,后坐冲量小,射程远,射击精度好,枪身长利于白刃格斗。缺点是口径小,杀伤力不足。

日本军队曾携三八式步枪参加了1905~1945年的历次重要战争,是日军侵华战争中的主要装备之一,使用到第二次世界大战结束。该枪还出口到英国、墨西哥、俄罗斯、泰国、印度尼西亚等国,生产量约300万支。因枪上有一个拱形防尘盖,随枪机前后运动,在中国俗称"三八大盖"。以该枪为基础,还生产了枪管缩短的马枪和配装瞄准镜的狙击步枪。

图62 日本6.5毫米三八式步枪

三八式步枪战术技术诸元:口径6.5毫米,全枪长1275毫米,枪管长799毫米,枪重4.1千克,固定弹仓,容弹量5发,初速765米/秒,标尺射程2400米,有效射程460米。配单刃偏锋剑形刺刀,刀长395毫米,刀重0.5千克。

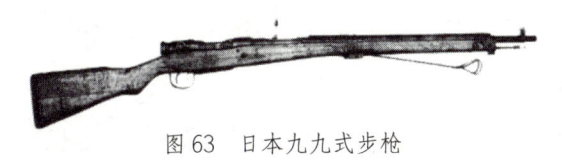

日军鉴于三八式步枪侵彻力不足,战争期间组织力量研制了一种7.7毫米口径短步枪,结构

图63 日本九九式步枪

与三八式相似,枪弹威力大于三八式,全枪长1150毫米,枪管长657毫米,弹仓容量5发,枪重3.8千克,初速740米/秒,标尺射程1500米。因为是在日本神武纪元二五九九年(1939年)定型,定名为九九式步枪,性能与德国Kar98步枪相近。因生产能力不足,只优先装备了关东军和后来的南方军精锐师团,中国关内战场的"支那派遣军"大都仍装备三八式步枪。

伽兰德和他的"半自动"

约翰·坎特厄斯·伽兰德是美国著名的枪械设计师。他1888年出生于加拿大,10岁时随父母迁居美国。伽兰德家境贫寒,小学毕业后就进入棉纺厂当童工。但他勤奋好学,特别热心于钻研机械修理,练就了一手好技术。

伽兰德靠自学成才,20多岁时成为纽约一家精密仪器厂的工程师。当时,美国正参加第一次世界大战,工厂承担了大量的枪械修理任务。伽兰德深感美军枪械性能不佳,而故障又特别多。机械和枪械有许多相通之处,伽兰德决心在轻武器设计上试试身手。但他没有研制经费,只好去找一个有钱人赞助。伽兰德同一个叫凯维希的金融经纪人达成了协议:由凯维希提供研制经费,并每周付给伽兰德50美元薪金,研制成果两人共有。

1918年6月,伽兰德奉献出他的第一个"作品"——半自动步枪,命名为伽兰德—凯维希手提式机枪。当时,人们把能自动完成退壳、送弹的枪统称为机枪。

凯维希是个神通广大的人物,梦想着成为名闻世界的武器设计师,他带着新研制的半自动步枪,找到美国标准化局局长斯特拉顿,恳求官方进行评审。斯特拉顿颇具眼力,对凯维希送来的新型步枪很感兴趣,建议作进一步改进,并允许利用标准化局设施完备的加工车间。

凯维希喜出望外,金融经纪人的贪心使他很快想出了一个见利忘义的"独吞"计划。他以新型步枪独立设计师的口气说:"谢谢局长先生,我的机工伽兰德和摩根将到这里上班。"说这话时,他毫无愧色。

于是,伽兰德每天赶到标准化局的加工车间。他对这里的设备很满意,全身心地投入步枪的改进，对凯维希设下的圈套毫无察觉。

凯维希背着伽兰德，拿着最初的那支自动装填步枪，以自己的名字申请了专利。纸里包不住火。伽兰德知道后非常恼火，找到斯特拉顿局长说明了真相。

明察秋毫的局长判定伽兰德是半自动步枪真正的、唯一的发明者，而凯维希是个冒牌货。1919 年 9 月 6 日，伽兰德获得自动装填步枪的专利证书，编号为 1603684。

美国国家标准化局任命伽兰德为该局量具和枪械技师。经过一年多的努力，伽兰德搞出了一支新样枪，性能有显著提高。但此时世界大战已经过去，美国陆军不急于寻找新的步枪了。

伽兰德的辛勤劳动没有白费。美国军械部一位叫顿特的少校看过伽兰德的步枪后，留下了深刻印象。他设法把伽兰德调到斯普林菲尔德兵工厂，以便更好地发挥其才能。

1920~1924 年，伽兰德致力于改进他的半自动步枪，搞了多种方案，口径均为 7.62 毫米，因为当时美军的制式枪弹 M1906 为 7.62 毫米 ×65 毫米。

1924 年，美国一位很有名望的枪械发明家 J. D. 佩德森，同陆军部签订开发半自动步枪的合同。他的第一个建议是更换枪弹，认为步枪最佳口径应是 7 毫米。军械委员会同意佩德森的主张，指令参与军方订货招标竞争的步枪均采用 7 毫米口径。

有 7 种新设计的步枪被送往阿伯丁试验场。经过几番较量，最后只剩下伽兰德和佩德森研制的两种枪了。

当时成立了一个试验组织，美国人戏称它为"猪委员会"，因为试验中是以被麻醉的猪作为射击目标的。

不知有多少头猪当了这次试验的牺牲品。最后评审的结果是：伽兰德步枪性能最优，被军械委员会推荐为美国陆军的制式装备。

推荐报告送到了陆军部，时任陆军参谋长的道格拉斯·麦克阿瑟上将却拒绝批准。原因是美国军方正围绕着步枪枪弹口径问题展开激烈辩论，步枪局对 7 毫米枪弹持坚决抵制态度。当时 7.62 毫米枪弹有大量库存，换用 7 毫米步枪将造成极大浪费，而陆军部又面临国会压缩拨款的压力，财政拮据。

麦克阿瑟将军下令停止 7 毫米口径步枪的研制工作，把注意力转到开发

图64 伽兰德手持M1半自动步枪

适用的7.62毫米步枪上。

新型半自动步枪面临夭折的危险，多亏它的设计者预先有准备。伽兰德在受命搞7毫米步枪时，已注意到步枪局对7毫米枪弹的抵制，他同时秘密研制了一支新型7.62毫米样枪。当麦克阿瑟得知他马上能为美国陆军配备一种性能优良的半自动步枪时，十分高兴，决定重重奖赏伽兰德。

1936年1月，伽兰德7.62毫米半自动步枪正式确定为美军的制式装备，命名为伽兰德M1步枪。该枪以8发弹夹供弹，射速每分钟30发，有效射程600米，空枪重4.3千克。

M1步枪使美国陆军在轻武器发展史上第一次处于世界领先地位。第二次世界大战开始时，德、日、英、法等国仍带着上次大战时的非自动步枪参战，唯有美国大量装备了半自动步枪。M1步枪在第二次世界大战中生产量达400多万支，使美军在步兵火力上处于明显优势。M1步枪成为美国人的骄傲。

M1是世界上第一种大量生产并成功使用的自动装填步枪，在第二次世界大战中表现出色。美军官兵从将军到士兵，都十分喜欢它，伽兰德也备受人们的崇敬。轻武器专家们赞誉说："伽兰德在军械装备舞台上的出现，标志着美国轻武器新篇章的开始。"第二次世界大战结束时，巴顿将军自豪地说："M1步枪是最了不起的战斗武器！"

向应式半自动步枪

抗日战争时期，贺龙、关向应领导的八路军第120师建立了晋绥边区根据地，十分重视边区的军工生产。1940年5月在陕西佳县孛牛沟建立了晋绥根据地第一座兵工厂——120师修械厂，职工200多人，其中有一批从太原兵工厂来的能工巧匠，除修枪、造手榴弹，还仿制成功中正式步枪、50掷弹筒等。1944年10月，修械厂改编为晋绥军区后勤部工业部一厂，杨开林任厂长。当时，工厂大力开展劳动英雄运动，极大地调动了全厂职工的积极性和创造热情。技术高超、曾仿制成功日制50掷弹筒的钳工温承鼎，组织武元章、刘万祥等人，开始研究试制自动步枪。他们参照美国伽兰德半自动步枪，并与79步枪进行组合，改进普通步枪的结构，增加活塞杆、活塞筒、闭锁机和复进簧等部件，使步枪能连续发射。为防止发射时枪口跳动，又在枪上增设了1个防跳器，研制出一种自由枪机式半自动步枪。经实弹射击对比试验，其射程比美国半自动步枪还要远，初速为800米/秒，受到上级嘉奖。

正值该枪研制成功不久，八路军120师政委关向应于1946年7月21日在延安病逝。该厂职工为表达对他的怀念，提议将这支步枪型号命名为向应式半自动步枪。这种枪共生产了9支，军博收藏一支，十分珍贵。

中间型枪弹催生突击步枪

鉴于火炮、机枪等武器的发展，一些军事专家认为步枪不应再一味追求远射程，有效射程在400米左右为宜。士兵出身的德国军官库兹深切感到当时步枪后坐力之猛烈，原因就在于装药过多，威力太大。他率先提出"中间型"枪弹设想，并于1941年生产出首批产品——7.92毫米库兹短弹。与以前的7.92毫米大威力弹相比，全弹长由80毫米缩至47.8毫米，装药量从3.0克减至1.5克，全弹重由26.4克减至16.6克。其有效射程可达到400米的战术要求，杀伤威力介于手枪弹与大威力步（机）枪弹之间，故称中间型枪弹。

这种新枪弹既能增加士兵的携弹量，又可减少士兵射击中因武器后坐力猛烈所产生的疲劳现象，同时在弹药生产中节约了大量材料。更重要的是，中间型枪弹为全自动步枪的问世创造了条件。此前，一些国家研制过几种半

图 65　德国 StG44 突击步枪

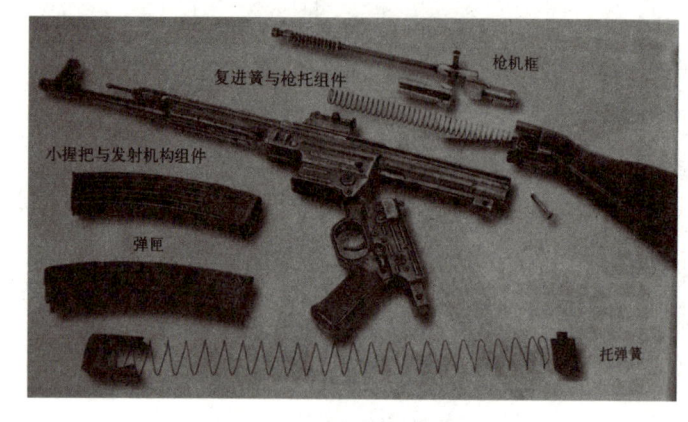

图 66　德国 StG44 分解图

自动步枪，均采用大威力枪弹，后坐冲量过大，连发精度很低，未能成功地向全自动步枪发展。二者都是利用燃气能量完成自动装弹，半自动步枪能自动装填，但只能进行单发射击；而全自动步枪除能自动装填外，还能自动发射，可以连发射击。

德国海奈尔（Haenel）兵工厂1938年着手研制发射库兹短弹的新枪，1942年生产出50支，定名为"冲锋卡宾枪"，型号称MKb42。MKb42经由著名枪械设计师斯麦塞改进，曾称MP43，1944年4月6日希特勒签发元首令，决定大量生产，定名为MP44，同年12月更名为44式突击步枪——StG44。StG是德文"突击步枪"的缩写。该枪为世界上第一种实用的全自动步枪，具有冲锋枪的猛烈火力和接近普通步枪的射击威力。

德国人创造的"突击步枪"，在世界轻武器发展史上具有重大意义。德国一家杂志称：StG44突击步枪"是步枪和冲锋枪之间最美满的婚配"。它重量轻，火力猛，能在近距离内有效地实施自动射击。德国人创造的中间型枪弹和突击步枪，在轻武器发展史上具有重大意义，对步枪走向全自动化产生了深远的影响。

StG44战术技术诸元：全枪长940毫米，枪管长419毫米，全枪重5.22千克，供弹具30发弹匣，发射7.92毫米短弹，弹头初速650米/秒，理论射速500发/分，标尺射程800米，有效射程500米。采用导气式自动方式。

费德洛夫研制的自动步枪

以 AK 系列步枪名闻世界的卡拉什尼科夫在回忆自己成长道路时,深情地把费德洛夫及其著作誉为灯塔和阶梯。

事实确实如此,费拉基米尔·格里戈雷维奇·费德洛夫是俄罗斯自动武器当之无愧的奠基者,被誉为"俄国自动武器学派之父"。第一次世界大战前,他就开始研制自动步枪。通过大量试验,他发现并首次指出,当时俄国制式 7.62 毫米 ×54 毫米有底缘枪弹威力过大,不适于自动步枪。1916 年,费德洛夫采用较小威力的 6.5 毫米 ×50.5 毫米半底缘枪弹,研制成功一种 6.5 毫米口径的自动步枪,英文称为 ABTOMAT(突击步枪),命名为 M1916 式自动步枪。该枪被公认为现代突击步枪的"前导"。

M1916 自动步枪战术技术诸元:口径 6.5 毫米,全枪长 1045 毫米,空枪重 4.37 千克,弹头初速 666 米/秒,25 发弹匣供弹,理论射速 600 发/分。

在费德洛夫的亲自监制下,沙俄兵工厂生产了一小批 M1916 自动步枪,装备了前线第 189 步兵团的一个连队,在作战中试用。十月革命后的 1919 年 3 月,苏联军械委员会又决定批量生产该枪,至 1925 年 10 月终止,总产量约 3200 支。

图 67 费拉基米尔·费德洛夫(1874～1966)

20 世纪 40 年代,卡拉什尼科夫在费德洛夫成果的基础上,研制成功享誉世界的 AK–47 突击步枪,追根朔源,它是 30 多年前费德洛夫所播种子结出的硕果。

图68 俄国M1916年式6.5毫米步枪，军事博物馆收藏

卡拉什尼科夫开创AK系列枪

21世纪的第一年，在举世瞩目的阿富汗战场上，人们常常看到塔利班和北方联盟士兵身上背着样式相同的枪——苏联制造的AK-47突击步枪（也有的称冲锋枪），就连电视画面上出现的本·拉登，也总是手中握着或者身旁放着一支短管AK-74小口径枪，那是他的防身武器和心爱之物。

据统计，诞生于半个多世纪以前的AK-47，总产量达4000万支，加上其改进型和小口径种类，AK系列枪在全世界的生产量超过1亿支。在第二次世界大战以后的60余年中，世界上凡是有战争和武装冲突的地方，就往往都有它的踪影。战后半个多世纪，先后暴发了约60多场大规模局部战争和武装冲突，其中AK枪被作为重要轻武器使用的达40多场。目前，世界上有60多个国家的军队仍在装备或部分装备AK系列枪。

美国一位枪械专家称：手里提着"卡拉什尼科夫"，这就是我们所处时代的象征。

还有的人说：AK枪简直是世界各国军人的通用武器了。权威人士专家推测，AK系列枪至少要使用到2025年。

AK枪为什么如此广受青睐、久盛不衰？是谁研制出这样一种富有生命力的神奇武器？这要从70多年前的苏德战场讲起。

1941年秋天，一个黑暗的夜晚，苏联红军第一坦克集团军与纳粹德国军队坦克群在布良斯克展开激战。入伍已三年的卡拉什尼科夫是一辆T-34坦克的车长，他揭开坦克顶部舱门，察看战场情况。突然，一个弹片飞来，击中卡拉什尼科夫的右肩，随后便失去知觉，被送进医院。

卡拉什尼科夫伤势不轻，恢复得很慢。他和病友们常谈起战场上的情况。一位被打断腿的步兵下士说："我们用单发步枪对付法西斯的冲锋枪，这怎么受得了！""我们也应有超过法西斯的自动步枪和冲锋枪。"

说者无意，听者有心。一直对机械、武器设计有着特殊兴趣的卡拉什尼科夫躺在病床上，陷入了沉思：这或许是我能为伟大的卫国战争作点贡献的机会，应该在轻武器上试试，设计一种受士兵欢迎、令法西斯害怕的新武器！

他找到医院管图书的小姐，请求把有关轻武器的书刊借给他阅读。小姐也真肯帮忙，很快给他抱来一大摞。其中有一本1939年出版的《轻武器的演进》，是苏联自动武器理论创始人之一费德洛夫的著作，使卡拉什尼科夫获益匪浅。后来他回忆自己的成长道路时，曾不止一次地说："费德洛夫的书如同灯塔和阶梯，对我帮助太大了！"

经过刻苦钻研，卡拉什尼科夫于1942年设计出一种冲锋枪，并赴阿拉木图参加了苏军装备规划委员会组织的自动武器选型试验。

卡拉什尼科夫的冲锋枪虽然名落孙山，但这位23岁年轻人的创造才能引起了一位"大人物"的注意，他就是苏联轻武器权威A.A.布拉贡拉沃夫中将。布拉贡拉沃夫是主管苏军装备规划的关键人物。他认为，卡拉什尼科夫的发明中"蕴藏着罕见的独创性，巨大的活力和劳动量，以及在解决一系列技术问题方面显示出来的新颖性"，并指示："对这位天资甚高、自学成才的人，最好送入技术院校深造。他会成为一个出色设计师的。"

一个大人物的话，往往会改变小人物的全部生活历程。卡拉什尼科夫经过几年正规的工程理论的技术训练后，就不再回坦克部队了，他被分配到昂斯克轻武器试验场，担任技术员工作。后来，苏联炮兵主帅沃罗诺夫也注意到了卡拉什尼科夫在枪械设计方面表现出来的特殊才干，把他调到高级军械领导机关，使其开阔了眼界。根据沃罗诺夫的指示，专门为卡拉什尼科夫建立了一个枪械研究所，使他的创造性才能得以充分发挥。

1944年春，一种新枪弹——7.62毫米×39毫米M43式中间威力型枪弹，引起了卡拉什尼科夫的极大兴趣。它与正在使用的苏M1908大威力步枪弹相比，重量轻28%，长度短27%，膛口动能小48%。当时，使用大威力枪弹的步枪，射程达2000米时枪弹能量仍能杀伤有生目标，但枪手的视力仅

军事科技史话 ● 古兵·枪械·火炮

枪械技术

在几百米之内，而使用手枪弹的冲锋枪射程在 200 米左右，有效射程明显不足。鉴于现代战场的实战已经证明，步兵的作战距离一般不会超过 400 米，枪械专家们正在探索研制一种介于步枪和冲锋枪之间的轻武器，既能像冲锋枪那样全自动射击，火力猛烈，又具有接近大威力步枪的射击威力。这种新的枪种属自动步枪，亦称突击步枪，须使用中间威力型的枪弹，可克服大威力步枪火力较弱和冲锋枪射击威力不足的缺点。

图 69　卡拉什尼科夫（1919~2013）

卡拉什尼科夫在得到 M43 枪弹后，提出了一个"现代突击步枪方案"。不久，一套构思新颖、富有独创性的自动步枪设计图纸问世了，并很快造出了样枪。苏军总军械部对"现代突击步枪方案"很感兴趣，决定让设计师卡拉什尼科夫赴国家靶场参加自动武器选型试验。

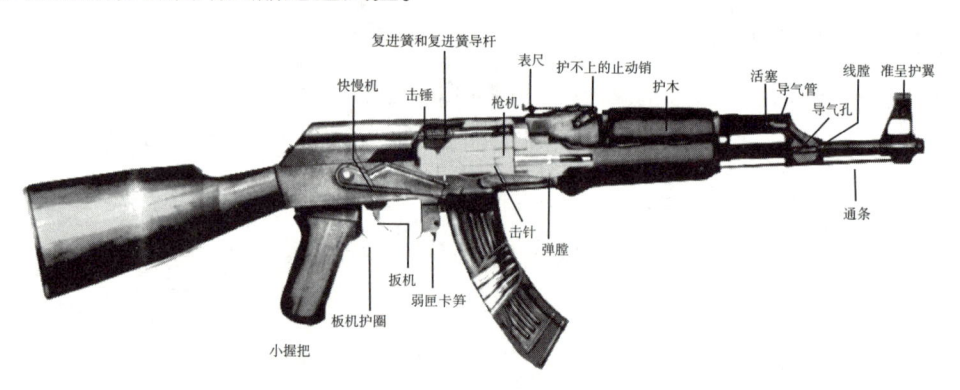

图 70　AK-47 突击步枪结构图

候选枪共有三支，另两支的主人是名气很大的苏联著名轻武器设计师什帕金和杰格佳廖夫。他们都来到了莫斯科郊外的国家靶场，年仅 26 岁的卡拉什尼科夫热情地向两位前辈问候。

年轻人心里忐忑不安，不知不觉地问自己："你是在和谁比高低呀？等着瞧吧，第一个离开靶场的就是你。"但他转念又想："真金不怕火炼，你也许会在竞争中取胜哩！"

实枪实弹的试验，公开公正的评审是铁面无私的，它只承认一个铁律：

优胜劣汰。总军械部代表杰伊金中校宣布选型试验的结果：三支候选枪中只有一支有生存的权利，它就是卡拉什尼科夫上士设计的突击步枪。

1947年，卡拉什尼科夫设计的自动步枪定型投产，被命名为7.62毫米AK-47突击步枪。该枪以火力猛烈、动作可靠、结构简单、坚固耐用而著称，即使在风沙、泥水等恶劣环境下也能正常射击。有人曾做过试验，AK-47经河水浸泡、黄沙掩埋，甚至从两层楼上摔下来，仍可继续使用。AK-47采用活塞长行程导气式自动方式，枪机回转式闭锁方式，装有木质固定枪托或金属折叠枪托，枪托打开时枪全长869毫米（折叠时645毫米），枪重（带空弹匣及附件）4.3千克，弹匣容量30发，弹丸初速710米/秒，理论射速600发/分，可连发和单发射击，实际射速全自动100发/分，半自动40发/分，发射1943年式7.62毫米×39毫米枪弹（弹头重7.9克），有效射程300米。

AK-47突击步枪于1951年作为制式武器普遍装备苏军后，以其优良的综合性能享有盛誉。50年代中期以后，华约各国军队也相继装备了AK枪，中国、朝鲜等不少国家进行仿制，生产量大增。

1959年，卡拉什尼科夫针对AK-47使用过程中暴露的一些缺点，又推出改进型7.62毫米AKM突击步枪。AKM增设枪口防跳器，提高了射击精度；采用塑料弹匣和钢板冲压机匣，枪重减至3.15千克，比AK-47轻1.15千克。此后，以AK-47为基础，逐步发展成了一个枪械系列。其中包括7.62毫米RPK班用轻机枪、PK、PKS、PKB、PKT、PKM、PKMS等地面和车载机枪，SVD狙击步枪也是仿AK-47按比例放大的。卡氏枪械系列不仅在战斗性能方面具有火力猛烈、动作可靠、维护方便等突出优点，而且结构简单、生产简易、价格低廉，因此特别受到第三世界国家军队和"游击武装"的青睐。令人称奇的是，论起枪械的单项战术技术指标，AK系列枪并不都是世界上最好的，但它的综合指标却出类拔萃，甚至毫不逊色于比

图71 使用AKM突击步枪的伊拉克士兵

它晚几十年问世的同类武器。因此，AK 枪当之无愧地被誉为 20 世纪最成功的枪械系列之一，卡拉什尼科夫被誉为"一代枪王"。

AK 系列枪的发明人米哈伊尔·季莫费耶维奇·卡拉什尼科夫，1919 年 11 月 10 日出生于西伯利亚西部阿尔泰地区库利亚村的一个农民家庭。10 年制学校毕业后，于 1938 年参加苏联红军。苏联解体后，卡拉什尼科夫一度回到自己家乡，过着深居简出的生活。但是，俄罗斯人并没有忘记他。1994 年，在卡拉什尼科夫 75 岁生日时，俄罗斯总统叶利钦专程前往祝寿。2009 年，总统梅德韦杰夫亲自为他颁发"俄罗斯英雄"奖章。卡拉什尼科夫于被公认为是 20 世纪最具影响的枪械设计大师。他没为自己发明的 AK 枪申请专利，一生守护清贫，生前长期住在伊热夫斯克一套朴素的三居室里，于 2013 年 12 月 23 日病逝，享年 94 岁。

源自 AK–47 的 56 式冲锋枪

1951 年 9 月，中苏谈判达成协议，苏联向中国提供包括 AK–47 突击步枪在内的 8 种轻武器相关技术资料、生产设备和工装具。AK–47 当时是苏军列装不久的新式轻武器，10 年后才正式解密。在苏联专家指导下，中国很快仿制成功 AK–47 突击步枪，1956 年设计定型，命名为 1956 年式 7.62 毫米冲锋枪，1958 年开始装备部队。按世界通用的定义，冲锋枪是单兵使用的发射手枪弹的自动武器，而 56 式冲锋枪实际上是一种突击步枪，因为 56 式与 AK–47 突击步枪一样，均发射中间型步枪弹。之所以将本应称突击步枪的先进步枪称为冲锋枪，是因为当时中国对轻武器的总体论证刚刚起步，认为凡是连发武器都是冲锋枪。该枪与同期引进仿制的 56 式半自动步枪和 56 式班用轻机枪，在此后近 40 年里一直是中国军队步兵班的支柱武器。

图 72　AK–47 突击步枪的中国版——56 式冲锋枪

中国 56 式冲锋枪与 AK-47 也有一些差别。早期的 56 式完全沿用 AK-47 的设计，后来作了多处变动。外观上的显著区别是刺刀：AK-47 为剑形单刃，可拆卸；56 式为折叠式三棱枪刺；56 式准星护翼为环形，顶部仅有小孔，AK-47 为翼形护翼，顶部为开放式，后者易损坏，但捕捉运动目标更快。AK-47 的机匣为锻造，1960 年代后期生产的 56 式改为成本低的冲铆机匣。56 式继承了 AK-47 的大多数优点，以可靠性好著称，即使在泥泞、风沙等恶劣环境下也能保持高度的可靠性。总体性能比较，国产 56 式略逊于 AK-47，主要差距在枪管合金钢材料，铬镍含量较低，抗蚀防锈、耐高温性能较差，连续射击后枪管发烫，初速变低，准确性明显下降。冲铆机匣的机械性能也不如 AK-47，全枪寿命由原先的 15000 发减至 10000 发。

北约步枪口径大论战

第二次世界大战结束后，欧美诸国都开始谋求新的步兵武器，在研制项目的清单上，新步枪名列第一。围绕步枪口径选择，北大西洋公约组织成员国曾展开了一场大论战。

1947 年，由比钦博士领导的英国"理想口径委员会"经过两年多的研究，提出步枪的理想口径是 7 毫米，并研制成功 7 毫米枪弹和自动步枪。

多数国家对德国人在大战后期使用的突击步枪和库兹短弹大为赞赏，表示了采用中间型枪弹的愿望。而美国陆军此时仍陶醉于伽兰德 M1 半自动步枪的成功，坚持步枪要有远射能力，要发射大威力枪弹。

美、英各执一端，使靠进口武器为主的加拿大等国深受其苦。在朝鲜战争中，加拿大军队装备的武器既有英国的 7 毫米步枪，也有美国的 7.62 毫米步枪，给后勤供应和战场使用带来了很大困难。加拿大国防部长克拉克斯顿为此紧急呼吁：北约必须尽快解决枪械口径和弹药标准化问题。

1953 年底，美国凭仗其在政治、经济、军事等方面的霸主地位，迫使其他国家作出让步，美国的 7.62 毫米 ×51 毫米 T65 枪弹被正式定为北约通用的标准步(机)枪弹，简称 NATO 弹。在这次步枪口径的争论中，美国的主

图 73　德国 7.62 毫米 G3 自动步枪

张虽然获胜，但它不符合步枪的发展潮流，是一个失败的决定，美国后来为此付出了代价。

标准枪弹确定后，不久便出现了几种使用该枪弹的全自动步枪。其中以美国 M14、德国 G3、比利时 FNFAL 最为著名。

北约 7.62 毫米名枪

M14 自动步枪，是美国在第二次世界大战后换装的第一代步兵基本武器，枪的结构从 M1 演变而来，由斯普林菲尔德兵工厂研制生产，1957 年装备部队，是美国陆军步兵班的标准装备，至 1963 年停产，生产量约 150 万支。该枪采用导气式自动方式，结构简单，便于在野战条件下分解。射击精度好，用两脚架射击有效射程可达 700 米。

1964 年，美国士兵带着 M14 步枪参加越南战争。同越军使用的苏制 AK-47 相比，M14 的缺点暴露无遗：携弹量少，后坐力大（约为 AK-47 的 2.5 倍），特别是全枪过于笨重，在丛林地带使用不便，火力也不如 AK-47 猛烈。M14 射程远的优势根本发挥不出来，美军步兵在近战中吃尽了苦头，伤亡惨重。

图 74　美国 7.62 毫米 M14 自动步枪

但 M14 步枪也不是一无是处，其远距离的射击精确度和大威力子弹，适合当作支援火力，由 M14 改进而成的 M21、M25 狙击步枪，目前仍在美军和国民警卫队中使用。海湾战争中，美军重新启用了一批射程远、威力大的 M14 步枪，与小口径的 M16/M4 搭配使用。至今，美国军方仍封存至少 17 万支 M14 步枪作为战略储备。

M14战术技术诸元：全枪长1120毫米，枪管长559毫米，枪重5.1千克，20发弹匣供弹，理论射速750发/分，有效射程460米，标尺射程915米，配用7.62毫米×51毫米北约制式枪弹，初速853米/秒。

德国G3式7.62毫米自动步枪于1958年设计定型，HK公司生产，1959年正式装备德国（前西德）军队。该枪使用与机枪弹类似的重型弹，威力大，精度高。有固定枪托型的G3A3、伸缩式枪托型的G3A4，以及带瞄准镜的G3A3ZF等多种型号，先后被80多个国家的军队、警察采用。该枪结构紧凑，整体布局合理，机构动作可靠性好，大量采用冲压件，生产工艺与经济性好。自动方式为半自由枪机式，滚柱延迟开锁式闭锁结构。所谓半自由枪机式自动方式，就是通过特定装置，使枪机后坐得以延迟，待到膛压较低时再行开锁。此类型武器为闭膛待击，优点是对提高射击精度有利，而且可以发射大威力枪弹，其中机械延迟方式由特定机械结构来完成，烧蚀和污染较少，同时枪机和武器全重也较小，但对加工精度要求高，需精密的机加工设备才能生产，造价比采用导气式的同类武器高1/3左右。

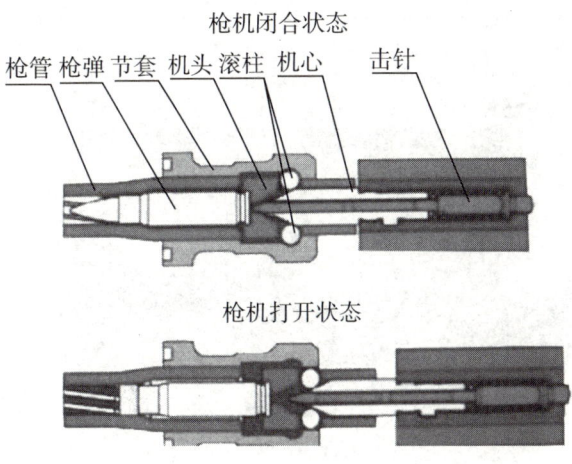

图75 G3步枪滚柱式半自由枪机自动原理示意图

G3自动步枪战术技术诸元：全枪长1025/840毫米（托伸/折），枪管长450毫米，全重4.4千克（G3A3，不带弹匣），20发弹匣供弹，使用7.62毫米×51毫米NATO弹，初速780~800米/秒，理论射速500~600发/分，有效射程400米。

20世纪中期，比利时国家兵工厂(FN)生产、由迪多恩·塞夫设计的FNFAL，是70年代以前世界上名气最大的自动步枪之一，被誉为"轻武器之花"。它采用导气式自动方式，这种自动方式的枪械依靠从枪管上开设的小孔中导出的部分火药燃气来完成自动循环，优点是能量充足并可以调节，系统质量小，可靠性高，固定式枪管精度好；缺点是结构复杂，烧蚀大，逸出的废气对射手有一定影响，擦拭和保养困难。

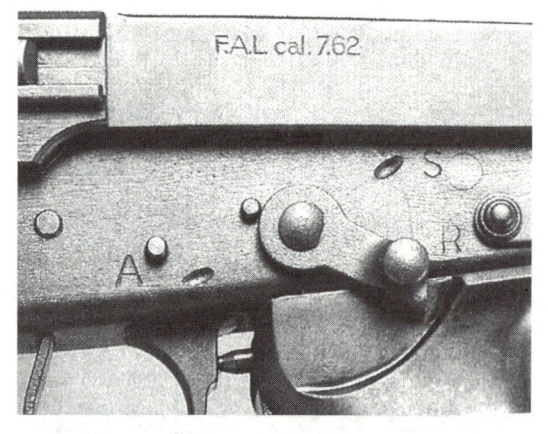

枪械技术

图76 FNFAL的快慢机有三个位置：S为保险位；R为半自动；A为全自动

图77 FNFAL配备的系列枪弹。左起：普通弹、曳光弹、穿甲弹、燃烧弹、穿甲燃烧弹、空包弹

军事科技史话 ● 古兵·枪械·火炮

从1953年开始批量生产，FNFAL7.62毫米自动步枪先后被90多个国家采用和特许生产，总产量达数百万支。该枪有多种型号，有固定枪托的标准型50-00、折叠枪托的伞兵型50-64、枪托折叠卡宾枪型50-63、加重枪管和两脚架型50-41等，在加拿大称为C1式，在英国称为LIAI式，在奥地利称为58式。它很受国际雇佣兵的喜爱，尤其是在动乱的非洲，只要有雇佣兵出没的地方，就有FAL的身影，被称为"20世纪最伟大的雇佣兵之一"。

该枪缺点是质量大，后坐力大，是中间型和小口径枪弹的3倍左右，连发射击难控制。1970年代后被小口径步枪取代。

FNFAL战术技术诸元（标准型）：全枪长1150毫米，枪管长533毫米，全重4.25千克（不含弹匣），供弹具10、20发弹匣，理论射速650发/分，全自动实际射速120发/分，半自动射速60发/分，有效射程600米，弹丸初速840米/秒。

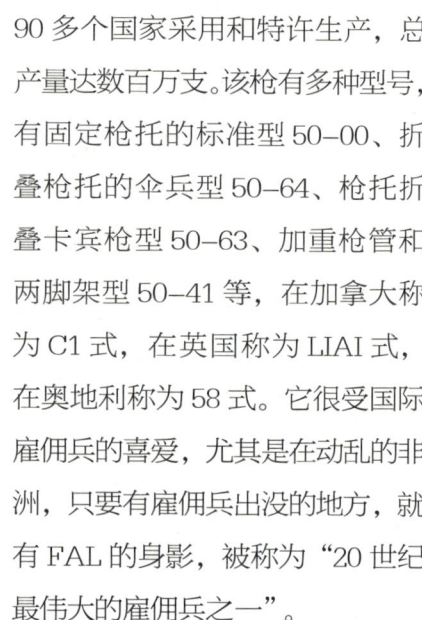

斯通纳开拓小口径之路

尤金·斯通纳，1922年11月22日出生于印第安纳州一个土著居民家中，

孩童时迁居加利福尼亚州。他是20世纪最负盛名的枪械设计大师之一。他在长滩工艺高中毕业后，父母无力供他上大学，便进工厂做工。斯通纳勤奋好学，心灵手巧，很快掌握了各种机械的操作，并利用业余时间刻苦攻读，学习了工程和机械制图等大学课程。1954年，他受聘于加利福尼亚州的一家公司，担任射击比赛武器和救生步枪的主任工程师，从此便和枪械结下了不解之缘。

斯通纳富于幻想，勇于创新。在枪械设计上，他的理念是力求简约，减少部件。他于1955年设计的第一种武器AR10自动步枪，因在工作原理和结构安排上有许多独到之处，受到枪械界的高度评价。如该枪首创气吹式自动原理和三用提把的结构，大量使用轻合金和非金属材料。

图78 美国枪械设计大师尤金·斯通纳（1922.11~1996.4）

AR10虽然未被列入部队的正式装备，但被公认为是第二次世界大战后出现的几种引人注目的自动步枪之一，从而使斯通纳跻身于美国著名枪械设计师的行列。不久，他应美国空军之邀，专为飞行员设计一种救生步枪。空军的要求是：重量轻，尺寸小，结构简单，具有一定威力，供飞行员在特殊条件下自救或自卫。当时，枪械理论界已开始探讨小口径步枪的可行性。

所谓小口径，是相对于先前和现通行的步枪口径而言。19世纪之前的火绳枪、燧发枪，口径一般在12~23毫米之间。无烟火药代替黑火药后，步枪口径才缩小到8毫米以下。20世纪50年代中期，人们又提出研制小于7毫米的小口径步枪。斯通纳率先将这种设想变成现实。他灵机一动，在保留AR10步枪基本结构不变的情况下，将原来的7.62毫米口径缩小为5.56毫米，同时把AR-10外层为铝、内层为钢的枪管改为全钢枪管，取名为阿玛雷特AR15，于1958年向世界推出了第一支小口径步枪。AR15不仅受到美国空军的欢迎，陆军也十分感兴趣，国防部专门组织人员进行了试验鉴定，批准列入制式装备，于1960年命名为M16步枪。

枪械技术

图 79　M16 小口径步枪早期型号，军事博物馆兵器馆陈列

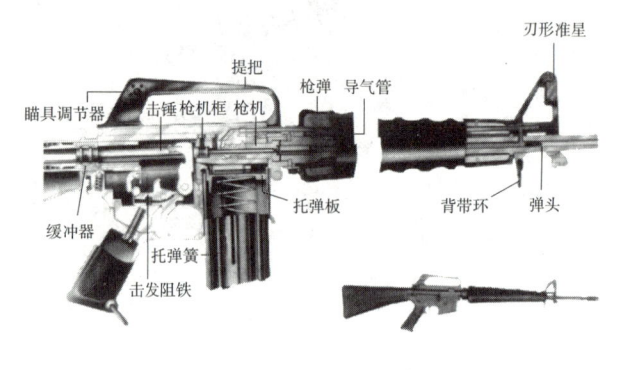

图 80　M16 小口径步枪结构图

与使用 NATO 枪弹的普通步枪相比，M16 有以下几个显著特点：一是重量轻，携带方便。M16 全枪长 991 毫米，枪重 3.1 千克，使用的 M193 枪弹重量为 NATO 枪弹的 1／2，在单兵负荷相等的情况下，携弹量大大增加。二是弹丸初速高，动能大。M16 弹丸初速达 991 米／秒，有效射程 400 米。弹丸命中有生目标后，便翻滚、变形、破碎，造成的弹道容积比普通弹大得多。在试验鉴定时，射手分别用 M16 和 M14 步枪对几头猪的臀部射击，小口径枪弹射入动物体内翻转，造成严重的创伤弹道；7.62 毫米枪弹射入动物体内为贯穿性弹道，伤口仅为小口径枪弹伤口的 1/10。三是后坐力小，有利于提高射击精度。四是节约材料，可大幅度降低生产成本。生产 1 亿发小口径枪弹，比生产同样数量的 7.62 毫米枪弹少用 1000 吨金属。

60 年代，美国陷入越南战争泥潭。美军虽拥有绝对的空中、海上和重武器优势，但步兵手中的轻武器却比不上越军装备的苏制 AK-47 步枪。1962 年，美国陆军采购了 85000 支 AR15（M16）送到越南战场试用，1965 年订购了 30 万支装备美军和南越部队。枪身短、重量轻、操作简便的 M16，非常适合于丛林地带和狭窄地域的穿插作战，显示出了优越性。特别是小口径枪弹的特殊威力，曾令人谈"黑"色变。因为 M16 的枪托、护木均呈黑色，便被称为"黑枪"。越南战场流传这样的警言："小心黑枪！""宁让大枪弹穿个洞，也别让黑枪弹沾上边！"

但是，在 M16 初到越南战场时，也常常遭到美军士兵的抱怨，原因是这种枪在风沙、潮湿、雨雪等情况下故障率较高。实际上，对恶劣气象条件下的使用，M16 的说明书就有明确注明，如枪管进水后不能立即射击，这是因为 M16 的导气管太长太细，如果进水使用会影响自动射击。美国随军记者从前线发回的报道说：越南战场上的美国士兵，只要缴获了 AK 枪，便毫不犹豫地将手中的 M16 扔掉。

此事引起美国国会的关注，遂组织调查团赴越南战场实地调查。结论是：M16 配发给部队时未曾进行必要的作战和维护保养训练；东南亚潮湿的丛林地带使武器容易锈蚀，加上擦拭不及时，便形成用手无法排除的故障。

斯通纳和生产厂家柯尔特武器工业公司随即对 M16 作了多项改进：枪管内膛镀铬，换用重新设计的缓冲器，解决了枪膛锈蚀和抽壳不可靠问题。另外，还装上了 M203 榴弹发射器，可发射 40 毫米榴弹。1967 年 2 月，改进型被命名为 M16A1。

经多项试验和实战考验，M16A1 能适应山区、丛林、沙漠、风雪、泥水等各种恶劣环境。从 1969 年起，美陆军和海军陆战队全部换装 M16A1 步枪。

80 年代初，斯通纳又推出 M16 的第二种改进型 M16A2。它在外观上与 M16A1 相似，但增加了枪管壁的厚度，改进了护木和膛口消焰器，射击精度有所提高。还增加了三发点射的连发控制器，命中概率提高；枪管加粗加重，刚度增强，更利于持续射击；加装可以减震的枪口消焰器和激光瞄准装置；改用 SS109 北约标准步枪弹，增大了射程和威力。美军方对 M16A2 进行了严格的试验。它在 800 米距离能击穿简易避弹衣，100 米距离可穿透 3.5 毫米钢板，130 米距离可击穿美国 M1 钢盔。

1982 年，美国海军陆战队率先采用 M16A2，1984 年，陆军大批换装 M16A2，此枪随美军参加了海湾战争等多次军事行动。目前，约有四五百万支 M16A2 在世界几十个国家的军队中服役，成为美国柯尔特武器工业公司的"摇钱树"，每支售价约 560 美元(1991 年价)。

图 81　M16A1（上），M16A2（下）

图 82　M4 卡宾枪，配装 M203 榴弹发射器

1991 年 3 月，美国第 82 空降师率先换装了 M4 卡宾枪。它是 M16A2 的缩短型和轻量型，1992 年起，普遍装备美国陆军和海军陆战队。其 85% 的零件与 M16A2 相同。1994 年，M4 改进为 M4A1，增加了一个移动提把和一个安装瞄准装置的皮卡蒂尼导轨，枪管下方可加装 M203 式榴弹发射器或霰弹枪等。

M16 从正式列装至今已经过了半个世纪，先后经历了 M16A1、M16A2、M16A3、M16A4、M4 等多次系统的改进，成为很多国家的制式装备。近年，美军特种部队还装备一种 M16 的小型化步枪——XM177 短突击步枪，安装短枪管，配有消音器，枪重 3 千克。

积木玩具的启示——枪族

尤金·斯通纳是一位富有幻想和创新意识的枪械设计大师。平时，他喜欢同孩子们一起戏耍，保留着一颗童心。20 世纪 50 年代初期，斯通纳工程师到幼儿园接孩子。他看到几个孩子在玩积木游戏，便驻足下来，满怀兴致地看他们的比赛。孩子们的小手十分灵巧，简单的积木块魔术般地变换着花样，一会儿垒成了高楼大厦，一会儿搭成了火车、汽车，一会儿又变成了飞机、大桥。斯通纳不禁拍手叫好。他的目光久久凝视在那些形状不同的木块上，突然来了"灵感"：就这么简单的几种积木块，却能在短时间内组合成式样繁多的物体，枪械是否也可以效仿呢？

这个主意实在是妙极了。斯通纳的脑海里已形成了一幅蓝图：以一种枪的基本部件为基础，换用不同枪管、枪托等部件，像搭积木一样，组成机枪、冲锋枪、步枪、卡宾枪……

他在武器实验室展开了试制工作，经过多年的努力，于 1963 年研制成功世界上第一种小口径枪族。该枪族以 M16 步枪为基础，共有 6 种枪，主要零部件可以通用，口径均为 5.56 毫米，被称为"斯通纳枪族"。

在一次轻武器展览会上，斯通纳枪族首次亮相，受到美国军方的高度重视。美国海军陆

图 83 斯通纳枪族中的卡宾枪和短突击步枪

战队司令瑞恩兴致勃勃地观看了斯通纳和助手的表演：在很短的时间内，即可用几种基本通用部件和一些专用部件，分别组装成自动步枪、冲锋枪、弹匣供弹机枪、弹链供弹机枪、车用机枪和带三脚架的中型机枪。瑞恩还操起枪族的 6 种武器亲自进行了试射，对斯通纳的巧妙设计赞不绝口。

枪族的好处首先是便于大量生产，降低成本；二是操作方便，掌握了其中一种，即能使用其他几种；三是有利于战时后勤供给和维修保养，在激烈的战斗中，一种枪的零部件损坏了，可以拆下其他枪的使用；四是枪的战斗性能可以根据需要随时进行改变，几分钟内便可将步枪改装成轻机枪。继斯通纳枪族之后，世界其他国家也相继研制出多种枪族。如苏联/俄罗斯的 5.45 毫米 AK74 枪族，奥地利 5.56 毫米斯太尔 AUG 枪族，5.56 毫米 HK33E 枪族，以色列 5.56 毫米加利尔枪族，中国 5.8 毫米 95 式枪族，等等。

短步枪——卡宾枪

卡宾枪也称短步枪，最早出现于 15 世纪的西班牙。当时的西班牙骑兵为马上使用方便，装备了一种比常规步枪明显短小的步枪。西班牙文中，骑兵和这种短步枪均称 Carabins，英文也沿用这一词汇，称短步枪为 Carbine，传入中国后音译为"卡宾"枪。

枪械技术

美国有两种名扬四海的卡宾枪——第二次世界大战时期的 M1 和现役的 M4。M1 式 7.62 毫米卡宾枪由美国温彻斯特公司研制，1941 年 9 月 30 日正式定型，随后大量装备美军，在第二次世界大战期间，M1 及其变形枪生产量达 623 万支。它采用专用的 7.62 毫米卡宾枪子弹，枪口动能仅为 M1 步枪的 1/3。该枪具有容弹量大、侵彻力和精度远大于冲锋枪等优点，是当时最优良的近距离战斗武器之一，美军统帅麦克阿瑟赞誉它是"为我们赢得太平洋战争胜利的最大因素"。

图 84　朱德在解放战争时期使用的 M1 式 7.62 毫米卡宾枪，军事博物馆收藏

图 85　手持 M4A1 卡宾枪的美国士兵

M1 卡宾枪战术技术诸元：口径 7.62 毫米，枪长 904 毫米，枪重 2.36 千克，15 发或 30 发弹匣供弹，4 条右旋膛线，初速 607 米/秒，有效射程 300 米，发射方式为半自动，战斗射速 40 发/分。

在越南战争期间，美军仍没有新的卡宾枪替代 M1，军方迫切希望能为特种部队、空降兵等部队配备新一代卡宾枪。1983 年，美国海军陆战队启动名为"XM4"的新型卡宾枪计划，期间曾被国会否决经费预算，直到 1991 年初才正式定型并装备部队。

1991 年 3 月，美国第 82 空降师率先换装了 M4 卡宾枪。它是 M16A2

的缩短型和轻量型，1992年起普遍装备美国陆军和海军陆战队。其85%的零件与M16A2通用，但也有很大不同：枪管由510毫米缩短为368毫米；采用6位置伸缩枪托，便于不同身高的士兵使用；枪管下方可加装XM模块化霰弹枪和德国M320榴弹发射器。1994年，M4改进为M4A1，增加了一个移动提把和一个安装瞄准装置的皮卡蒂尼导轨。

M4A1战术技术诸元：口径5.56毫米，全枪长840毫米（托折760毫米），枪管长368毫米，枪重2.5千克。使用SS109枪弹，初速906米/秒；使用M193枪弹，初速921米/秒，最大有效射程600米，20或30发弹匣供弹，理论射速700~1000发/分。自动方式为导气式。

步兵手中的"炮"——枪榴弹

现代步枪在实现小口径化、枪族化的同时，也朝着点面结合、杀伤破甲一体化的方向发展。目前，大多数现代步枪都可挂装枪榴弹，枪手瞬间即可变为炮手，用手中的步枪发射杀伤弹、破甲弹、空爆弹，打击隐蔽物后的有生力量，击毁坦克和其他装甲目标，破坏土木工事和火力点。

在越南战争后期，美军步兵大量使用可挂装M203枪榴弹的M16A1步枪，发射的40毫米杀伤榴弹可产生约300块高速碎片，具有5~7米密集杀伤半径，在丛林战中显示了独特优势，提高了步兵独立作战能力。

美国1982年研制的M16A2步枪，也可挂装枪榴弹，发射40毫米燃烧、催泪、烟幕、信号、榴霰、破甲等弹种。榴弹发射器悬挂在步枪枪管下方，借助枪托进行抵肩射击，发射器重1.7千克，全长389毫米。射手只需安装两枚螺钉，在5分钟内即可完成由枪手到炮手的转换工作。

枪挂式榴弹发射器把分别具有平直弹道和弯曲弹道的两种武器组合在一起，使步枪手同时拥有点杀伤与面杀伤以及破甲火力，极大地提高了步兵的作战能力，而且不必增加步兵班的编制员额。

继美国之后，英、法、德、西班牙、比利时等国研制的新型步枪，也都能发射枪榴弹，并研制了多种性能优良的枪榴弹。如法国装备的

LUCHAIRE40毫米枪榴弹系列，包括破甲、杀伤、破甲/杀伤、训练等4个弹种，其中破甲弹破甲厚度可达200毫米，杀伤弹可产生425片0.18克的有效杀伤破片，杀伤半径达10米。法国枪榴弹的优良性能，引起许多国家军队的兴趣。1988年，美国海军陆战队决定将其列入选型行列。海湾战争中，美、法等国的步兵，都曾使用这种枪榴弹，战绩不凡。

80年代初，苏联的AK74小口径步枪也装配了榴弹发射器，用于阿富汗战场，在山地作战中相当有效。它既能直射又能曲射，暴露目标和隐蔽在山背后或堑壕工事内的目标都能射击。

枪榴弹已在近年的多次局部战争中广泛使用，显示了威力。它的最大射程约400米，填补了手榴弹最大投掷距离和迫击炮最小射程之间的面杀伤火力空隙。

比利时步枪和SS109枪弹夺魁记

比利时是一个欧洲小国，但却是一个枪械生产大国。比利时国家兵工厂（亦称FN公司）60年代研制的7.62毫米FN·FAL自动步枪，曾以优良的性能风靡世界，被90多个国家采用和仿制。

比利时还是欧洲第一个研制成功小口径步枪的国家，1967年设计定型的5.56毫米FNFAL自动步枪，很快投入市场，是美国M16小口径步枪的第一个竞争对手。

1975年，为参加北约组织的下一代步枪和枪弹选型实验，比利时FN公司组成了以莫里斯·博莱特为首的研制小组，对FNFAL作了多项改进，于1979年推出5.56毫米FNFNC自动步枪。在此期间，FN公司还开发出一种5.56毫米×45毫米SS109枪弹，采用钢铅复合弹心弹头，远射威力优于美国的5.56毫米M193枪弹。

1977年4月~1980年12月，北约进行了一次时间最长、规模最大的轻武器选型试验，美国的M16A1、比利时的FNC等几十种轻武器各显神通。其中，比利时的FNC和SS109枪弹表现尤为出色。试验中有这样一个项目：

军事科技史话●古兵·枪械·火炮

在不同距离上对3.5毫米钢板侵彻射击，使用美国M193枪弹的M16A1穿透钢板的距离为400米，而使用比利时SS109枪弹的FNC为700米。在1100米处，FNC发射SS109枪弹，能击穿美国钢盔。

图86　比利时5.56毫米FNFNC步枪和SS109枪弹

历时三年多的选型试验，结果可归纳为：确定5.56毫米为北约枪械的标准口径，SS109枪弹为北约的标准枪弹，口径统一，弹药一致，枪型随便。

选型试验后，比利时的FNC步枪和SS109枪弹名声大振，美国专门设计了使用SS109枪弹的M16A2步枪；FNC被列为现代最优秀的小口径步枪之一，博得了众多国家军队的青睐。除比利时以FNC为制式武器外，瑞典、印度尼西亚等很多国家都采用它。

北约5.56毫米名枪

斯通纳开拓的小口径之路，成为世界枪械发展的新潮。1980年10月，北约正式将5.56毫米确定为枪械的第二标准口径，比利时5.56毫米SS109枪弹同时被指定为北约第二种制式步（机）枪弹。至90年代中期，世界上已有50多个国家和地区的军队装备了小口径步枪，种类达十几种，其中有代表性的有法国FAMAS（法玛斯）突击步枪、奥地利斯太尔AUG突击步枪、德国G36突击步枪、英国L85A1突击步枪、比利时FNFNC突击步枪等。

法玛斯突击步枪于1967年开始研制，1975年批量生产，首先装备法国伞兵部队，主设计师为法国轻武器专家保罗·泰尔。

FAMAS是继美国M16之后出现的第一种正式列装的无托结构小口径步枪，枪托与机匣合一，在世界现役步枪中长度最小，携带方便，尤其适用于特种部队、快速反应部队。枪上有提把，便于安装瞄准具，也利于携带和

图 87 法国 FAMAS 突击步枪

保护枪管。还为"左撇子"士兵着想，枪的左、右侧都设有快慢机、抛壳孔，左、右手均可灵活操作。它的大部分构件用轻合金和塑料制成。该枪有一个包含准星、照门的提把，对准星、照门起到了很好的防护作用。另外，该枪还加装有两个脚架，点射精度高，在 200 米处可击穿 4.5 毫米厚的钢板。实验表明，步枪装与不装脚架，点射时弹迹散布面积会相差 50% 左右，在现代无托步枪中 FAMAS 射击精确度名列前茅。能使用北约的任何一种 5.56 毫米枪弹，还能发射杀伤和反坦克枪榴弹。缺点是结构略显复杂，擦拭保养不便，在泥水、沙尘等恶劣环境下的故障率偏高。

在 1980 年以来的几次局部战争中，法军和其他一些国家的军队配备的法玛斯步枪，表现出了良好的性能，很受士兵们喜爱，被誉为世界现代步枪"六杰"之一。

FAMAS 战术技术诸元：全枪长 757 毫米，枪管长 488 毫米，6 条右旋膛线，初速 960 米 / 秒，枪重 3.6 千克，供弹具 25 发弹匣，理论射速 950 发 / 分，战斗射速 50～125 发 / 分，有效射程 300 米。

斯太尔 – 曼利夏公司的 AUG 突击步枪，1977 年设计定型，1979 年开始装备奥地利陆军。AUG 即 ArmyUniversalGun 的缩写，意为"陆军通用步枪"。

它集当时几种先进的设计概念于一身，如无托结构、塑料部件、望远瞄准镜和模块化设计等。采用无托结构（即没有独立的枪托，枪托和机匣组成一体），自动机部件都配置在枪托内，使全枪结构紧凑。枪的两侧都有抛壳孔，一侧配抛壳盖，只要将枪机旋转 180 度装入枪机框，就可改变抛壳方向，让左、右手都能得心应手地使用。它是第一种大量使用塑料部件的现代步枪（不仅外部构件，还有击发机构），半透明塑料弹匣是其标志性设计，射手一眼就能看到里面还剩多少子弹。它的 1.5 倍望远瞄准镜固定安装在枪身上，

军事科技史话 ●古兵・枪械・火炮

还可兼作提把。

曾有人作过这样的试验：1辆军用卡车从AUG步枪上反复碾过，拿起一看，结果发现除了光学瞄准镜的玻璃破损之外，其他部件均完好。它的优异性能和坚固耐用受到众多国家的青睐，爱尔兰、澳大利亚、新西兰、沙特等40多个国家都将其列为制式装备，美、英的一些特种部队和警察部门也有配备。

AUG采用模块化设计，通过更换不同长度和重量的枪管，即可转换成冲锋枪（350毫米枪管）、轻机枪（621毫米枪管加两脚架）、卡宾枪（407毫米枪管）等，成为世界上最成功的枪族之一。

AUG战术技术诸元：全枪长790毫米，枪管长508毫米，枪重3.9千克，30或42发弹匣供弹，6条右旋膛线，弹头初速970米/秒，理论射速650发/分，有效射程400米。自动方式为导气式，闭锁方式为枪机回转式。

德国赫克勒－科赫公司研制的G36突击步枪，于1996年被德国陆军选定为制式武器。在竞标设计中，赫克勒－科赫公司放弃了在多种枪械上使用、久经考验的回转式枪机闭

图88　奥地利斯太尔AUG5.56毫米突击步枪

图89　德国G36毫米突击步枪

锁延迟后坐系统，而采用导气式回旋转枪机。在世界小口径步枪行列中，它虽属于晚字辈，但公开亮相不久即以优良的性能，跻身于名枪之林。枪

身铭文有"HKG36Cal 5.56毫米×45毫米"和序列号。G36除装备德国军队外，还有出口型G36E，二者区别仅为瞄准镜，前者配3倍光学瞄准镜，后者配1.5倍光学瞄准镜。还加装了夜视仪，瞄准精确度高，还有效地降低了基准基线高度，使其在瞄准方面具有了其他小口径步枪无与伦比的优势。该枪采用折叠枪托，枪托中间透空，不仅质量轻，而且折叠后不影响射击。发射SS109式5.56毫米×45毫米北约制式枪弹，枪管长度与法国、奥地利、比利时等国的小口径步枪相近，威力也相差无几。

G36战术技术诸元：全枪长998毫米/758毫米（枪托展开/枪托折叠），枪管长480毫米，6条右旋膛线，枪重36千克，弹匣容量30发，理论射速750发/分。

英国L85A1突击步枪，又称恩菲尔德SA80，由英国恩菲尔德公司于1983年开始研制，1985年10月试装部队，1988年才被英国军队确定为制式武器。由于恩菲尔德公司于1990年代初期倒闭，该枪转由英国皇家兵工厂生产，自动方式为导气式。

L85A1的独特设计是配有一种放大率4倍的光学瞄准镜，称之为SUSAT，即氚轻武器瞄准具，射手只需将目标影像和瞄准线重叠在一起，可使命中率提高40%。它还可添加图像增强装置，能在暗夜里辨别300米以内的目标。L85A1分解结合简单易行，不需专门工具。L85A1的弹匣可与M16步枪通用，容弹量为30发，每一名士兵配带8个弹匣。

L85A1配备一种多功能刺刀，取下则是格斗用的匕首，刀刃后部有排齿，用于切割绳

图90 英国L85A1突击步枪

索；刺刀与刀鞘配合可剪断电线。刀鞘内装有镶嵌碳化钨的锯条，能锯钢铁等多种材料，刀鞘背上还装有磨刀石。

由于设计的缺陷，L85A1相比其他名枪故障率明显偏高。在海湾战争中，英军在使用该枪过程时多次出现弹匣卡笋卡不住弹匣、击针破裂、腐蚀严重等问题，故障率比同时参战的美M16A2高出许多，1988年后，做了多次细微改进，但成效不大。直到2001年，该枪进行重新设计，主要

是内部构造的改进,外观仅是将 L85A1 的柱状拉机柄改为逗号状。改进型命名为 L85A2。至此,无托的 L85A2 成为一款性能可靠、高效的武器。L85A2 战术技术诸元:全枪长 785 毫米,枪管长 518 毫米,枪重 3.8 千克,供弹具 30 发弹匣,初速 940 米/秒,理论射速 700 发/分,战斗射速 60~150 发/分,有效射程 600 米。

以色列伽利尔突击步枪

伽利尔突击步枪是由以色列陆军中校乌齐·伽设计,军事工业公司轻武器部主任雅科夫·利尔审定,取二人名字各一部分,定名为"伽利尔"突击步枪。以色列军事工业公司 1971 年批量生产,除装备以色列军队外,还受到多个国家军队的青睐,输出到非洲、南美洲、中美洲等地区。该枪有突击步枪和短突击步枪两类型号,每种型号都设有固定枪托和折叠枪托两种样式,分别采用 5.56 毫米和 7.62 毫米两种口径。射击时后坐力较小,精度高,动作可靠,适宜在各种恶劣条件下使用。该枪自动方式为导气式,枪机回转闭锁。

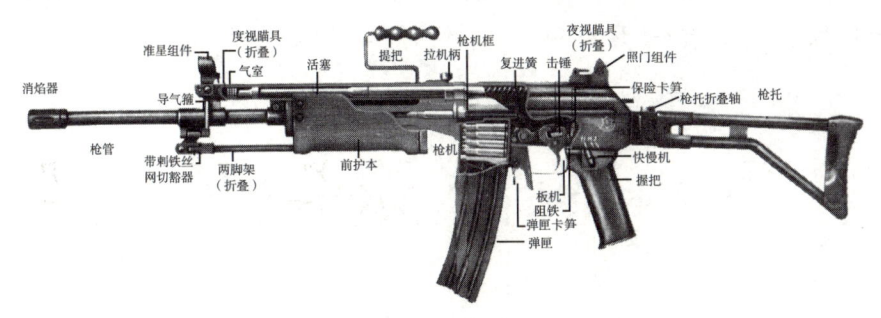

图 92 以色列伽利尔 5.56 毫米突击步枪结构图

加利尔实际上是以 AK-47/AKM 为蓝本,吸收别国和本国枪械的诸多优点而研制出的一种武器,突出的优点是可靠性非常好,在风沙等恶劣气候环境中仍结实耐用。该枪结构简单,机构动作可靠,互换性高,平稳性好,不论是单发射击还是连发射击,均易控制。枪机匣左侧、握把上方增设一个快慢机,便于左撇子射手使用;拉机柄自右侧伸出,向上弯曲,左右手均可拉动。此外,该枪采用的是钢管制成的折叠枪托,即便在折叠情况下也可

图92 使用伽利尔狙击步枪的以色列士兵

以发射。通过换枪管可组成发射美国M193式5.56毫米枪弹以及北约7.62毫米枪弹。该枪在中东局部战争和多次军事行动中使用，显示出优良的性能。

伽利尔突击步枪还改装成狙击步枪，主要是增加枪管厚度，使用7.62毫米大威力子弹。枪重增至7.65千克，有效射程达800米。在1982年第五次中东战争的激烈的巷战中，以色列士兵经常遭到巴勒斯坦武装人员和黎巴嫩真主党游击队在暗处的袭击，伤亡不小。以色列指挥官迅速从国内调来新装备伽利尔狙击步枪的狙击手部队，在一声声"砰砰"的枪响中，以军彻底击退了阿拉伯冷枪手，占领了贝鲁特城。

伽利尔突击步枪战术技术诸元：口径5.56毫米，全枪长979/742毫米（托展/托折），枪管长460毫米，6条右旋膛线，弹头初速980米/秒，枪重4千克，35发或50发弹匣供弹，理论射速550发/分，战斗射速40~100发/分，有效射程400~600米。短突击步枪：枪长820/600毫米（托展/托折），枪管长330毫米，枪重3.5千克，有效射程400米。

"一枪夺命"的狙击步枪

18世纪下半叶，欧洲国家的军队中出现了专业狙击手部队，以精确瞄准射击敌方重要目标为主要任务。德国1971年出版的《军事词典》对狙击步枪的定义为："除了普通瞄具以外还配有光学瞄准装置的步枪。"中国军事百科全书对狙击步枪的定义是："狙击手专用的远距离高射击精度步枪。"

在近年来的局部战争和反恐作战中，狙击手和狙击步枪的作用越来越受到重视，有几十个国家的军队将狙击步枪列为制式装备，其中既有普通口径的，也有小口径（7毫米之内）和大口径（12.7~20毫米）的，仅大口径狙击步枪的量产型号就超过 20 个。

在越南战争中，美国曾将 M14 步枪改装为 M21 式狙击步枪。据越南战争统计资料，狙击步枪平均发射 1.3 发子弹即可消灭 1 个敌人，被称为"一枪夺命"的武器。

1987 年，雷明顿公司根据美国陆军部要求，在民用 700 型步枪基础上，研制出 M24 狙击步枪，1988 年 11 月开始装备部队，以取代 M21。M24 是美军第一种专门研制的狙击武器，采用直动式枪机，闭锁稳定性好，再配上 10 倍望远式瞄准镜、可卸式两脚架，射击精度很高。该枪经受了海湾战争的检验，1/4 的 M24 狙击手被派到了前线。

普通口径狙击步枪的战术使命主要是歼灭 1000 米内的重要单个有生目标，口径 12.7 毫米以上（含 12.7）的大口径狙击步枪的主要使命，则是摧毁 1000~2000 米距离的轻型装甲车、暴露在地面的导弹、飞机、雷达、油罐等重要目标。70 年代末开始，美国研制了多种大口径狙击步枪，其中最著名的是巴雷特轻武器制造有限公司出品的 M82 系列大口径狙击步枪。该枪设计师为朗尼·巴雷特，1981 年开始研制，1983 年投入批量生产。后又不断改进和完善，相继开发了 M82A2、M90、M95、M82A1M、M95M 等改进型号。美海军陆战队等部队配备该枪参加了海湾战争，用价值 3 万美元的 M82A1 击毁了多辆价值数千万美元的俄式 BPM-1 步战车。除美军外，目前有英国、澳大利亚、丹麦等 30 多个国家的军队或警察部队也选用 M82 系列作为狙击武器。M82 的设计师朗尼·巴雷特原是一个摄影师，一次偶然的机会，巴雷特和朋友打赌，促使他决心设计一支大口径半自动狙击步枪。经过一年的努力，他就完成了新枪的设计，接着创建了自己的公司，并在 1982 年开始试生产。

M82 采用枪管短后坐自动方式，半自动射击，配置望远式瞄准镜，具有较高的命中率。发射 12.7 毫米勃朗宁重机枪枪弹，但枪的后坐力很小，主要是其安装

图 93　M82A2 狙击步枪射击体验

军事科技史话 ● 古兵·枪械·火炮

枪械技术

了一种新型枪口制退器，能减小后坐力65%，这就保证了射击时的舒适性及射击精度。

由于大口径狙击步枪可以有效打击敌方各种类型的通信、指挥、运输、雷达设施、后勤保障车，所以又被叫作"反器材枪"，M82就是其中最杰出的代表。1991年的海湾战争中，美国海军陆战队的一支特战分队遭遇了伊军装甲部队。美军狙击手就凭借手中的两支M82狙击步枪摧毁了4辆伊军装甲运输车和一辆指挥车，一直坚持到援军到来。

图94 巴雷特大口径狙击步枪

2003年9月，美国巴雷特轻武器制造公司以海军陆战队使用的M82A3为基础，推出了一个新型号——M107狙击步枪，并投入2003年的伊拉克战争和阿富汗战场试用。该枪安装有新的夜视器材和远望瞄具，配备有两脚架和15倍率光学瞄准具，能够发射多种12.7毫米枪弹，进一步提升了射击精度。该枪的优异设计将后坐力降到最低，10连发半自动击发能力则可让发射者通过连续击发来锁定某个目标。它可加装能显著减小枪口喷焰、噪声和枪口冲击波特征的消声/焰器。M107狙击步枪通过严格的试验和评估，被认定具有可靠性高和适于操作使用的特点，其第一个采购者就是阿富汗战场的美军拆弹部队，使他们能用很低的成本拆除土制炸弹。2004年，M107狙击步枪被美国陆军物资司令部评为"美国陆军十大最伟大科技发明"之一。

按现行国际标准，在300米距离上5发全散布圆小于1MOA数（8.7厘米），可称为高精度狙击步枪，巴雷特公司研制的M99狙击步枪即属此列。目前，国外很多半自动狙击

图95 美国M99高精度狙击步枪

步枪在 100 米距离上能达到全散布圆小于 1MOA 数，但要在 300 米、500 米距离上达到此精度，只有非自动狙击步枪才行。因此，各国的高精度狙击步枪，包括美国的 M99，都采用了非自动方式。M99 配有高倍率变倍白光瞄准镜，配有精密的掌上 PC 机系统。PC 机内设置有精细射表和修正系数，每增加 50 米或 25 米有一个诸元，一个参数，狙击手射击前可准确计算出不同距离目标的射击诸元参数。M99 还配有专门研发的口径较小的 416 狙击枪弹。该弹改进了弹体结构、推进剂和弹壳，后坐力非常小，在 2500 米内仍能超音速飞行。

M99 的旋转后拉式枪机、枪管等进行了重新设计。巴雷特公司以往设计的 50 口径枪管一般为 29 英寸长，而 M99 的枪管增加到 33 英寸，长、重枪管有利于增加远距离射击的精确性。M99 没有弹匣，只能单发射击，一切是为了打造一支前所未有的高精度狙击步枪。

面对频繁的反恐特种作战、特别是城市作战，轻装特种作战部队经常抱怨传统的狙击步枪太笨重，期盼有一种重量轻、长度短、设计更精巧紧凑的狙击步枪。2007 年，美军特种作战司令部发布了对 0.338 英寸口径 8.58 毫米狙击步枪的需求：手动，在 1500 米距离内射击精度小于 1 角分(1500 米距离 1 角分，相当于全散布圆直径不超过 43.65 厘米，胸环靶约宽 50 厘米×50 厘米)；重量小于 8.16 千克，全枪长 1320 毫米以下(不含消声器)，弹匣容弹量多于 5 发，双手均可操作，配光学瞄具；平均故障间隔为 1000 发；在不参照枪械结构图的情况下，射手能在两分钟内分解武器，并在相同时间内组装好；在枪身正上方需配有一个可安装光学瞄具的 1913 型皮卡汀尼导轨。

此时，美军普遍配备以 M82A1 为主的大口径狙击步枪，8.58 毫米口径并非主流口径，仅少数部队使用由雷明顿 700 改型的 0.338 英寸口径狙击步枪。美军特种作战司令部之所以选择 8.58 毫米口径，是因为该口径既飞行稳定又能保证弹丸的侵彻威力。早在 1983 年，美国军火工业研究学会应美国海军陆战队要求，开始研制一种新型的远距离狙击弹。这种弹要在 1000 米距离上穿透 5 层军用人体护甲后还具有杀伤力。几经努力，解决了研制过程中遇到的弹壳结构强度不足等诸多难题，终于在 1989 年研制成功 0.338 英寸口径狙击弹，命名为 338 拉普阿马格努姆弹。该弹的性能介于 7.62 毫米枪弹和 12.7 毫米枪弹之间，既可用于精确杀伤人员，又有一定的反器材功能。

注：1 厘米 =0.3937 英寸。

弹头重16.2克,弹丸初速约914米/秒,弹丸初始动能为6770焦耳,超音速飞行距离远,终点动能比北约7.62毫米×51毫米枪提高了5倍,抗风偏能力提高了1倍,可使武器的有效狙击距离达1500米(北约7.62毫米×51毫米枪弹初速777米/秒,初始动能3444焦耳,超音速飞行距离875米)。目前,该弹作为远距离、高精度狙击弹使用已被普遍认可,国际上的知名枪械公司均围绕这种弹药设计了新一代狙击步枪。位于美国犹他州盐湖城的沙漠战术武器公司创始人尼古拉斯·扬格,认准了0.338英寸口径将成为狙击步枪发展主流,并按照美军特种作战司令部的要求,致力于研制338狙击步枪。

在与军方警方进行广泛沟通后,沙漠战术武器公司发现客户不但对338口径的狙击步枪感兴趣,对其他口径也有需求。于是,他们独辟蹊径,在模块化设计上下功夫:以0.338英寸口径为基础,通过更换枪管,还可发射0.243英寸(6.17毫米)、0.300英寸(7.62毫米)、7.62毫米×51毫米口径的弹药,转换在60秒内就能完成。四种口径兼顾了军用、警用和民用,一支枪可以当作4支枪使用。如平时训练时,射手使用便宜的7.62毫米×51毫米弹药,节约训练成本;山地作战时,选用射程更远的0.338英寸口径。新枪于2008年问世,命名为"秘密侦察兵"(SteahhReconScout)狙击步枪,简称SRS。

2010年5月,在约旦举行的第八届特种部队装备展会上,"秘密侦察兵"狙击步枪(SRS)闪亮登场,引起各方广泛关注。该枪采用无托结构,短小精悍,配用0.300英寸口径枪管时,全枪长只有901毫米,比M16A2步枪还要短,称得上是世界上最短的狙击步枪,非常利于在城区和狭小空间携行和机动作战。该枪为旋转后拉式枪机,非自动发射,机匣用航空7075-T6铝合金制成,枪托由高强度聚合物塑料注塑成型,外表为高强度涂层。机匣上方配有皮卡汀尼长导轨,用于安装光学瞄准镜、激光测距仪等设备。根据国外对狙击步枪的评判标准,5发(或3发)弹的散布精度"好""坏"之分的界限为1角分,而各型SRS狙击步枪发射专用枪弹的精度均在0.5角分以内。

SRS狙击步枪战术技术诸元(配用0.338英寸口径枪管):全枪长952毫米,枪管长660毫米,全枪重5.6千克,5发弹匣供弹,有效射程1600米以上。

俄罗斯狙击步枪

俄罗斯军队服役时间最长的狙击步枪，当属德拉贡诺夫SVD7.62毫米狙击步枪。该枪采用半自动方式，其结构、自动发射原理与AK步枪相似，但采用短行程活塞驱动枪机，而AK-47则为长行程活塞，后者在运动过程中可能引起平衡失控而影响射击精度。该枪1963年开始批量生产，取代此前的莫辛－纳甘M1891/30式狙击步枪。SVD性能优良，至今仍在俄罗斯及东欧和其他地区许多国家服役。中国也有仿制，称为79／85式狙击步枪。

SVD的设计者德拉贡诺夫原是一个优秀射手，多次在射击比赛中夺冠。1958年，德拉贡诺夫接受了一个挑战——设计一种半自动狙击步枪。他运用射手的灵感，解决了提高射击精度的诸多难题。如今"德拉贡诺夫"已经成为苏／俄制狙击步枪的代名词。

图96　俄罗斯德拉贡诺夫SVD7.62毫米狙击步枪

SVD狙击步枪发射一种专门为其研制的钢芯结构狙击弹，使用这种枪弹时的射击精度明显比使用现有的普通枪弹准确得多，在1000米距离上仍有很强的杀伤力。在打击车臣分裂武装的军事行动中，

图97　使用SVD的俄罗斯内务部特种部队狙击手

俄罗斯军队大量配置SVD，狙击手经常在意想不到的时间和地点，给予车臣武装恐怖分子以致命打击。

SVD狙击步枪战术技术诸元：枪长1225毫米，枪管长610毫米，4条右旋膛线，枪重4.3千克，10发弹匣供弹，弹头初速830米/秒，枪口动能3303焦耳，最大有效射程800米，射速500发/分。

1990年代以来，俄罗斯研制了新一代狙击步枪，其中有图拉仪表制造设计局研制的B–94型12.7毫米狙击步枪、杰格佳廖夫工厂研制的ＣＢＨ–98型12.7毫米狙击步枪，以及按照俄罗斯联邦安全局特种作战中心的特别订货要求研制的"韦赫洛普"狙击步枪等。

德国"精确射击步枪"

1985年，德国HK公司于研制的一种称为PSG1的高精度狙击步枪。PSG，就是德文"精确射击步枪"的缩写。它采用HK公司的标准滚柱延迟闭锁系统，枪管特制加长、加重，单发手动式枪机，配用望远式瞄准镜，发射7.62毫米PSG重弹，可靠性很高，精度超群，被多个国家军队、警察和特种部队采用，包括著名的德国第九边防大队（GSG9）、法国宪兵特种部队都装备了此枪。

PSG1堪称高精度狙击步枪的代表之作。它在300米距离上可以把50发子弹全部打进一个棒球大的圆心，在远距离上射弹散布很小。这得益于德国传统的极其严格的制造流程，所有的零件几乎是完美的结合。如握把为比赛步枪用的握把，塑料枪托的长度可调，枪托上的贴腮板高低可调，射手可以调节到最舒适的长度和高度。当然，质优价也高，PSG1单价约1万美元。20世纪90年代，德军换装了新一代G22型专用狙击步枪。

图98　使用PSG1狙击步枪的德国GSG9特种部队

PSG1 狙击步枪战术技术诸元：枪长 1208 毫米，枪管长 650 毫米，4 条右旋膛线，带枪架全重 8.1 千克，5 发或 20 发弹匣供弹，只能单发射击，配 6 倍瞄准镜，可在 600 米距离上精确射击。

中国 81 式班用枪族

1977 年开始，中国轻武器研究机构和有关工厂就开始集中力量研制班用自动武器，目标是要用一个班用枪族取代正在服役的 56 式半自动步枪、56 式冲锋枪和 56 式轻机枪，仍采用 1956 式 7.62 毫米×39 毫米钢芯枪弹。

总设计师是著名枪械专家王志军，他来自中国最大的枪厂——296 厂，1958 年毕业于北京工业学院，是该院第一批枪械专业学员。在王志军的带领下，枪族中的自动步枪于 1981 年设计定型，被命名为 1981 年式 7.62 毫米自动步枪，同时以此步枪为基础，推出中国第一个班用枪族——1981 年式 7.62 毫米班用枪族。1983 年投入大量生产，并正式装备中国人民解放军。该枪族还出口国外，援助非洲国家。1990 年代初，世界级枪械大师、AK 自动步枪设计者卡拉什尼柯夫来中国访问时，特意会见了 81 式枪族设计师王志军，握着王志军的手称赞说："你造的枪比我的好。"

由于在 1978 年就已经明确将来会采用 5.8 毫米的小口径自动步枪，81 式枪族只是作为一种过渡型武器。但是，通过实战证明，81 式枪族是一种性能优良的武器，具有精度高、操作维护简便、动作可靠等优点，经过了对越自卫还击战后期的实战考验，表现良好。据作战部队反映，曾在 100 多米的距离上，用两支 81 式自动步枪压制敌方碉堡枪眼，使其无法开火。1986 年 5 月，81 式枪族获得国家科技进步一等奖。

81 式枪族由 81 式步枪、81-1 式步枪和 81 式轻机枪组成。三种枪的主要结构相同，零部件通用率达到 70%，有 65 种零件可以相互通用。两种步枪的区别主要在枪托，81 式为木质固定式枪托，81-1 式为金属折叠式枪托。

81 式枪族的自动方式采用短行程活塞导气式，枪机回转式闭锁，可实施单、连发射击，这是 81 式自动步枪与 56 式冲锋枪最大的不同之处，其他结

军事科技史话 ● 古兵·枪械·火炮

构与56式冲锋枪类似。快慢机变换柄在机匣左侧，握把上方，"0"为保险，"1"为单发，"2"为连发，变换时用握住握把的右手拇指即可变换，迅速方便。

81式步枪的自动机、发射机、机匣等都比56式冲锋枪简单，可靠性更好。以机匣为例，同样是冲铆机匣，81式机匣的刚度、强度、制造工艺要好得多。机匣体由厚度1.5毫米50钢板冲压而成，盒形断面，形状简单，两侧突出大筋增加了刚度，前部与节套铆接，中部有中衬铁支撑，后

图99 中国7.62毫米81式自动步枪

图100 2009年国庆阅兵中的预备役方队，手持的为81式步枪

部有尾座固定，机匣的刚度、强度得到保证，使用和生产中没有变形。机匣的导轨只有一层，在机匣体冲压时形成，取消了一般枪机匣上均具有的下导轨，方便了生产。

供弹具是钢板制成的弹匣或弹鼓，常规装备是步枪配备5个30发弹匣，机枪配备4个75发弹鼓，另有20发弹匣供平时执勤。步枪、机枪供弹具完全互换通用。81式机枪的弹鼓设计很有特色，与俄罗斯RPK弹鼓相比，优点是装弹、退弹可快速进行。压一下涡卷弹簧旋钮，解脱涡卷簧，打开弹鼓盖，推弹器旋至最后位置，就可装弹。弹头朝下，向拨轮上的空位插放，不分先后次序，可以双手插放，也可两人同时插放，十分迅速。盖好弹鼓盖，旋紧涡卷簧，装到枪上就可

射击。平时，为保护弹鼓簧，可不必旋紧。当需要退出弹鼓内的枪弹时，只需解脱弹鼓簧，打开弹鼓盖，翻一下弹鼓就可把枪弹倒出来。81式快装弹鼓在国外也很受好评，出口到美国等多个国家和地区。

56半自动步枪装三棱刺刀，不能拆卸，只能折叠。81式自动步枪的刺刀可拆卸，卸下来兼作匕首。刺刀刀刃为剑形，长170毫米，不开刃口。刺刀的两面有纵向加强凸筋，凸筋两边呈凹形血槽，表面镀乳白铬。刀柄为褐色塑料柄，刺刀全长300毫米，重量0.22千克。该刀的刚度极好，虽说原设计不是多功能刺刀，但作战部队经常把该刺刀用于挖、刨、攀登、撬开罐头等。

81式枪族设计时，通过了严寒、酷暑、风沙、泅渡江河、浸泡海水等严格条件的考验，经过部队装备作战的实践，故障极少。在大量生产中质量稳定，每次抽枪寿命试验，步枪在15000发射弹过程中达到了无任何故障、无零部件裂纹、无任何功能失效的状况。

该枪族的研制成功，基本适应了一枪多用、枪族系列化、弹药通用化的发展趋势，极大地方便了训练、使用和维修，既加强了战斗分队的战斗力，也为枪械互换、增强火力提供了条件。

81式枪族也有诸多不足之处。在当时工艺、技术、设备落后的条件下，为满足大批量生产并保证稳定的质量要求，强调采用成熟技术，未能采用更多的新材料、新工艺、新技术、新结构，外观造型与AK系列枪雷同，被国外称为81式AK。如果说中国56式7.62毫米系列枪械是仿制，95式5.8毫米枪族是自研，81式枪族则属"仿研"，是在自力更生基础上，仍依托仿制产品的工艺技术和工艺流程，但达到了简化装备、减轻重量、补缺配套的目的。虽有不少缺陷，但81枪族取得的成就和经验，特别是新型弹鼓等方面的创新发明，为新一代枪械的研制和发展创造了条件。

81式自动步枪战术技术性能：枪长955毫米/1104毫米（加刺刀），枪管长440毫米，枪重3.4千克。有效射程：400米单个目标，500米集团目标，弹头飞行到400米可以穿透A3钢板8毫米、松土层40厘米，2000米内弹头仍具有杀伤力。用30发弹匣供弹，弹头初速750米/秒，理论射速600~750发/分。瞄准系统：柱形准星、表尺、缺口式照门。瞄准基线315毫米，准星高40毫米。

枪械技术

95式枪族和"中国枪王"

美国枪械大师斯通纳研制的5.56毫米M16小口径步枪大量装备美军后，世界各国争相掀起了研发小口径枪族的风潮，就连苏联枪械大师卡拉什尼科夫也不得不掉头追随斯通纳的脚步，在1974年推出了5.45毫米AK-74小口径步枪。在苏美两国的带领下，步枪的小口径化成为大势所趋。

中国的轻武器也必须跟上世界枪械发展的潮流。1971年，军方开始组织小口径步枪的研制，有三个研究所、27家工厂、两所院校、一个训练基地和部队的有关人员参与。经反复论证，1978年确定口径为5.8毫米。后又历经8年努力，于1987年研制成功中国第一种小口径步枪——87式5.8毫米自动步枪。但是，该枪尚未达到换装标准，没有投入大批量生产。

1989年，军方提出研制第二代小口径步枪，并邀请斯通纳和卡拉什尼科夫两位枪械大师来华访问，国内著名枪械专家朵英贤、王志军等参与了接待和学术交流。1990年，就在接待了卡拉什尼科夫后不久，时任中国轻武器研究所副总工程师的朵英贤，被任命为新一代5.8毫米班用枪族系统的总设计师。

图101　95式枪族总设计师朵英贤（1932—）

朵英贤1956年毕业于北京工业学院（现北京理工大学）自动武器设计专业，长期从事自动武器的研究与开发。他作为技术总负责人研制的67式通用机枪，曾获1978年全国科技大会奖。此时年近花甲，又担负起追赶世界枪械先进水平的重任。当时，上级的要求是：两年半做出来，而且性能要赶上国外的。

朵英贤带着他的团队奋力攻关，发动大家出方案。他重点抓如何解决枪械的可靠性、精度、弹道特性、终点效应、重量力学结构等技

图102 中国5.8毫米95式自动步枪

术难题，先后有80多个方案，而过去一个武器搞两三个方案就可投产了。朵英贤在与斯通纳和卡拉什尼科夫交流时，特意摸了他们在力学结构方面的"底"。这两位大师没有受过高等教育，朵英贤与他们谈到力学问题时，均沉默未答。朵英贤认定，军旅出身的两位"枪王"，尽管在战场上和实践中获得了许多宝贵的设计灵感和先天优势，却多少有些知其然不知其所以然，相对薄弱的力学基础是他们身上的弱项，也是赶上和超越的希望。

力学结构设计则成了中国新一代步枪取得成功的关键。朵英贤一方面努力减轻枪身震动，以提高精度；另一方面尽量提高构件运动的灵活度，保证可靠性，从而把两者尽可能地结合起来。经过6年多的反复试验和技术攻关，1995年完成设计定型，全新的5.8毫米口径枪族系统问世，并一次性通过了国家靶场的试验，被命名为95式5.8毫米自动步枪，简称QBZ95（Q-轻武器，B-步枪，Z-自动，95-1995年设计定型）。该枪于1997年作为中国人民解放军驻港部队和特种兵部队的配用武器首次亮相，现已全面装备部队，成为中国人民解放军及武警部队第一种大规模列装的小口径自动步枪。

在208所的枪械陈列室里，朵英贤亲自向记者介绍了95式自动步枪与AK47和M16的区别。他说：95式步枪重量只有3.3千克，在这三个枪里它最轻。长度也最小，是746毫米，M16是1米，AK-47是945毫米。口径比它们大，所以它的弹威力比较大，直射距离也比较远。这四个方面占了优势。

确实，选择5.8毫米的口径是95式枪族的一大特色，它使中国的小口径枪族在美、俄两大军事、政治集团之外独树一帜。在近年来的车臣战争和伊拉克战争中，5.45毫米和5.56毫米口径的枪支分别遭到俄罗斯士兵和美国

军事科技史话 ●古兵・枪械・火炮

枪械技术

图 103 2009 年国庆大阅兵中的三军仪仗队，手持的为 95 式 5.8 毫米自动步枪

士兵的指责，最大的原因在于弹药威力不足，无法完成许多战术任务。而与此同时，中国 95 式枪族的 5.8 毫米口径则展现出了很大的发展潜力。

95 式自动步枪采用无托结构，由枪管、导气装置、护盖、枪机、复进簧、击发机构、枪托、机匣和弹匣、瞄准装置、刺刀等 11 部分组成。钢件采用化学复合成膜黑磷化处理，铝合金零件用硬质阳极氧化处理，上、下护手及上机匣等部件采用工程塑料。枪管内的内膛为精锻成形，并进行了镀铬处理。自动方式为导气式，自动机采用短行程导气式活塞，机头回转式闭锁，可单、连发射击，可加挂能快速拆卸的 35 毫米口径榴弹发射器，配有白光瞄准镜和微光瞄准镜，微光瞄准镜可在夜间弱光条件下对 200 米以内生动目标精确瞄准。

95 式自动步枪一般使用弹匣供弹，必要时也可使用弹鼓供弹。可实施单发射击、2～5 发的短点射和 6～10 发的长点射。每支枪配有 5 个 30 发塑料弹匣，单发射速为每分钟 40 发，点射射速为每分钟 100 发，枪管寿命可达 1 万发。

95 式班用枪族除 95 式自动步枪，还有 95 式班用机枪。后又增加了短枪管的 95B 式短突击步枪，2000 年设计定型，主要供特种部队使用。另外有一种 97 式自动步枪，是 95 式自动步枪的出口型，采用西方国家标准的 5.56 毫米口径，主要发射 SS109 规格的步枪弹。

外形新颖独特、性能优良的 95 式枪族横空出世后，不仅是目前我军装备的最先进轻型武器，同时还在世界枪支中占据了"精度最高、重量最轻、尺寸最小、有效射程最远"的四个第一，总体性能处于世界先进水平。1998 年，获国家科技进步一等奖。总设计师朵英贤 1999 年入选中国工程院院士，被誉为"中国95式枪族之父"和"中国枪王"。

95式自动步枪战术技术诸元：全枪长746毫米，枪管长495毫米，枪重3.3千克，30发弹匣供弹，弹头初速915米/秒，射击寿命10000发，有效射程400米。

95式自动步枪服役后，也暴露出一些缺点。无托有轻便的好处，但实战历练最多的美军一直使用有托步枪。95式步枪采用弹匣在后、握把在前的结构，许多中国士兵也不习惯，此前的传统式步枪均是弹匣在握把之前。2003年12月，一种新型有托步枪设计定型，命名为03式自动步枪。早期曾称95A，但实际上与95式步枪在结构大不相同，除弹匣和枪弹与95式枪族通用外，枪机等主要部件都不能互换。因此，03式自动步枪不属于95式枪族，而是一支全新的自动步枪。它采用与81式步枪相似的传统式结构设计，活塞短行程的自动方式，这种结构的最大优点就是在风沙条件下也能保持自动机运动的高可靠性。在扬尘淋雨试验后，枪身被泥水覆盖，枪机的运动不会受到任何影响。03式5.8毫米自动步枪作为我国最新研制的单兵作战武器，机构动作可靠，

图104　中国03式5.8毫米自动步枪

适应性强，射击精度高，威力大，全枪的体积和重量也控制得相当好，代表了我国21世纪初枪械设计制造的水平。

03式步枪出现后，对于中国军队轻武器的选择展开了讨论，最终的决定是：两种5.8毫米步枪配备不同兵种，95式步枪主要配备海军、海军陆战队和空军士兵，03式步枪则主要配备陆军士兵。

中国小口径狙击步枪

88式5.8毫米狙击步枪，1988年立项研制，1995年设计定型，是中国独立研制的世界上第一种小口径狙击步枪。该枪射击精度较高，试验证明：

军事科技史话 ● 古兵・枪械・火炮

枪械技术

图 105 中国 88 式 5.8 毫米狙击步枪

在 50 米的距离上，其精度可以保证打中一元硬币大小的目标；在 100 米距离上，散布圆直径不超过 30 毫米，这意味着一个鸡蛋大小的目标也能命中；在 600 米距离上，击中一个人头大小的目标轻而易举。

该枪使用的 88 式 5.8 毫米机枪弹（重弹）于 1994 年设计定型，枪弹初速高，弹头存能大，同时适用于机枪和狙击步枪，在 1000 米距离上还能穿透 3 毫米厚的 A3 钢板。实地测试对比发现，在 800 米内，88 式 5.8 毫米机枪弹的侵彻力和射击精度都明显超过了俄罗斯 SVD 和以色列伽利尔狙击步枪。

88 式狙击步枪采用无托结构，全枪由枪身组件、枪机组件、复进机组件、发射机组件，枪托、上护盖和下护托、弹匣及脚架共九大部件组成。配有以光学瞄准镜为主、机械瞄具为辅的两套瞄准装置。机械瞄具为折叠式，折叠后不影响光学瞄准镜使用。卸下瞄准镜后，将准星座和标尺座竖起即可瞄准射击。

88 式狙击步枪战术技术诸元：口径 5.8 毫米，枪长 920 毫米，枪管长 620 毫米，4 条右旋膛线，枪重 4.1 千克，10 发弹匣供弹，弹头初速 895 米 / 秒，战斗射速 10 发 / 分，最大有效射程 800 米。

中国研制的高精度狙击步枪

继 1985 式 7.62 毫米狙击步枪和 1988 式 5.8 毫米狙击步枪之后，中国轻武器研究所又推出了一款新产品——高精度狙击步枪，并在 2010 年第五届国际警用装备博览会上公开亮相。

与普通步枪相比，射击精度高是狙击步枪的共同特点。但是，同样是狙击步枪，对射击精度的追求、所能达到的精确程度也有不小的差别。狙击步枪有半自动和非自动两类，如 1985 式 7.62 毫米狙击步枪、1988 式 5.8 毫米狙击步枪等采用半自动方式的型号，它们属战术型狙击步枪，一般配属到步兵班，狙击手一人一枪方式，经常和步兵班一起行动。战术狙击步枪的优点是战斗射速较高，跟踪目标、转移火力迅捷，

图106　在2010年第五届国际警用装备博览会上展出的中国高精度狙击步枪

注重战场上的战术灵活性，射击精度比普通步枪高，但还达不到"高精度"。真正高精度的狙击步枪目前都采用非自动方式，效能类似于"外科手术刀"，主要配备反恐怖特种兵和特警部队，对有生目标各部位精确打击，不能偏差毫厘，做到"指哪儿打哪儿"。配置方式一般为两人一枪，副射手利用高倍率测距仪精确计算指定目标的射击参数，大多跟随分队指挥员行动。由于高精度狙击步枪研制难度相当大，目前世界上只有美国、英国、法国、德国、俄罗斯等少数几个国家能够制造。

轻武器研究所研制的新型高精度狙击步枪，填补了中国轻武器系列的一个空白。与以往的普通狙击步枪相比，它的枪管用高级材料制成，枪管更长，射程就更远；配有两脚架，射击稳定性更好；使用专用子弹、专用附件和精密的专用瞄准镜，射击精度更高，在100米距离上全散布圆直径≤2.9厘米，在300米距离上全散布圆直径≤8.7厘米。

俄罗斯新一代步枪

1990年代后期，俄罗斯新研制的AN94步枪装备部队，该枪在AK-74系列步枪的基础上作了多项改进，弘扬AK系列的优势，弥补AK系列枪械的不足，是一种整体综合性能好、富有创新的优良枪型。

在自动方式上，AN94仍属导气式，但进行了重大改进，创造性地解决了传统导气式自动方式武器后坐力大、命中率不高的技术难题。传统的导气式，利用枪管侧孔导出膛内火药气体来冲击活塞、推动枪机向后运动获得自

图 107　俄罗斯 AN94 步枪

动机工作能量的自动方式,优点是可靠性好,后退活塞的火药燃气反作用力能对枪身后坐起到制动作用,但相对于剧烈的枪身后坐,其抑制力远远不足,导致此类枪射击精度不高,特别是连发射击时命中率低。AN94 采用没有调节器的导气式自动方式,枪管下有一个类似于导气管样式的抑制后坐加长管,自动机组则采用延迟后坐原理,有效地提高了射击精度。该枪设有单发、两发点射和连发三种发射方式。设置的新型缓冲装置,既能减小后坐冲量,又使枪管和枪管座加速向前运动,在进行两发点射时,子弹发射频率高达 1800 发/分,在自动机组延迟后坐的同时,两发子弹已经离开了枪口,也就是说,子弹飞出时射手还没有感觉到后坐力。经试验对比,AN94 两发射命中概率比 AK-74 提高了 2.54 倍。目前,世界上衡量步枪的效率指标,由过去看重单发射击精度,转向了更注重首发点射(两发点射)命中率。关键是该枪采用了变频技术,两发点射时发射频率为 1800 发/分,连发时可恢复到正常速度 600 发/分。变频技术是德国 HK 公司研制 G11 无壳弹步枪时发明的,苏联/俄罗斯历时 10 年于 1994 年设计成功变频结构的 AN94 步枪,变频技术被视为下一代枪械的核心技术。

AN94 步枪战术技术诸元:口径 5.45 毫米,枪长 943/7428 毫米(托展/托折),枪重 3.85 千克,30 发弹匣供弹,每分钟射速 1800 发/600 发(2 发点射/连发)。

研制试验中的美军新型步枪

美国 M16 系列步枪服役已经超过 40 年,它所存在的火力不足等缺陷一直未能得到较好的解决。美国陆军原计划采用理想单兵战斗武器(OICW)

作为下一代单兵武器，但经过几年努力、花费5000万美元后，仍有许多技术难题亟待解决，装备计划从最初设想的2005年一再推后。经过对阿富汗战场上美军轻武器缺陷的研究，认为需要一种新式步枪尽快替代M16系列。

2002年10月，德国HK公司提供的XM8突击步枪方案得到美国陆军500万美元的预研经费，不久双方签定了约10亿美元新武器研制合同。HK公司已经在美国乔治亚州建立了制造车间，预计美国陆军至少需要90万支。

这种新步枪外形极具现代感，大量采用复合材料制造，比M16步枪轻20%，同时大大提高了可靠性和服役寿命。XM8枪管寿命不低于2万发，而M4卡宾枪只有8000发。该枪采用模块化结构，通过部件的更换，可有5.56毫米的基本型、长枪管的狙击型、无托紧凑的突击型和重枪管的班用型等多种型号。基本型可根据作战需要，安装228.6毫米、317.5毫米、368.3毫米、508毫米四种枪管，更换时间约两分钟。

XM8十分轻便。M4卡宾枪重4千克，而XM8基本型仅2.8千克，主要是安装了一件高技术瞄准装置，以替代M4笨重的导轨和瞄准、照明系统。

XM8采用短行程导气活塞，射击时不会向后泄露气体，气体产生的污垢也不会进入机体，维护保养比较方便。擦拭一支XM8的时间约4分钟，仅为M4的1/4。

XM8操作简单，命中精度高，可靠性好。在2003年10月的样枪试验中，连续发射15000发子弹，没有出现大的供弹故障。射击试验时还邀请了一个已经退役6年、没再使用枪的老兵，他使用XM8立姿射击300米靶标，每一枪都命中了目标。2004年2月，120多名武器专家聚集拉斯维加斯警察局射击场，参加XM8试射评审。人们竭尽全力寻找该武器系统在设计和功能方面的问题，但一无所获，普遍称赞XM8是一杆性能出众的好枪。

与此同时，美军与HK公司合作，还研制了一种称为HK416

图108　参加武器试验的XM8

的新型步枪。HK416的自动方式采用G36的活塞短行程导气原理，比AR-10、M16及M4的气吹式导气系统导气管传动式更为可靠。关键是能保证火药燃气和残渣不进入枪身内部，减少了污垢对枪机运动的影响，而这正是M16／M4系列一直未解决的难题。

为全面提高武器在恶劣条件下的可靠性，HK416的枪管采用优质的钢材以及先进的冷锻成型工艺，枪管寿命超过2万发。该枪有254毫米、368毫米和508毫米三种枪管，可满足不同的需求。2011年5月2日，美军"海豹"突击队击毙基地组织首领本·拉登，使用的就是HK416短管步枪。

图109 美军"海豹"突击队使用这种新型HK416步枪，击毙了基地组织首领本·拉登

但是，由于步枪换装涉及巨额经费、弹药库存等诸多问题，特别是美国陷入伊拉克和阿富汗持续不断的军事行动，首先要确保作战部队配有实战检验过的可靠枪械和充足的弹药，虽然新一代步枪的研制在加紧进行，但美国陆军近几年的策略仍将是保持现役的5.56毫米口径和M4系列卡宾枪不变。XM8研制项目2007年暂停，HK416仍在试验中。同时，从伊拉克战争以及美军在阿富汗山地作战的反馈信息来看，特种作战队员对现役5.56毫米M4卡宾枪颇有微词，特别是在开阔地带作战弹药威力不足。陆军部希望先确定更合适的口径，而不是在5.56毫米口径的基础上做改进。弹药的研制、口径的再次确立，可能成为21世纪轻武器发展的又一个转折点。

发展中的单兵武器系统

国内外部分专家认为，士兵系统是未来的新一代装备。继美国推出"陆地勇士"后，英国提出了"未来一体化士兵技术"计划，法国提出了装备和通信一体化步兵（FELIN）系统，德国提出了未来步兵（IdZ）系统，澳大利亚提出了"温杜拉"士兵计划，意大利、以色列、西班牙、印度、韩国、新加坡等十几个国家也都有各自的未来士兵系统计划。这些士兵系统都是以士兵为载体，集成了兵器、通信、计算机、军服、防弹、电源等各项新技术，实际是一个活动的带有防护的单兵C4I系统。其中的枪械，有些还使用现役装备，如美国士兵系统中的M4卡宾枪、法国士兵系统中的FAMAS，新一代枪械正在研制中。

1988年，美国陆军提出了"士兵综合防护系统计划"，该计划最初只包括综合头盔、先进服装、能源、微气候调节几个子系统。历经三年研究，美军认为应将步兵与装备视为一个完整的系统，利用先进技术和系统方法对单兵装备进行整合，随即对原计划进行了大幅调整，1994年正式启动"陆地勇士"作战系统计划。2007年3~8月，美国陆军为驻伊拉克的陆军斯特赖克旅装备了约200套"陆地勇士"系统。在驻伊美军对"陆地勇士"系统进行作战实验的基础上，根据反馈意见对该系统不断改进，在实战检验中显示出威力。

"陆地勇士"系统有五个子系统，以军装的模式分布在士兵全身。①综合头盔子系统。头盔安装有计算机和传感器显示装置，士兵能观看各种图解数据、数字化地图、情报资料、部队位置。头盔还可与手中武器上的热成像武器瞄准器配合，使士兵躲藏在对方射击死角中也能对周边进行侦察。②计算机/无线电子系统。置于背包中，包括无线电装置、计算机和GPS系统，不仅能够方便战场上班排内部和之间的通讯，更方便士兵确定自己、友军和已知敌人的位置。如果在作战过程中需要火力支援，士兵可以靠无线电系统与上级联络，并为支援火力提供精确的打击目标位置。③武器子系统。武器上配备弹道计算器、光电瞄准器、摄像机、激光测距仪和数字罗盘，为士兵提供距离和方向信息，射击可百发

图109 美国陆军"陆地勇士"系统

百中。④防护服子系统。具有防弹功能。⑤软件子系统。可将各种硬件联系起来，实现人与武器的最佳组合。五个子系统形成一个整体，极大地提高了士兵的攻击力、生存力和目标捕获能力。

老版"陆地勇士"系统重约 4.5 千克，改进型降至 3.1 千克。还增加了狙击手探测功能，可根据敌方狙击手枪声探测并准确显示狙击手的位置。该系统能够同战场机器人配合工作。美军在伊拉克遭受的最大伤亡来自路边炸弹的袭击，为此，美军在战场上部署了许多机器人探测路边炸弹。新的"陆地勇士"系统可以使战士与机器人展开密切合作：机器人先离开"斯特顿克"装甲车，然后对可疑的路边炸弹进行探测，通过摄像头和无线网络将视频转输到士兵的头盔显示器上。美军士兵不仅可以借此发现路边炸弹的位置，还可以了解周边的态势。系统在减少人员伤亡方面也非常有效。该系统将摄像头安置在士兵们使用的 M4 突击步枪的枪头上，士兵在巡逻时，如果在某个拐角或房间发现有可疑情况，只需要把枪身伸出去进行观察，目标影像就可以出现在头盔的显示屏上。

据 2011 年 2 月的美国《防务新闻》周刊报道，法国下一代士兵装备——"费兰"（FELIN，通信装备一体化）单兵作战系统已经能够用于实战，法国陆军的两支部队已装备了这套高科技装备，法军成为首支装备新一代单兵战斗系统的欧洲军队。法国军备局官员巴拉科介绍说，经过两年持续的技术和作战评估，陆军于 2010 年 10 月向驻扎于法国东部萨尔堡的第一步兵团分发"费兰"系统，随后于向第十三山地营分发，这是最先装备该系统的两支部队。陆军正以每年 4 个团的速度进行装备，并对其车队进行改装以适应该系统。2011 年年底前将会有第一批装备"费兰"系统的士兵被部署到阿富汗。

"费兰"系统是一套综合士兵系统，组件包括射击武器、弹药、防弹背心、带有

图 111　在第三届中国（北京）国际警用装备及反恐技术装备展览会上展出的中国单兵综合作战系统

显示屏和耳麦的头盔、便携式电脑、通讯和数据交换系统、卫星定位系统GPS、蓄电池、一天口粮和水，总计不超过25千克。"费兰"补充装备还有充电系统，安装在装甲车上。目前配备的射击武器有：5.56毫米FAMAS自动步枪，7.62毫米FRF2狙击步枪，5.56毫米米尼米轻机枪。该系统的主承包商为萨吉姆防务安全公司。至2011年2月，已有2098套"费兰"系统交付法军。未来几年，法国武器装备总署将耗资10亿欧元，购买2.2万多套"费兰"系统。

2009年5月，中国兵器工业系统轻武器研究所研制的数字化单兵综合作战系统，在第三届中国（北京）国际警用装备及反恐技术装备展览会上公开亮相。该系统由武器、侦察与观瞄、信息处理、通信、防护和系统集成套件等6个子系统组成，可实现信息化条件下作战指挥一体化、信息共享实时化、战场感知全景化、火力攻击多模化，大幅度提高单兵和作战分队的战斗能力。此系统曾成功用于2008年的北京奥运会安保工作。

早期手枪的演变

手枪，英语中称Handgun，由hand（手）和gun（枪）两个词组合而成。顾名思义，它是一种小巧玲珑的掌中之物。这种以单手发射为主的短枪，最早出现于14世纪中叶的欧洲。史书记载，1364年，意大利摩德康纳城拥有一种称作"希奥皮"

图112 作战中使用的火门枪绘图

的小型枪，长约178毫米，是一种发射石弹的火门枪。"希奥皮"为拉丁文SCIOPPI的音译，意为手枪。在瑞典的摩尔科海湾，曾出土一种青铜火门手枪，长190毫米，经考证，也是14世纪的产品。这些手枪虽然很原始，但却标志着人类开始拥有单手射击兵器了。

在火器史上，手枪和长枪如同孪生兄弟，是并行发展的。14世纪的火门

枪械技术

军事科技史话 ● 古兵 · 枪械 · 火炮

图113 火门枪点火装置示意图

手枪，需要一手握枪，另一只手拿火种，通过火门点火发射，射击精度很差。

到了15世纪，欧洲出现了带火绳点火机构的火绳步枪，同期也发明了火绳手枪，用一只手就能从容地瞄准射击。现存的德国手抄本文献中，绘有德国火器发明家马丁·梅茨制造的火绳手枪图样，时间为1475年。

燧发手枪的出现，是手枪发展史上的又一个里程碑。16世纪初期，德国纽伦堡的钟表师约翰发明了一种转轮式发火燧发手枪，其发火原理与现在的普通打火机相类似：扣动扳机，带动一个锯齿式钢轮转动，与燧石摩擦生火，将火药点燃。

燧发手枪在欧洲流行后，引起了神圣罗马帝国皇帝的关注。马可西米利安一世颁布通告，明令禁止制造和使用燧发手枪，理由是这种枪可藏在衣服内，不易被人察觉，对社会治安不利。军界人士很快认识到这种武器的潜力，德国骑兵部队为每个骑手配备了两支燧发手枪，手枪开始成为士兵手中的制式武器。

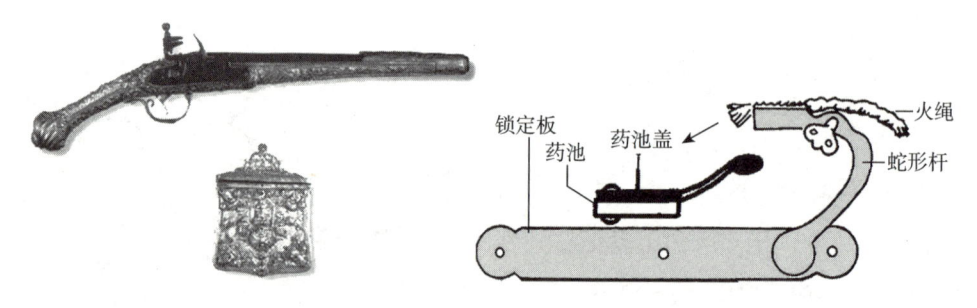

图114 军事博物馆收藏的欧洲撞击式燧发手枪，该枪配有火药盒

图115 火绳枪点火装置示意图

1544年，德军与法军在伦特发生战斗。德骑兵16排纵深编队轮番用手枪对法军射击：第一排放枪后，纵马回到战阵后面装填，第二排继之，然后第三排、第四排……乒乒的枪声响个不停，快速奔驰的马队纵横驰骋。法国兵看到德军手中闪着火光的东西，以为是一种很厉害的新式武器，吓

得魂不附体，阵势大乱。这是世界上最早一次以手枪为主要武器获胜的战斗，早期手枪在与冷兵器的对抗中显示了威力。

图116 转轮式燧发手枪

17世纪，欧洲出现了螺旋膛线的燧发手枪，射程、射击精度大为提高。一个叫哈曼·巴内的枪械工受雇于英国鲁珀特亲王，为亲王制造了精致的有螺旋膛线的手枪。1642年9月的一天，鲁珀特亲王随查理一世率英国保皇军在斯塔福德城停下休息。圣玛丽教堂尖顶上迎风旋转的风信鸡吸引了亲王的目光，不禁想显示一下自己的枪法。他信手从腰间抽出手枪，向教堂尖顶射去。鸡尾应枪声飘落，围观的众将士齐声喝彩。

燧发枪结构相对简单、制作简便、实战效果较好的优点，受到各国军队的青睐，1690年英国军队正式装备了燧发枪。在1775~1783年的美国独立战争中，长短燧发枪发挥了重要作用，乔治·华盛顿使用的就是一支英国1748-1749年间制造的燧发手枪。

早期手枪中，火门手枪、火绳手枪各流行约一个世纪，而燧发手枪的寿命最长，流行近300年。但燧发枪仍存在明显的技术缺陷，如打火石每打30~50次就须更换，实现发射的概率在70%左右，引药池的积碳和腐蚀物时常阻塞传火孔，人们在继续探索新的点火方式。直到19世纪初，随着工业和科学技术的进步，人们发明了击发手枪和击针手枪后，手枪才步入近代化、现代化的新时期。

致林肯总统遇难的单发手枪

19世纪初，英国牧师亚历山大·约翰·福赛思研制成功装有雷汞火帽的击发手枪，使盛行近300年的燧发手枪逐渐衰亡。福赛思的发明很快传到美国。费城一个叫亨利·德林杰的枪械工，于1825年设计出美国最早的击发手枪之一，开始由美国国家武器公司制造，后转由柯尔特专利武器制

图117 德林杰手枪，属前装击发手枪

造公司生产，称作柯尔特2号德林杰单发击发手枪。

德林杰击发手枪还属于前装式枪，弹丸从枪口装入，只能单发射击，口径11.2毫米。同以前的燧发手枪相比，这种采用雷汞铜火帽的击发手枪的突出优点是：点火时间短，而且可靠；底火装置防水性能好；使用快捷方便。当时正值美国南北战争，德林杰手枪生产量很大，是一种被广泛使用的武器。

1865年3月，领导联邦政府和军队取得南北战争胜利的亚伯拉罕·林肯，再次在总统竞选中获胜，在首席大法官萨蒙·蔡斯主持下，宣誓就任美国第十六任总统。

林肯是一位杰出的政治家，为弥合国内战争造成的创伤，他发表热情洋溢、撼动人心的就职演说，真诚地邀请南方人参加合众国政府，并保证"不计旧恶，对大家一视同仁"。

听众中有一个叫约翰·威尔克斯·布思的人却在咬牙切齿。他是一名演员，南方奴隶制的同情者，由于没有能够参军打仗，总感到内疚。布思和同伙刘易斯·鲍威尔秘密策划暗杀总统的阴谋，他们从市场购买了德林杰手枪。

机会终于来了。1865年4月14日，为给庆祝战争结束的活动助兴，林肯总统偕夫人玛丽到福特剧院看戏。精彩的演出结束后，总统和夫人走上舞台，祝贺演出成功。布思从衣服内掏出手枪，向近在2英尺的林肯总统的头部射击，林肯倒在血泊中。一支只能单发射击的小小手枪，一发仅装有0.65克黑火药的金属弹丸，夺去了这位刚刚为废除美国奴隶制度建立不朽功勋的总统的生命。林肯时年仅56岁，举国悲哀，为总统举行了隆重的葬礼，凶手被处决。而德林杰手枪，却因同林肯总统被暗杀事件相关，也成为闻名于世的罪恶凶器。

柯尔特发明转轮手枪

最早的转轮手枪出现在 1818 年，美国人 E.H. 科利尔设计了一种以自己名字命名的转轮手枪，首次把击发机构和转轮的转动有机地结合在一起。早期的转轮手枪需用手拨动转轮，或用手扳动击锤带动转轮到位，未能投入使用。世界上第一种真正成功并得到广泛应用的转轮手枪，是美国著名枪械设计师塞缪尔·柯尔特发明的。

塞缪尔·柯尔特（SamuelColt）1814 年 6 月 19 日出生于美国康狄格涅州卡特伏德市，从小就是个手枪迷。家里积攒了各式手枪，每一种都曾被他翻来覆去地分解结合，以探究内部的奥秘。16 岁那年，柯尔特从波士顿乘一艘名叫科沃号的双桅船，进行了一次经好望角到新加坡和印度的长途旅行。在船上，好奇心极强的柯尔特钻到了驾驶舱去玩，对舵手操纵的舵轮产生了浓厚的兴趣。他经过长时间地仔细观察，从舵轮的转动原理联想到改进转轮手枪的圆筒式弹舱，突然萌发了灵感，一种全新的转轮手枪结构浮现在脑海里。柯尔特模仿转轮的结构，融和新式击发枪原理，绘制出了一种新型转轮手枪的草图。

1835~1840 年，在东哈特福德兵工厂枪械师安森·查斯协助下，柯尔特设计的转轮手枪制出了两种可以发射的样枪（现存哈特福德兵工厂柯尔特展览馆），1836 年在美国申请了多弹膛转轮手枪专利，专利的核心内容是转轮、弹膛等。柯尔特发明的转轮手枪具有底火撞击式枪机和螺旋线膛枪管，使用锥形弹头的壳弹，一扣动扳机即联动完成转轮和击发两步动作，已经具备了现代转轮手枪的雏形，是第一支真正实用的转轮手枪，柯尔特被誉为"转轮手枪之父"。

图 118　美国著名枪械发明家塞缪尔·柯尔特（1814~1862）

转轮手枪的独特设计是：转轮上通常有 5~6

枪械技术

图119 为纪念柯尔特手枪问世150周年特别制造的镀金巨莽转轮手枪，枪身雕有柯尔特的头像，象牙制握把雕有少年柯尔特发明转轮手枪的故事

图120 M1860柯尔特转轮手枪，是美国南北战争时期最重要的手枪之一，使用量超过20万支

图121 贺龙使用的0.32英寸柯尔特警用转轮手枪，1926年后的产品。军事博物馆收藏

军事科技史话 ● 古兵·枪械·火炮

个兼作弹仓的弹膛，能绕轴旋转，可使枪弹依次对正枪管和击发机构，子弹逐发射击。射击时转轮是向左旋转的，因此也叫左轮手枪。这种枪的突出优点是结构简单，动作可靠，首发开火迅速，弹仓存弹数清晰可见，发射时如果出现"瞎火弹"，很容易排除。

柯尔特不仅发明了转轮手枪，还是一位杰出的实业家。他历经多年坎坷和不懈奋斗，把专利和发明变成产品和财富。1836年，他在新泽西州的帕德森建立了以自己名字命名的兵工厂，生产他的第一款转轮手枪——帕德森前装火帽转轮手枪。1851年，他在英格兰和美国哈特福德开办"柯尔特专利火器制造公司"，设备先进，产品质量一流，并发行股份，柯尔特本人一跃成为当时美国十大商业富豪之一。1847年至1873年，他的工厂就为美国、英国军队生产了85万支各种型号的转轮手枪，在19世纪中期约20年时间里，柯尔特手枪在世界手枪市场上独占鳌头。其中，M1860式、M1873式等都被选为美军制式装备。

史密斯 & 韦森转轮手枪

美国是世界上设计制造和装备使用转轮手枪最多的国家，除柯尔特武器公司外，史密斯 & 韦森公司也设计、生产了很多名牌转轮手枪。霍勒斯·史密斯和丹尼尔·韦森是美国的两位枪械工匠和发明家，他们于1852年在美国马萨诸塞州的斯普林菲尔德市合作开办了一家以两人名字命名的武器公司。

图 122　史密斯 & 韦森公司的创始人史密斯（左）、韦森

1856年8月，韦森设计成功一种口径0.22英寸的边缘发火式定装金属枪弹。1857年，史密斯 & 韦森武器公司开始生产发射这种枪弹的转轮手枪，他们第一款成功产品——0.22英寸 M1 式史密斯 & 韦森转轮手枪。该枪枪长185毫米，管长80毫米，7发弹巢，巢长17毫米，采用罗林·怀特通透转轮专利，偏心轮，将转轮手枪由前装式改为后装式，创造了现代转轮手枪的基本样式。M1式枪管可以绕着装在枪底把前上方的轴上下转动，用以退壳和装填子弹。扳机、转轮和击锤之间以单动的形式组合，每一次击发必须首先扳倒击锤。以底部撅断方式可取下转轮，然后用设在枪管下面的退壳杆将弹壳退出。史密斯 & 韦森靠此型手枪打开了市场，后成为可与柯尔特公司抗衡的武器生产商。

1869年，又研制了一种自动抽壳、枪管与枪底把铰接（顶断式）、使

军事科技史话 ●古兵·枪械·火炮

枪械技术

图 123　M1 式史密斯 & 韦森转轮手枪

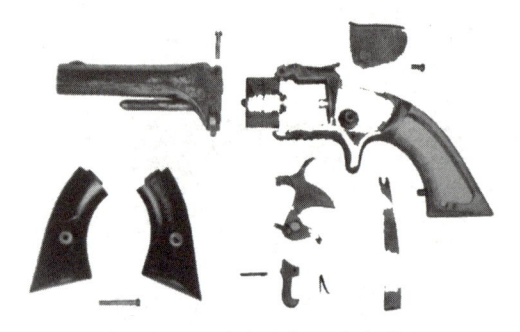

图 124　M1 式史密斯 & 韦森转轮手枪不完全分解图

用中心发火定装式枪弹的 0.44 英寸转轮手枪，被美国军方采用，命名为 M1869 式史密斯 & 韦森转轮手枪（亦称 M3 式）。M3 式为 6 发转轮弹膛供弹，单动击发，是美国第一种发射中心发火定装式枪弹的转轮手枪，是手枪发展的一个重要里程碑。因为史密斯 & 韦森转轮手枪质量优良，而且数量不多，当时的军官们如果能得到一支史密斯 & 韦森转轮手枪，常常被视为一件值得高兴的事。

19 世纪 70 年代，一位叫第克西斯的俄国大公抵达美国，原想采购当时名气最大的柯尔特转轮手枪，但做向导的美国人给他演示的却是史密斯 & 韦森转轮手枪，演示效果和此后的狩猎体验，都令大公十分满意。第克西斯给国内发回了一份报告，对史密斯 & 韦森转轮手枪给予高度评价。俄国政府很快批准订购史密斯 & 韦森转轮手枪，史密斯 & 韦森公司获得了一个空前的大订单。他们按照俄方的要求，专门设计制造了一批 0.44 英寸 No.3 型俄式史密斯 & 韦森转轮手枪。1940 年，中国中央修械厂曾仿制史密斯 & 韦森转轮手枪，到 1948 年生产 10850 支。

图 125　美国 0.44 英寸史密斯 & 韦森 M3 式转轮手枪。该枪 1870 年代初为俄国陆军设计制造，军事博物馆兵器馆陈列

军事科技史话 ●古兵·枪械·火炮

枪械技术

左权使用的转轮手枪

这是一支 S.F 0.32 英寸转轮手枪，是左权将军牺牲时的遗物，现陈列在抗日战争馆的专柜里，每天都向成千上万的观众讲述着这位卓越的军事家、中国工农红军和八路军高级指挥员不平凡的战斗一生。这支手枪由比利时制造，是美国史密斯＆韦森执法警用转轮手枪的仿制品，以枪身刻的 S.F 标志命名。枪管有 125 毫米和 107 毫米之分，大小适中，适合指挥人员使用。

1905 年 3 月 15 日，左权生于湖南醴陵县一个农民家庭，黄埔军校第一期毕业。1925 年加入中国共产党，同年赴苏联，先后在莫斯科中山大学、伏龙芝军事学院学习。土地革命战争时期，历任红 15 军军长、红 1 军团参谋长和代理军团长等职，率部参加了中央苏区的历次反"围剿"作战和二万五千里长征。1935 年 11 月，红 1 军团参谋长左权参与指挥直罗镇战役，一举全歼国民党军第 109 师，击毙其师长牛元峰，并缴获了牛元峰使用的比利时造 S.F 转轮手枪。后来，这支转轮手枪就由左权使用。抗日战争开始后，左权担任八路军副参谋长，随总部东渡黄河，开赴华北抗日前线，任八路军前方总部参谋长，后兼八路军第二纵队司令员。他常常佩带着这支手枪在前线指挥作战，晋东南反"九路围攻"、百团大战、黄崖洞保卫战等重要战役战斗的胜利，都凝聚着这位名将的智慧和心血。

图 126　左权使用的比利时 0.32 英寸 S.F 转轮手枪，枪长 220 毫米，管长 107 毫米，6 弹巢

1942 年 5 月，日军调集 3 万多兵力，采用"铁壁合围"、"捕捉奇袭"战术，对八路军总部所在的太行山区进行大"扫荡"。24 日，日军逼近山西省辽县（今左权县）的中共中央北方局和八路军总部，正在形成合围之势。危机时刻，八路军副总司令彭德怀决定留下部分部队负责掩护，总部、北方局机关和主力部队迅速转移。彭总提出，由左权带领一路向北突围，罗瑞卿带领一路向东南突围，并对身边的左权说："你带一部电台突围，

这里由我指挥。"左权则坚持说："你是副总司令，八路军指挥机关不能没有首脑。这里由我指挥，彭总你立即突围，总部跳到圈外就主动了。"彭德怀望着这位抗战以来与自己朝夕相处、生死相依的亲密战友，知道已经不可能再找理由说服他，便深情地说："左权同志千万注意安全，我等着你们归来！"

25日清晨，大批日军在飞机和大炮火力的掩护下向革命根据地腹心地带四面压缩，步步进逼。左权沉着勇敢地指挥部队，占据有利地势，击退了敌人的多次进攻，一直坚持到太阳偏西，保证了总部机关的安全转移。正当左权手举转轮手枪率领部队突围时，日军的一发炮弹在他身边爆炸，一块不小的弹片击中头部。将军仰面倒下，鲜血染红了面颊，一个为民族解放而战的伟大生命牺牲在硝烟弥漫的战场，时年仅37岁。左权是八路军在抗日战争中牺牲的级别最高的将领。

噩耗传来，人们悲痛万分。彭德怀简直不相信自己的耳朵，喊着让人再去查清消息是否准确。直到左权使用的S.F转轮手枪作为烈士遗物送到面前时，彭总默然了。彭总含着热泪，将这支手枪交由身边的八路军总部作战科科长王政柱保存，留作纪念。王政柱十分珍爱这支手枪，一直保存在身边。1959年，担任海军青岛基地副司令员的王政柱，将左权使用过的这支S.F转轮手枪捐献给国庆10周年海军分会，然后由海军交给正在筹建中的中国人民革命军事博物馆。

军事博物馆还收藏有多支我党我军领导人在革命战争年代使用过的转轮手枪。

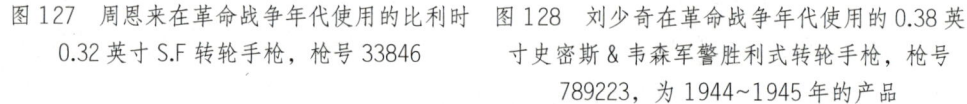

图127 周恩来在革命战争年代使用的比利时0.32英寸S.F转轮手枪，枪号33846

图128 刘少奇在革命战争年代使用的0.38英寸史密斯&韦森军警胜利式转轮手枪，枪号789223，为1944~1945年的产品

军事科技史话●古兵·枪械·火炮

1933年5月,任弼时赴湘赣边区任省委书记兼军区政治委员。出发前,邓发将这支在第三次反围剿中缴获的手枪送给任弼时使用。该枪为史密斯&韦森转轮手枪的仿制品,有S.F铭文,亦被称为S.F手枪。

图129 任弼时在革命战争年代使用的西班牙0.32英寸TAC转轮手枪

博查特、卢格研制的自动手枪

1890年,在马克沁机枪自动原理的启发下,美国人雨果·博查特设计了一支自动装填手枪,但在美国没有受到重视。于是,博查特带着样枪和图纸来到德国,1893年9月在德国获得发明专利,随后由德国武器弹药制造公司批量生产,称博查特手枪(代号C93)。这是世界上第一种实用的自动手枪,采用枪管短后坐自动方式,肘节式闭锁机构。该枪的握把设计亦具首创性,是世界上第一种握把里装弹匣的自动手枪,握把有"虎口弯位"顶住虎口,使握持之手定位。迄今100年来,握把里装弹匣的自动手枪握把样式基本上没有脱离这种形式。

图130 彭德怀在抗日战争时期使用的0.32英寸史密斯&韦森执法警用转轮手枪,国民政府中央修械厂仿制,枪长202毫米,管长101毫米,6弹巢

图131 博查特(C93)自动手枪。口径7.63毫米,枪全长约360毫米,弹匣容弹量8发,枪重1.31千克

奥地利工程师乔治·卢格,曾是博查特的助手和合作者,后来他的名气超过了博查特,这是因为他研制了许多性能更加优良的自动手枪。1898年,卢格在博查特手枪的基础上,设计成功一种7.65毫米自动手枪,定名为1898式博查特-卢格手枪。该枪采用独特的肘节式闭锁机构,加工精良,动作可靠,性能居当时手枪前列,经改进后,成为瑞士军队制式手枪,1900年由德国武器弹药厂制造,称M1900自动手枪。

枪械技术

1902年，卢格发明了世界上最著名的手枪弹——9毫米×19毫米巴拉贝鲁姆手枪弹。巴拉贝鲁姆是拉丁文Parabllum的音译，原意为"准备战争"。

卢格同时设计了使用9毫米巴拉贝鲁姆枪弹的手枪，欧洲人称这种著名的手枪为巴拉贝鲁姆手枪，美国人则称之为卢格手枪。德国海军首先选用该枪，命名为M1904式。陆军于1908年将其定为制式武器，命名为M1908式巴拉贝鲁姆手枪，简称P08式手枪，一直服役至1938年，1942年结束批量生产，共生产约205万支，经过战争的消耗，目前存世已很少。该枪独特的肘节式闭锁机构、优雅的外观、精良的加工和杰出的安全性、可靠性，在同期手枪中公认是上乘之作。它的独创之处在于：采用手动保险反位，重心置后，使枪管重量减轻，平衡性能好，其瞄准基线即全枪长度，从而提高射击精度。

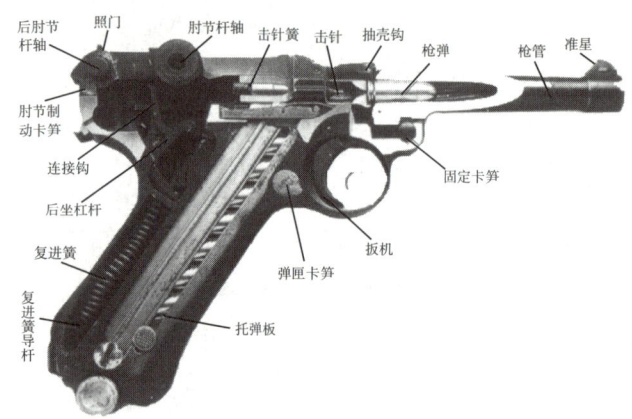

图132 德国P08卢格手枪剖视图

P08式有多种变形枪，以枪管长度区分，有102毫米的标准型，152毫米的海军型，203毫米的炮兵型，还有89、120、191、254、610毫米的5种商用型。1914~1918年间生产的长枪管炮兵型P08，安装枪托射击，可准确命中200米处的人像靶，最大标尺射程800米，是十分出色的狙击手枪。

直到现在，仍有不少国家的警察和准军事单位使用P08式手枪。卢格1902年发明的9毫米手枪弹生命力更强。一百年来，其用户遍布全世界。1953年，巴拉贝鲁姆手枪弹被正式定为北约制式手枪弹，至今长盛不衰，称其为世界武器史上使用范围最广、时间最长的枪弹，当之无愧。

战斗性能突出的毛瑟手枪

彼得·保罗·毛瑟在步枪研制上成就突出，他也设计过几种手枪，都不大成功。在毛瑟兵工厂工作的费德勒兄弟三人（菲德尔担任实验车间主任，费里德里克和约瑟夫为设计室技术人员），瞒着毛瑟悄悄开始研制一种击发式自动手枪。起初，毛瑟并不支持他们。直到1894年费德勒兄弟制成样枪后，毛瑟兄弟才改变了态度。在毛瑟兄弟组织下进行试验获得满意效果，随即投入批量生产。1896年以工厂主彼得·保罗·毛瑟的名义向德国及其他12个国家申请了专利，称C96式毛瑟手枪。该枪不久便被军方采用，投入大批量生产，命名为M1896式毛瑟手枪。

图133　M1896式毛瑟手枪

M1896毛瑟手枪战术技术诸元：口径7.63毫米，枪全长300毫米，高140毫米，枪重1.12千克，弹丸初速409米/秒。

这是世界上第一种真正的军用自动手枪，对手枪的发展产生了重要影响。该枪采用枪管短后坐自动方式，首创空匣挂机装置，使手枪的结构更加完善。随后，毛瑟兵工厂以1896式为基础，不断进行技术改进，研制生产了1897年式、1898年式、1899年式、1912年式、1916年式、1932年式等多种型号的自动手枪，德国、意大利、俄国、土耳其等很多国家的军队都装备了毛瑟手枪。该枪有多种变形枪，有标准枪管的，也有短枪管的。1927年8月，朱德参加南昌起义用的就是一支德国7.63毫米短管警用毛瑟手枪，系毛瑟兵工厂1899~1902年间的产品。

各种型号中，最有名的是毛瑟冲锋手枪，即M1932式毛瑟手枪。冲锋手枪为全自动手枪，也称战斗手枪。该枪在M1896式的基础上，首次实现了连发功能，并设有供单发连发转换的快慢机：枪的左侧刻有N和R标记，N代表半自动，R代表全自动。保险柄位于F为发射，位于S为保险。该枪既可一发一发地进行半自动射击，又可像冲锋枪那样扫射似地进行全自动射击。这种结构是由毛瑟兵工厂设计师约瑟夫·尼科尔最先提出，后由德国人卡尔·威斯汀格发明的，在德国、美国获得专利，毛瑟兵工厂使之成为成功的产品。因M1932式出厂编号为712号，又称M712式毛瑟手枪。毛瑟冲锋手枪大都配有一个木盒子枪套，战斗时可做枪托使用，进行抵肩射击，能

军事科技史话 ● 古兵·枪械·火炮

图 134　德国 M1932 式 7.63 毫米毛瑟手枪

提高射击的稳定性和射程，M1932式毛瑟手枪具有火力强、威力大的优势，是一种强力战斗手枪。

M1932毛瑟手枪战术技术诸元：口径 7.63 毫米，全枪长 298 毫米（装枪套 648 毫米），枪管长 143 毫米，初速 425 米／秒，带 20 发弹匣枪重 1.33 千克。战斗射速每分钟 100 发。单手握持射击有效射程 50 米，装枪套抵肩射击有效射程 150 米。

毛瑟冲锋手枪在南美、远东地区特别是中国比较流行，在中国以"自来得手枪"、"盒子炮"、"快慢机"、"二十响驳壳枪"等绰号著称。在20世纪上半叶，在中国的长期内战和抗日战争中，各种武装集团都大量使用冲锋手枪。在使用毛瑟冲锋手枪时，为了克服全自动连发射击时枪口上跳的问题，中国人发明了一种简单有效的窍门：射击时，把枪身转 90 度，呈水平状态，这样就化枪口上跳为横扫。欧洲的轻武器专家称，中国是唯一会使用冲锋手枪的国家，创造了一套有效的射击战术。

各型毛瑟手枪近 40 年中先后生产了约 150 万支，50% 以上进入中国，但仍难满足巨大的需求，欧洲和中国有不少兵工厂仿制毛瑟手枪。山西军人工艺实习厂 1928 年生产的一七式手枪，即是 M1896 毛瑟手枪的仿制品，但口径扩大为 11.43 毫米，主要是为了与此前引进的汤姆森冲锋枪使用同种枪弹。

西班牙皇家 7.63 毫米手枪，也是以德国毛瑟手枪为蓝本，作了些改进，由 BH 公司制造，1927 年开始批量生产。该公司 1931 年定型一种冲锋手枪，称 7.63 毫米 31 式手枪。因价格便宜（每支 22~24 美元），性能优良，在中国市场成了畅销货。

朱德在南昌起义时使用的毛瑟手枪

朱德用得是一支德国造 7.63 毫米短管警用型毛瑟自动手枪，枪号

592032，结构与M1896式毛瑟手枪相同，枪管长97毫米，比标准管短35毫米。有6条右旋膛线，弹仓容弹量10发。军博收藏的这支毛瑟手枪的特殊之处，主要是弹匣一侧刻有"南昌暴动纪念朱德自用"10个字，它记录了这支手枪及其主人那一段不平凡的经历。

1927年7月中旬，面对国民党反动派破坏国共合作、发动反革命政变之后的腥风血雨，为了拯救革命，中共中央决定在南昌举行武装暴动，成立了由周恩来为书记的前敌委员会。当时，朱德正在武汉。由于他曾任国民革命军第三军军官教育团团长、第九军副军长和南昌市公安局局长等职，对江西和南昌的情况比较熟悉，便奉命先行抵达南昌，为发动起义做准备。此时，朱德随身佩带的就是这支毛瑟手枪。7月21日，朱德到达南昌后，频繁地与第三军、第九军留驻南昌的几个团的军官接触，通过各种关系了解南昌及其周围地区的兵力部署，精心绘制了标明军事要点的南昌市区地图。7月27日，周恩来秘密抵达南昌，当晚即住在朱德寓所，听取了朱德对南昌敌情的详细汇报。7月31日，前敌委员会决定于8月1日凌晨2时举行暴动，朱德的任务是设法拖住驻南昌的第三军的两个团长。当天下午，朱德在佳宾楼设宴款待那两个团长，尔后又约他们打牌。不料，正当暴动即将发动时，驻军的一名副官前来报告：贺龙部的一名云南籍副营长告密，说共产党要发动起义。那两个团长闻讯大惊，立马起身返回。朱德也很快赶往暴动总指挥贺龙处，通报叛徒告密事。前敌委员会当即决定，暴动提前两个小时举行。

1927年8月1日凌晨，由周恩来、贺龙、叶挺、朱德、刘伯承领导的南昌起义军打响了武装反抗国民党反动派的第一枪。朱德手持这支毛瑟手枪，身先士卒，率领第三军军官教育团猛打猛冲，杀向敌军。参加起义的军队2万余人，经过

图135 朱德使用的毛瑟手枪及铭文特写

5小时激战，歼敌3000余人，占领了南昌城。暴动成功后，起义部队整编为三个军，朱德任第三军副军长（军长未到职），不久即任军长。此后，朱德又佩带这支手枪率部南下转战，并在手枪弹匣一侧刻下"南昌暴动纪念 朱

德自用"的字样。

1956年，中国人民解放军政治学院设立军史陈列室，伴随朱德度过几十年辉煌军事生涯的毛瑟手枪作为该室珍品呈现在人们眼前。1959年筹建军事博物馆时，这支有着特殊意义的手枪移交军博，成为军事博物馆的"镇馆之宝"之一，陈列在土地革命战争馆。今天，当人们驻足于这支乌黑发亮的手枪前时，仿佛又听到了南昌起义的枪声，看到了南昌城头飘卷的红旗。

我军的许多高级将领对毛瑟手枪也十分钟爱，新中国成立后将战争年代使用的毛瑟手枪送到了军事博物馆。胡志明曾参中国的加抗日战争，回国后将此枪送越南博物馆。后来，越南博物馆作为礼品赠送中国人民革命军事博物馆。1916年后的产品，发射9毫米手枪弹，握把护木上刻有"9"。

图136 徐向前在抗日战争时期使用的德国7.63毫米M1932式毛瑟手枪

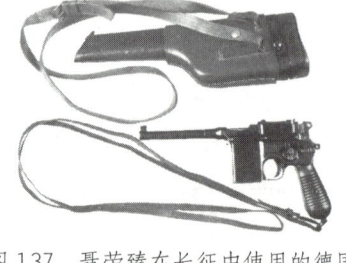

图137 聂荣臻在长征中使用的德国7.63毫米M1932式毛瑟手枪。土地革命战争时期红军从陈济棠部队缴获。

图138 滕代远在解放战争年代使用的德国7.63毫米M1932式毛瑟手枪

图139 谭震林在抗日战争时期使用的德国7.63毫米M1932式毛瑟手枪

图140 越南民主共和国主席胡志明使用的德国9毫米M1896式毛瑟手枪

德国华尔特和伯格曼手枪

德国华尔特（Walther）公司也是世界著名的手枪生产厂之一，由著名枪械设计师卡尔·华尔特（1860~1915年）创办于1886年，后来他的三个儿子都加入了兵工厂，弗雷茨·华尔特主要负责设计工作。华尔特系列手枪中第一种享誉世界的名牌是7.65毫米PP式手枪。该枪1929年研制，是世界第一支采用双动扳机的自动手枪，外形小巧美观，性能可靠，射击精度高，在手枪发展史上占有重要地位。1935年，德国政府大量购买PP式手枪，装备德国军队、警察和纳粹党成员。PP是Polizei Pistole的缩写，意为警用手枪。全枪长173毫米，全枪质量0.682千克，弹匣容量8发，发射7.65毫米勃朗宁手枪弹，初速290米/秒。

华尔特产品还有1931年推出的PP式的变形枪——7.65毫米PPK式手枪，比PP式尺寸略小，结构简单、精巧，被公认为有史以来设计最成功的特工、警探用枪。容弹量7发，枪重0.57千克，枪长148毫米。

图141　华尔特PP式7.65毫米手枪　　图142　华尔特P38手枪

华尔特系列手枪做工精良，性能可靠，很快成为欧洲大陆流行的枪种。其中口径9毫米P38式手枪于1938年被德军正式采用（取代P08式卢格手枪），在第二次世界大战中产量超过100万支。战后，华尔特兵工厂又重新生产该枪，作为联邦德国军队的标准军用手枪。直到20世纪80年代，P38式手枪仍被认为是世界上的优秀手枪。与9毫米毛瑟手枪相比，P38式华尔特手枪的外形更美观，短小匀称，握持舒适。在结构原理上，该枪采用枪管

短后坐自动方式，闭锁卡铁起落式闭锁机构，联动式发射，还设有手动保险和弹膛供弹显示。

进入 90 年代，华尔特公司研制开发出全新的 P99 式 9 毫米手枪，被誉为新一代警用自动手枪。该枪采用新型复合塑料制造，具有超过钢材的耐磨性和耐腐蚀性；设有扳机保险、击针自动保险、击针待击解脱保险以及跌落保险；配有三种可更换的握把后垫板，以满足不同手形的射手需要；备有 4 种不同高度的准星，可根据需要安装；套筒座前部留有接口，可以安装激光指示器或战术灯之类的辅助瞄具。1996 年定型投产，美国联邦调查局选用此枪。

图 143　原国民党军上将何应钦使用的华尔特镀铬袖珍手枪

图 144　华尔特 9 毫米 P99 手枪剖视图

华尔特 P99 式战术技术诸元：口径 9 毫米，全枪长 180 毫米，枪管长 102 毫米，枪重 0.63 千克（空弹匣），16 发弹匣供弹，发射 9 毫米 ×19 毫米手枪弹，初速 540 米 / 秒。自动方式为枪管短后坐式，闭锁方式为枪管偏移式。

19 世纪末至 20 世纪上半叶，德国作为手枪生产大国，拥有三位世界著名的手枪设计大师，除前面介绍的毛瑟和华尔特外，还有一位叫西奥多·伯格曼。他们创建的德国手枪工业，开创了德国和世界手枪发展的黄金时代。伯格曼研制的 M1896 式自动手枪，曾是行销世界的优秀手枪之一，有 1 号、2 号等多种型号。军博收藏一支 2 号型，口径 6.5 毫米，自动方式为自由枪机式，供弹装置为独特的固定式弹匣，侧面有盖，打开弹匣盖即可装弹。弹匣盖上有两个细长空，用于观察弹匣余弹情况。枪全长

241 毫米，枪管长 102 毫米，枪重 1.13 千克，弹匣容弹量 5 发，弹丸初速 381 米/秒。

勃朗宁和他的自动手枪

1855 年，在美国盐湖城北部的奥格登小镇，枪械工匠乔纳森·勃朗宁的第二个儿子出生了，取名叫约翰·勃朗宁。从少年时代起，约翰和哥哥马休就在父亲开的枪铺里学艺，表现出对枪械的浓厚兴趣。14 岁那年，约翰用手中的材料为哥哥马休造了一支相当出色的猎枪，使造了一辈子枪的父亲大吃一惊。子承父业，兄弟俩都十分热爱武器这一行，但各有所长：约翰在设计武器上极具天赋与才能，马休却擅长经营。

约翰·勃朗宁是美国著名的枪械发明家，世界级枪械设计大师。他一生设计成功的机枪、步枪、手枪等多达 37 种，无

图 145　约翰·勃朗宁（1858~1926）

论是在美国还是在全世界，无论是过去还是现在，研制与发明枪械数量之多，尚无人超过勃朗宁。勃朗宁先进的手枪设计思想影响了现代自动手枪设计百余年，其影响至今仍在继续。

勃朗宁研制的手枪有十几个品种，主要由比利时 FN 公司、美国柯尔特和雷明顿等武器公司生产。柯尔特武器公司制造了许多勃朗宁设计的手枪，称柯尔特－勃朗宁手枪，简称柯尔特手枪。其中最著名的是 11.43 毫米 M1911 和 M1911A1 手枪。原型枪 M1911 于 1905 年开始设计，采用枪管短后坐自动原理，具有构造简单、机件坚固耐用、安全可靠等突出优点，在美军组织的手枪选型试验中一举夺魁。1911 年 3 月 29 日，美国

陆军部长亲自签发命令，批准该枪为美军制式手枪。这是美军装备的第一种军用自动手枪。

该枪随美军参加了第一次世界大战，战后根据实战反馈的意见，公司对手枪作了多项改进，1923年完成新型样枪，1926年被美军正式采用，改进型称M1911A1式。该枪作为美国军队的制式手枪，一直服役到20世纪80年代中期，至今仍有许多国家在仿制并装备这种手枪，生产量超过1000万支，被誉为"军用手枪之王"。

图146　美国M1911自动手枪剖视图

综观各式各样的现代手枪，M1911A1确实有一些独到之处。首先，它采用大口径，发射大威力手枪弹，停止作用强。11.43毫米（0.45英寸），是世界上最大的手枪口径。其二，该枪的结构原理独特新颖，动作可靠，坚固耐用。1895年，勃朗宁独自发明了这种结构原理，即自动方式为枪管短后坐式，闭锁方式为枪管偏移式。这种结构获得美国专利，成功地运用到勃朗宁为柯尔特公司设计的自动手枪上，后被称为柯尔特－勃朗宁自动原理。

M1911A1的造型彪悍粗犷，体积比较大，枪重达1.13千克。大个子的山姆大叔感觉很"酷"，但军队中日益增多的美国女兵普遍反映握持吃力。另外，该枪弹匣容量只有7发，只有单动发射功能，火力持续性、及时性显得不足。1985年，美军制式手枪更换为M9（原型为伯莱达92F）9毫米手枪。

军事博物馆收藏的这支M1911A1式手枪，来历非凡。它是古巴领导人卡斯特罗赠送中国领导人毛泽东的礼品。1959年初，菲德尔·卡斯特罗领导起义军推翻了古巴亲美的巴蒂斯塔政权，古巴成为加勒比海上的一盏

图147　卡斯特罗赠送毛泽东的M1911A1式柯尔特手枪，枪号1461443

军事科技史话 ●古兵·枪械·火炮

"社会主义明灯"。美国政府视自家后院的社会主义古巴为"眼中钉",对古巴实行经济封锁和武装干涉。1961年4月15日,在美国的策划支持下,反对古巴新政权的流亡集团成员驾驶B-26轰炸机,对古巴进行了两天轰炸。17日清晨,1400名得到美国中情局训练和装备、以古巴流亡者为主的雇佣军,在哈瓦那以南的猪湾海滩(亦称吉隆滩)登陆,企图以暴力推翻卡斯特罗政权。古巴军民预先有准备,在72小时内全歼入侵者,俘虏1100余人,缴获大批美制武器。这支M1911A1式手枪就是其中的一件。时任古巴社会主义革命统一党(1965年改称古巴共产党)第一书记、政府总理、武装部队总司令的菲德尔·卡斯特罗,决定把这件战利品赠送中国领导人毛泽东主席。1964年春,中国驻古巴大使申健回国时,卡斯特罗便委托申健带回中国。毛泽东主席收到后,让中央办公厅移交中国人民革命军事博物馆收藏。握把上刻有西班牙文,全文为:敬赠毛泽东 以人民的名义 1964年1月。

M1911A1式柯尔特手枪战术技术性能:口径11.43毫米,枪长216毫米,管长94毫米,6条膛线,7发可拆卸盒式弹匣,枪管短后坐自动方式,枪管偏移闭锁方式,枪重1.1千克。

勃朗宁在50年的武器设计生涯中,曾同多家武器制造公司合作,其中关系最密切、合作时间最长的还是比利时FN公司,该公司设在比利时列日的赫斯塔尔镇。1896~1897年间,勃朗宁设计了一种自由枪机式7.65毫米自动手枪,并为该枪研制了专用的7.65毫米×17毫米枪弹,这种枪弹后来被广泛使用,称勃朗宁手枪弹。但是,勃朗宁的合作伙伴柯尔特公司对生产这种袖珍手枪不感兴趣。而比利时FN公司的商务董事伯格却慧眼识金,对勃朗宁具有创造性的新颖设计备加赞赏。FN公司对勃朗宁手枪进行射击试验,射手连续发射500发子弹,未出现一发瞎火故障,当场决定购买勃朗宁7.65毫米自动手枪的生产权,随后同勃朗宁签订了长期合作的合同。1900年7月,比利时军队决定将这种枪列为制式手枪,命名为勃朗宁FNM1900式7.65毫米手枪。

此枪结构简单,扁薄轻巧,动作可靠,是早期自动手枪中的佼佼者。它是在比利时FN兵工厂生产的第一支由勃朗宁设计的自动手枪,曾被冠以"天下第一枪"美名。因其左侧枪管座上刻有该枪外形的图案,加上小巧,在中国便有"枪牌撸子"的绰号。"枪牌撸子"是一支具有划时代意义的优秀品牌手枪，1900~1912年间生产了100万支，在中国的上海兵工厂、金陵兵工厂都有仿制，称为6寸白浪宁手枪。由于"枪牌撸子"可靠性非常高，很多重要场合、重要人物都选用它。当年，列宁、捷尔任斯基等苏共领袖和他们的警卫人员，使用的多是"枪牌撸子"。而刺杀列宁的凶手卡普兰，使用的也是"枪牌撸子"。我党我军高级指挥员在革命战争年代使用的手枪，有不少是勃朗宁名牌手枪。2004年夏，在北京军事博物馆首次公开展出的毛泽东在战争年代的贴身佩枪，便是一支"枪牌撸子"。

M1900式FN勃朗宁手枪战术技术诸元：口径7.65毫米，枪长165毫米，管长101毫米，枪重0.681千克，7发弹匣，6条右旋膛线，发射7.65毫米半突缘式勃朗宁手枪短弹，初速295米/秒，有效射程50米。

1922年，67岁高龄的约翰·勃朗宁设计了一种9毫米大威力手枪。该枪采用枪管短后坐自动方式和枪管偏移闭锁方式，这是勃朗宁最著名的结构设计，是他一生中设计的最后一种手枪。1926年勃朗宁去世后，他的学生塞维担任FN公司的总设计师，对9毫米手枪又作了改进，大部分结构与美国0.45英寸M1911式柯尔特手枪相似。1935年，比利时军队决定将该枪正式列装，命名为M1935式，又称P640式、M1935GP式，GP为法语GrandePuissance的缩写，意为"大威力"。随后被欧洲、亚洲许多国家采用，先后有55个国家的军队和警察装备该枪，至今仍在不少国家服役。

图148 张闻天在革命战争年代使用的M1900式勃朗宁手枪，枪号671140，军事博物馆收藏

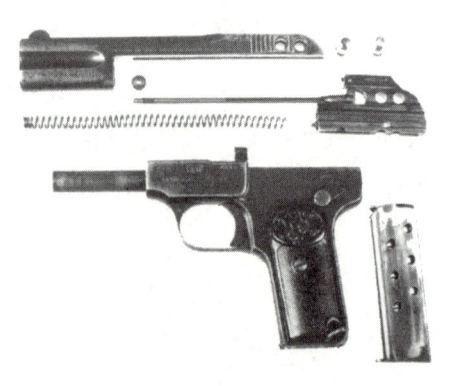

图149 M1900式FN勃朗宁手枪分解图

M1935式勃朗宁大威力手枪，是世界枪坛上享有盛誉的枪种，其结构原理和设计思想对许多国家的手枪设计产生了重要影响。该枪配有两种型

军事科技史话●古兵·枪械·火炮

号的瞄准具——标准型和可调表尺型。它的弹匣结构独特，子弹双排交错排列，容弹量达 13 发，加顶膛 1 发，可连续射击 14 发。手枪握把还可连接枪托，进行抵肩射击，威力确实比较大，在解放前的中国，这种"十四连式手枪"被誉为"手枪之王"。

图 150 朱德使用的比利时 M1935 式大威力 FN 勃朗宁手枪

M1935 式大威力 FN 勃朗宁手枪战术技术诸元：口径 9 毫米，枪长 200 毫米，枪管长 120 毫米，全枪重 0.99 千克，6 条右旋膛线，弹丸初速 350 米/秒，弹匣容量 13 发，战斗射速 40 发/分。

刘志丹使用的勃朗宁手枪

这支由比利时制造的 7.65 毫米 M1900 式 FN 勃朗宁手枪，枪的握把镶有类似玛瑙的彩色有机玻璃，两侧有刘志丹亲手刻下的四个字："抗日救国"。

凝视着这支小巧玲珑的手枪，眼前不禁浮现出刘志丹那波澜壮阔、跌宕起伏的非凡人生。刘志丹 1903 年 10 月 4 日出生于陕西保安县（今志丹县），1925 年加入中国共产党，同年秋进入黄埔军校第四期炮兵科学习，毕业后参加北伐战争，曾任国民革命军第二集团军总政治部组织科科长、西安中山军事政治学校教官等职。大革命失败后，他回到西北地区，参与领导 1928 年 4 月以陕军新编第三旅为骨干的渭华起义，建立西北工农革命军，任西北工农革命军军事委员会主席。20 世纪 30 年代初，他与谢子长、习仲勋等一起创建了中国

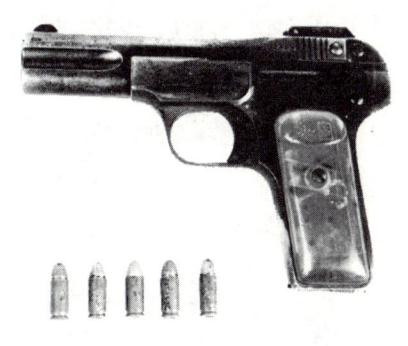

图 151 刘志丹使用的 M1900 式 FN 勃朗宁手枪，军事博物馆收藏

工农红军陕甘游击队。1932年夏，刘志丹、习仲勋率领陕甘游击队，半个月之内转战数百里，九战八胜，歼敌1400人，缴获各种枪1200多支，建立了以照金、南梁为中心的陕甘边区革命根据地。这支勃朗宁手枪，就是刘志丹1932年率部在照金镇一带打垮国民党地主武装民团后缴获的。

1935年2月，刘志丹任西北革命军事委员会主席，后兼任中国工农红军第26军和第27军前敌总指挥，统一领导陕甘边和陕北两根据地的武装斗争。他指挥所部以围点打援、各个击破的战法，连夺延长、安定、保安等6城，在20多个县建立了红色政权，使陕北、陕甘边区连成一片，成为中共中央和各路长征红军的落脚点。此时，中央红军长征已过遵义，中共中央、中华苏维埃中央政府发表了《为抗日救国告全体同胞书》。刘志丹得知消息后十分振奋，便用小刀在随身携带的手枪握把上方两侧刻下了"抗日救国"四个字。

1935年9月中旬，刘志丹等迎来了长征先期到达陕北的红25军，红26军、红27军与红25军合编为红15军团，刘志丹任副军团长兼参谋长，参与指挥劳山战役。不久，刘志丹在"左倾"路线统治时期的"肃反"中被逮捕，备受折磨。中央红军到达陕北得知刘志丹被关押的消息后，毛泽东和周恩来立即下令"刀下留人"、"停止捕人"，并派王首道、刘向三、贾拓夫代表党中央前往瓦窑堡，传达中央要保障刘志丹安全的指示，刘志丹才获得释放。此后，刘志丹任瓦窑堡警备司令、红军北路总指挥、红28军军长等职。1936年4月14日，刘志丹在指挥红28军在晋西中阳县三角镇与国民党军作战时，被敌人机枪子弹击中左胸，伤及心脏，壮烈牺牲，时年仅34岁。为了纪念这位为创建西北红军和革命根据地建立了卓越功勋的人民英雄，中共中央于1936年5月决定将保安县改名为志丹县。刘志丹烈士陵园落成时，毛泽东主席挥笔题词，称赞刘志丹为"群众领袖，民族英雄"；周恩来副主席的题词是："上下五千年，英雄千千万。人民的英雄，要数刘志丹。"

刘志丹牺牲后，他使用过的这支手枪，几经周折，于1959年由军事博物馆收藏。据记载，这支手枪是辽宁省委办公厅1956年从辽宁农业研究所所长郑洪轩处征集的。郑洪轩介绍：1948年，田家丰同志赠送给我这支手枪，说是刘志丹使用过的手枪。他是从原陕北红军一位姓崔的同志那里得到的。后来，经刘志丹当年的警卫员于占彪鉴别，肯定这支手枪就是刘志丹的手枪。

旧中国兵工厂制造的手枪

19世纪60年代至20世纪初，中国各地兴办了约30个近代军工厂，设在上海的江南制造总局，武汉的湖北枪炮厂，长沙的湖南机器局，太原的山西机器局等，都具有一定规模。清朝灭亡后，这些兵工厂都转归各省军阀和"中华民国"政府。

20世纪初，中国开始引进国外技术和设备，制造近代手枪。设在南京宝塔山一带的金陵制造局，是19世纪60年代洋务运动期间创办的四大兵工企业之一（齐名的还有上海江南制造局、福州船政局、天津机器局）。1913年，金陵制造局仿制成功比利时7.65毫米M1900式FN勃朗宁手枪，有枪长6英寸和8英寸两种，分别称"6寸白浪林"、"8寸白浪林"。江南制造局（1917年改称上海兵工厂）于1916年也开始仿制比利时7.65毫米M1900式FN勃朗宁手枪，1920年产量达60102支。

湖北枪炮厂（后改名湖北兵工厂、汉阳兵工厂），由清朝洋务派代表人物之一、湖广总督张之洞于1892年创建，是晚清规模最大、设备最先进的军工企业。该厂1921年开始仿制M1896式毛瑟手枪，月产达200支，后来中国有11个厂生产此型枪，1934年被国民政府定为军用制式手枪。1940年间，国民党中央修造厂生产了一批转轮手枪，仿制的是美国史密斯&韦森0.32英寸和0.38英寸转轮手枪，握把处刻有该厂厂徽，至1948年共生产10850支。西北制造厂乡宁分厂1944~1945年也曾仿制该枪，月产约500支。长沙的兵工厂在20世纪30年代还仿制了性能更佳的M1932式毛瑟冲锋手枪。

太原兵工厂与沈阳兵工厂、汉阳兵工厂并称为民国时期三大兵工厂。太原兵工厂开始称山西军人工艺实习厂，1920年代大规模扩张。1928年（民国

图152 山西军人工艺实习厂制造的"一七式"11.25毫米手枪

军事科技史话 ●古兵·枪械·火炮

十七年），该厂在德国 M1896 式 7.63 毫米毛瑟手枪基础上，改进制造出一种称为"一七式"的大威力战斗手枪。主要改进有：口径由 7.63 毫米加大到 11.25 毫米，可与该厂仿制的美国 1921 式汤姆

图 153　"一七式"手枪

森冲锋枪弹药通用；枪长由 288 毫米加长到 295 毫米，枪管长 138 毫米，枪重 1.8 千克，10 发固定弹仓，可用毛瑟步枪弹夹供弹。该枪在毛瑟手枪中口径最大，加工精良，生产量很少，不足万支。

革命根据地制造的手枪

"没有吃，没有穿，自有敌人送上前；没有枪，没有炮，敌人给我们造。"《游击队之歌》这段歌词真实地反映了革命战争年代我军武器装备的主要来源，即大部分从敌军手中夺取。与此同时，中国共产党领导的军队也在革命根据地建立了一些兵工厂，在设备十分简陋的困难条件下，不仅完成大量武器修理任务，还制造了不少弹药、枪械。

图 154　土地革命战争时期红军制造的 10 毫米前装火帽击发手枪，军事博物馆收藏

土地革命战争时期，红军于 1931 年 10 月，在中央苏区的兴国县建立了中央兵工厂。因生产条件差，技术水平低，根据地的多数兵工厂只能制造单发手枪和原始的火帽手枪。抗日战争时期，各抗日根据地的兵工厂生产能力有较大提高，能仿制自动手枪、步枪、机枪和轻型火炮等。1938 年，晋察冀军区供给部修械所仿制成功一种半自动手枪，称"八音子"手枪，同时还生产出手提式冲锋

图 155　八路军山西黄崖洞兵工厂制造的 8 毫米单发手枪，军事博物馆收藏

枪和捷克式步枪，受到八路军总司令朱德的高度赞扬。期间，还制造出"八一"式7.65毫米手枪。冀中军区修造厂出产的7.65毫米手枪和阜平造7.65毫米手枪，与"八一"式手枪水平相近。延安兵工厂、黄涯洞兵工厂、冀鲁豫军区梁沟兵工厂（1940年建，位于河南省武安县梁沟村）、胶东兵工厂等，也都生产了一些手枪。

新中国生产的系列手枪

中华人民共和国成立后生产的第一种制式手枪——7.62毫米1951年式手枪，简称51式手枪，是利用苏联的机床设备，在苏联技术人员的帮助下，于1951年仿照苏联TT33年式手枪制造的，曾随志愿军赴朝鲜作战。该枪特征是套筒座右侧后部刻有51式型号和制造厂的标志，刻有枪支号码和生产年度。枪长195毫米，管长112毫米。

图156　中国7.62毫米1951年式手枪

1952年，昆明356工厂批量仿制生产德国7.65毫米华尔特PPK式手枪，称52式手枪，俗称公安式手枪，性能优良。后来，因轻武器统一为苏式而撤装。

图157　中国1954年式7.62毫米手枪

中国军队装备量最大、服役时间最长的制式手枪，是1954年式7.62毫米手枪，主要配备基层军官。该枪为1951年式手枪的改进型，1954年通过生产定型。该枪采用枪管短后坐自动方式，枪管摆动式闭锁方式，设有空枪挂机。外形尺寸195毫米×129毫米×30毫米，枪管长116毫米，枪重0.85千克，弹匣容弹量8发，射速30发/分，发射51式7.62毫米×25毫米手枪弹，初速 420 米/秒，有效射程 50 米。优点是火力强大，缺点是弹匣容弹量少，会有卡弹故障。后有改进型 54-1 式，设有击锤保险。还有主要供出口的 M213 型，可发射 9 毫米巴拉贝鲁姆手枪弹。

1959 年定型投产的 1959 年式 9 毫米手枪，是根据苏联 9 毫米马卡洛夫手枪（也称 PM 手枪）仿制的，该枪小巧精美，主要装备团以上军官，没有大量生产。采用自由枪机式自动方式，枪长 163 毫米，管长 93.5 毫米，枪重 0.73 千克，弹匣容弹量 8 发，发射苏联 9 毫米×18 毫米马卡洛夫枪弹，初速 300 米/秒，有效射程 50 米。

20 世纪 60 年代起，中国手枪走向自行研制之路，第一个成果是 64 式 7.62 毫米手枪，1964 年设计定型，1980 年生产定型。开始主要配备高级指挥员，有人称之"将军手枪"。该枪小巧精致，外形美观，易于维护保养，便于隐蔽携带。采用自由枪机式自动方式。具有联动发射、空仓挂机、膛内有弹显示功能。弹膛内有弹时，枪尾露出用手可摸到的白色突起，能昼夜辨识。自动方式为自由枪机式，采用双动发射机构，紧急情况下开火及时性好，碰到瞎火弹时可迅速再次击发补火。枪长 155 毫米，管长 86.5 毫米，4 条右旋膛线，空枪重 0.56 千克，弹匣容弹量 7 发，发射 7.62 毫米×17 毫米 64 式手枪弹，弹头重 4.8 克，初速 300~320 米/秒，战斗射速 30 发/分，有效射程 50 米。在 25 米距离上，能射穿 2 毫米厚的钢板、7 厘米厚的木板、4 厘米厚的砖墙、25 厘米厚的土层。

图 158　中国 1964 年式 7.62 毫米手枪　　图 159　中国 1977 年式 7.62 毫米手枪

1977 年，由济南军区修械厂（7312 厂）研制成功一种小型手枪，定名为 1977 年式 7.62 毫米手枪，简称 77 式，1978 年设计定型。1981 年生产定型。采用自由枪机式自动方式，惯性闭锁，具有单手上膛功能，只需扣动扳机护圈向后，即可实现装弹上膛，不需再拉套筒。枪长 149 毫米，管长 85 毫米，枪重 0.50 千克，弹匣容弹量 7 发，使用 64 式 7.62 毫米弹，弹丸初速 310 米／秒。后根据国际市场需求，推出 77B、77B2、NP20 等多种改进型，口径改为 9 毫米，使用国际流行的 9 毫米×19 毫米巴拉贝鲁姆手枪弹，弹匣容量 9 发，还增设了弹匣保险和击针保险机构，大大提高了安全可靠性。研制者做过这样的试验：在打开手枪保险的状态下，手枪在 1.3 米高度上，从六个方向进行跌落，仍然不会走火。

图 160　中国 1967 年式 7.62 毫米微声手枪

图 161　中国 1980 年式 7.62 毫米冲锋手枪

还研制有供侦察及执行特殊任务人员使用的微声、微型手枪。1967 年式 7.62 毫米微声手枪，设有特殊的膛口装置，具有良好的消声、消光、消烟性能，有非自动和半自动两种发射方式。瞄准装置，除常规的缺口照门和矩形准星外，还设有三立柱长效荧光夜瞄装置。使用 67 式 7.62 毫米微声手枪弹，"三微"（微声、微光、微烟）效果良好；也可使用 64 式 7.62 毫米手枪弹，"三微"效果差一些。该枪长 226.2 毫米，管长 86.5 毫米，枪重 1.05 千克，弹匣容弹量 9 发，有效射程 30 米。

1980 年，为基层军官和侦察兵设计了一种大威力全自动手枪，称 80 式冲锋手枪。它既有手枪携带方便的优点，也有冲锋枪火力猛烈的长处。设有快慢机，可单发或连发射击。点射战斗射速 60 发／分。配有皮革枪套和随枪匕首，均可做枪托抵肩射击使用，最大有效射程 100 米。配有 10 发和 20 发两种弹匣，设有存弹量指示器。采用枪管短后坐自动方式，卡铁旋转闭锁方式。枪全长（不含枪托）302 毫米，枪管长 140 毫米，空枪重 1.10 千克（加皮革枪套枪托时枪长 650 毫米，枪重 1.85 千克）。弹头初速 470 米／秒。

90 年代初，中国立项研制新一代军用手枪，1998 年设计定型并投产，命名为 9 毫米 QSZ92 式手枪。该枪采用新材料、新工艺，结构新颖，性能先进，1999 年 12 月装备中国驻澳门部队。同期开始研制的 5.8 毫米手枪，于 2001 年批准定型，随后投入批量生产。主要用于杀伤 50 米距离内的有生目标。5.8 毫米枪弹采用大长径比，接触软目标后易失稳、翻滚，杀伤效果优于国外

9毫米巴拉贝鲁姆手枪弹，弹头侵入人体形成的空腔效应，是巴拉贝鲁姆枪弹的2.5倍。枪长188毫米，管长115毫米，弹匣容量20发，空枪重760克，装满子弹879克。92系列手枪的研制成功，标志着中国军用手枪步入世界先进手枪行列。同期研制成功的还有QSW5.8毫米06式微声手枪。枪长365毫米，管长137毫米，有26个零件（占61%）可与5.8毫米92式手枪通用。圆筒形消声器可拆卸，不加装消声器时基础枪可单独使用，此前的67式微声枪拆卸消声器后不能单独使用。

图162 中国5.8毫米92式手枪

图163 中国5.8毫米92式手枪不完全分解图

图164 中国第一种小口径微声手枪——QSW5.8毫米06式微声手枪

苏联 / 俄罗斯系列手枪

苏联 / 俄罗斯研制的手枪另具特色，对东欧和亚洲一些国家的轻武器发展有着重要影响。影响最大的当属托卡列夫、马卡洛夫研制的系列手枪。

在第二次世界大战前，费多尔·瓦西列维奇·托卡列夫（1871~1968年）是苏联最著名的轻武器设计师。1871年，他出生于俄国罗斯托夫市叶戈尔里镇。上小学时，他受一个来自图拉的枪械工的影响，对手枪、步枪产生了浓厚的兴趣。因家境贫寒，13岁时即进入一个枪铺当学徒，几年后便显示了出众的技术才能，1888年被新切尔卡斯克军事工业学校破格录取。十月革命后，他成为图拉兵工厂的高级工程师，参与多种轻武器的研制。1930年，托卡列夫设计成功苏联第一种口径7.62毫米的自动手枪，被苏联红军列为正式装备，命名为M1930年式托卡列夫手枪，简称TT30。TT是苏联图拉兵工厂和托卡列夫两俄文词的首字母。该枪采用枪管短后坐自动方式，枪管摆动式闭锁方式，结构类似于勃朗宁M1911。后来又对发射机构作了些改进，称

军事科技史话●古兵·枪械·火炮

M1933年式托卡列夫手枪（简称TT33式）。该枪结构简单，动作可靠，使用方便，是苏联红军在第二次世界大战期间使用的制式手枪，也是世界上很有影响的一支手枪，中国、匈牙利、南斯拉夫、波兰等国都曾大量仿制TT33式作为制式武器。TT30于1935年停产，TT33于1951年撤装。

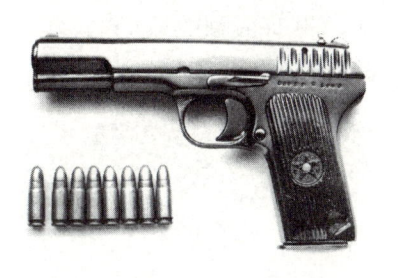

图165 苏联7.62毫米TT33式毫米手枪

TT33战术技术诸元：枪长196毫米，枪管长116毫米，4条右旋膛线，枪重0.85千克，弹匣容量8发，初速415米/秒，有效射程50米。

1951年，在苏军的新一代手枪选型试验中，马卡洛夫设计的手枪名列前茅。被苏军采用的马卡洛夫手枪简称PM，是Pistol Maakarov的缩写，俄文简称ПМ。该枪主要装备校级以上军官，又称校官手枪。从外形和结构看，马卡洛夫手枪是基于德国华尔特手枪而设计的。起初在莫斯科以南50千米的图拉兵工厂生产，1954年转至乌拉尔山脉西侧的伊热夫斯克机械厂。自动方式为自由枪机式，使用9毫米×18毫米马卡洛夫手枪弹。该枪设计思想明显有德国华尔特PP手枪的影响，击锤为外露式，双动扳机。结构简单，性能可靠，价格低廉，是当时同期最好的紧凑型自卫手枪之一。

马卡洛夫手枪不仅装备苏联/俄罗斯军队和警察，还向国外出口和转让生产权，形成国际上的马卡洛夫系列手枪。中国的59式，波兰的P-64式，南斯拉夫的M-70式，东德的PIM式，匈牙利的皮斯措鲁48M和R-61式，朝鲜的68式和70式以及俄罗斯20世纪90年代开发的改进型P-12式9毫米手枪等，均属马卡洛夫系列。

马卡洛夫手枪战术技术诸元：枪长161毫米，枪管长93.5毫米，4条右旋膛线。发射9毫米×18毫米手枪弹，装药量0.25克，弹头质量6.2克，枪重0.73千克，弹匣容量8发，初速315米/秒。

20世纪70年代后期，苏联推出PSM5.45毫米小口径自动装填手枪，由拉什涅夫、萨麦里和库里果夫三位枪械设计师共同设计，1980年开始生产，1985年首次公开，现在主要装备俄罗斯警察、内卫部队和各级将官。该枪采用自由枪机式自动方式，外观小巧，发射一种独特的瓶颈式枪弹和非膨胀弹头，具有很强的侵彻力，可击穿防弹衣，在 50 米处射击精度较好。俄罗斯 5.45 毫米 PSM 手枪战术技术诸元：枪长 155 毫米，枪管长 85 毫米，全枪质量 0.46 千克，弹匣容量 8 发，6 条右旋膛线。

"世界第一枪"美誉属于谁

在美军服役 70 多年的 M1911 系列手枪虽然性能优良，但同运用一系列现代技术的新型自动手枪相比，已显得有些落伍。特别是美军中数量不断增加的女兵反映最强烈：M1911A1 大而笨重，握持困难，后坐力太大。1984 年，美国三军轻武器规划委员会组织了换装新型 9 毫米手枪的试验。为能成为美军的制式装备，一场世人瞩目的手枪大搏斗在马里兰州的阿伯丁试验场拉开序幕。参加选型试验竞争的手枪有 7 种：美国史密斯－韦森 M459A、德国 HKP7、意大利伯莱达 92F、瑞士西格－绍尔 P226、德国华尔特 P88、奥地利斯太尔 GB 型和 F 型、比利时 FN-DA。选型试验设置了各种恶劣环境，以考察手枪在极热、极冷、风沙、浸水、浸泥等条件下的性能。历经几个月的激烈角逐，意大利伯莱达公司的 92F 手枪以其优良的性能名列前茅。而且价格较低，每支 178.5 美元。

一个世界超级军事大国，选用别国的手枪作为制式装备，在美国国内引起了轩然大波，几家美国厂商愤愤不平，要求再次进行选型试验。美国军方坚持认为选评是公正的。1985 年 4 月，美国与伯莱达公司签订了 315930 支枪的 5 年供货合同，92F 成为美军新一代制式手枪，命名为 M9 手枪。意大利伯莱达公司的董事们兴高采烈。他们知道，从与美国的合同中或许赚不了多少钱，但这份合同的名声却是金钱买不到的，伯莱达 92F 手枪由此获得了"世界第一枪"的美名。

美国陆军、空军、海军、海军陆战队和

图 166　国防部部长彭德怀元帅 1957 年访问苏联时，苏联军方赠送的 9 毫米马卡洛夫手枪

军事科技史话 ●古兵·枪械·火炮

海岸警卫队采购的 M9 手枪达 50 万支，现在是美军装备量最大的军官用手枪。在海湾战争中，美军前线总司令施瓦茨柯普夫上将腰间佩带的就是 M9 手枪。英、法等国也大量采购该枪。

92F、M9 手枪在技术上确有无可争议的优势。该枪采用枪管短后坐

图 167　美国 M9 手枪及子弹

自动方式，闭锁卡笋摆动式闭锁方式和多重保险机构（手动保险、击针自动保险和阻隔保险），枪的安全性和环境适应性很强，子弹上膛的枪在 120 厘米高处落下，也不会走火。准星和表尺上有荧光点，即使是在黄昏和能见度不良的情况下，也能迅速瞄准射击。全枪外表面喷涂四氟乙烯，不仅耐腐蚀，而且握持时手感舒适。采用新材料，内膛镀铬，预期使用寿命达到 1 万发（美军要求不少于 5000 发），平均故障率低于 0.2%，一般 2000 发才出现一次（美军要求 495 发一次）。

M9 手枪战术技术诸元：口径 9 毫米，枪长 217 毫米，枪管长 125 毫米，6 条右旋膛线，初速 338 米/秒，空枪重 0.96 千克，弹匣容弹量 15 发，装满弹匣后枪重 1.1 千克，有效射程 50 米。

引领新潮的格洛克手枪

奥地利格洛克公司，由工程师格斯通·格洛克创立于 1963 年，20 世纪 80 年代开始生产手枪，1983 年研制的 9 毫米 Glock17 式手枪"一枪打响"，至今已经有 40 多个国家的军队和警察装备该枪。

Glock17 的首创之处是最早大量采用工程塑料，全枪 40% 的零件，包括整个套筒座、握把、扳机和弹匣都由工程塑料整体注塑成型，只是在与套筒接触的滑槽部位才用钢增强。这样不但降低生产成本，而且与其他零件的结合精度也大大提高，使手枪更加轻巧，更加坚固耐用。它的成功引领了 90

年代开始的世界自动手枪大量采用工程塑料部件的热潮。

当Glock17手枪第一次进入美国警用武器市场时，偏爱转轮手枪的警察们大都不喜欢这种采用工程塑料、没有敞露式击锤的手枪，许多警察局几乎是以强迫的方式装备格洛克手枪的。但当用上了Glock17手枪之后，这些警察很快就喜欢上了它，格洛克系列手枪占领了近1/2的美国警用手枪市场。

Glock手枪在制造上采用先进的工艺，零部件允许的公差非常小。据说Glock手枪刚开始引进美国时，在某个枪展上曾做过一次公开测试：将20把Glock17完全分解后的零件摆出来，由一个观众任意挑选零件重新组合成一把枪，然后用这把枪射击了2万发子弹，中间没有出现任何问题。

图168 奥地利9毫米格洛克（Glock）17式手枪

图169 奥地利Glock37式手枪，发射0.45英寸手枪弹

格洛克手枪采用独特的内藏式保险，包括扳机保险、击针自动保险、不到位保险和偶发保险，全面保证使用者的安全。随后推出的格洛克18既可作为个人自卫武器，亦可加上枪托作为战斗型冲锋手枪，可配容弹量分别为17发、19发和33发弹匣，对付应急事件火力较强。它的突出性能不仅吸引了各国军警，也吸引了国际黑社会组织。在售出的格洛克18中，相当一部分落入黑社会组织，有人称格洛克为"黑枪"。

近些年，格洛克公司开发了多种不同口径、不同尺寸的系列手枪，进一步扩大市场，可靠的扳机保险装置成为格洛克系列手枪一成不变的特征。2003年，在国际轻武器展会上首次亮相的格洛克37式，发射新型0.45英寸（11.43毫米）GAP枪弹。该枪配用北约韦森导轨座，有将战术灯、红外激光指示器、可见光激光指示器等合成一个整体的光学装置。枪重811克，容弹量10+1发。

后来居上的德国 HK 公司手枪

德国 HK 公司（赫克勒 – 科赫公司）从 1962 年开始进行手枪设计，后来居上，1976 年研制成功卓然超群的 P7 系列手枪，被不少国家选为警用和军用装备。该枪小巧、流畅，握持手感好，保险装置位于握把前方。1993 年，HK 公司推出 USP 手枪（通用自动装填手枪），被德国军队定为新一代军用手枪，命名为 P8 手枪。P8 手枪发射 9 毫米巴拉贝鲁姆手枪弹，采用枪管短后坐式自动方式，设有双保险机构（手动保险和击针自动保险）。套筒座、透明弹匣等采用聚酰胺增强纤维制造的工程塑料件，手枪重量轻，握持舒适。机构动作可靠性高，全枪寿命试验达到了 2 万发。

此后，HK 公司在 P8 手枪基础上，应美国特种作战司令部的要求，研制了一种 0.45 英寸的进攻型手枪，1996 年 5 月正式交付美军特种部队，称 Mk23 手枪。该枪配有激光瞄准模块 LAM，可发出肉眼不可见的红外光、红外激光等 4 种光源。它不仅被德军装备，也是继意大利伯莱塔 92F 之后第二个进入美军装备序列的国外手枪产品。

2005 年，美军特种作战司令部（USSOCOM）提出联合战斗手枪系列计划，为特种部队采购一种新的 0.45 英寸口径的战斗手枪，取代停止使用不够理想的 9 毫米 M9 手枪。实力雄厚的 HK 公司中标，投入巨资研制出 HK45 特种战斗手枪。2006 年秋，此计划被中止，但 HK 公司继续改进这种新手枪。目前，紧凑型 HK45C 已成为民用枪械市场的抢手货，警方、军方也拟将该枪作为采购对象。HK45 的设计师是美国枪械设计界的领军人物拉瑞·阿伦·维克斯和肯·哈卡瑟隆。这两位曾

图 170 德国 9 毫米 HKP8 式手枪

图 171 德国 11.43 毫米 HKMk23 手枪

枪械技术

在特种部队服役、几乎使用过所有单兵武器的设计师，以设计"新世纪的M1911"为目标，把可靠、简洁放在第一位，全枪分解后只有六大件，没有细小、易丢失的零件。鉴于全钢结构的枪械太重，新枪采用含15%玻璃纤维的聚酰胺套筒座，这种材料质量轻、强度高，是当前轻武器制造中先进的材料之一。

在试射场上，HK45的寿命超过了2万发，射击精度与价格昂贵的比赛级手枪相差无几。它融合了成熟经典结构和现代手枪的流行元素，作为0.45英寸口径的新一代产品，被誉为"世界上最强的战斗手枪"。HK45/HK45C战术技术诸元：全枪长191毫米/183毫米，枪管长115毫米/100毫米，空枪重785千克/717千克，弹匣容弹量10发/8发。手枪套筒座前下方配有通用导轨，可加装战术灯等附件。

马克沁的伟大发明

在伦敦肯辛顿博物馆里，陈列着一挺有上百岁高龄、在枪械发展史上意义非同寻常的重机枪，标牌上写着："这是世界上第一挺靠火药气体能量供弹和发射的武器。"该枪口径11.43毫米，枪身重27.2千克，枪架重29千克，采用容弹量为333发、6.4米长的帆布弹带供弹，理论射速600发/分。它的发明者就是大名鼎鼎的海勒姆·史蒂文斯·马克沁(Hiram Stevens Maxim)，美、英等国都称他为"自动武器之父"。

1840年2月5日，马克沁出生在美国缅因州桑格斯维尔。他家境清贫，小时经常与兄弟到野外打猎卖钱，以

图172 枪械大师马克沁(1840~1916)和他研制的机枪

弥补家庭微薄的收入。这使马克沁从小就有机会摆弄枪支，熟悉一些枪械原理。14岁进入一家马车厂当学徒，以后又在好几家工厂、作坊务工。他没机会接受正规教育，但他勤奋好学，无论干什么活儿都喜欢用心琢磨，还经常搞点小革新、小发明，如自动捕鼠器、航海计时仪、带警报的自动灭火机、去磁器、碳丝电灯泡等，显示了非凡的创造才能。30多岁时，马克沁被聘为美国电气公司的工程师，在机械、电气方面颇有造诣。他经常去欧洲为公司办事，结识了不少朋友。

1881年，马克沁参加在巴黎举办的电力工业展览会，遇到一位交情笃深的朋友（电气工程师），两人无话不谈。当时的欧洲战争频繁，许多国家都在致力于研制新式武器。这位朋友快人快语，半开玩笑似地对马克沁说："你要想赚大钱，最好发明一种玩意儿，使欧洲人彼此残杀起来更得心应手。"

马克沁对当时欧美各国使用的武器并不陌生，他特别关注刚刚兴起的手摇式连发枪，特别是美国人理查德·加特林研制的6管连发枪（亦称加特林机枪）。该枪标志着手动机枪发展到顶峰，美国陆军1866年8月列装。但它仍需要人力通过机械完成射击循环的各种动作，也很笨重，亟待改进。马克沁放弃美国电气公司的工作，把全部精力转移到武器研制上，并于1882年移居英国，后加入英国籍。

在伦敦克莱肯威尔路一个花园的小作坊里，马克沁开始了新武器的研制。作坊里除一台铣床外，其余的工具、刃具都是他自己设计制造的。马克沁是在一个完全崭新的领域里工作，当时流行的几种手摇式连发枪在机械构造上具有参考价值，但因没有解决最关键的问题——自动供弹、自动退壳的动力来源，还不能称为真正的机枪。在英语中，machinegun（机枪）一词，意指能实施连发射击的自动枪械。

马克沁的灵感来自一次偶然的发现。一天，他在军队射击场用步枪打靶，由于这种步枪后坐力特大，抵枪托的肩被撞得生疼。和他一起打靶的战士们因常用这种步枪，肩上更是青一块紫一块的。火药气体产生的后坐力是一种多么大的能量啊！难道不可以变害为利吗？这真是"踏破铁鞋无觅处，得来全不费功夫"，马克沁多年来苦苦思索和寻找的能源，终于找到了。

对于人们习以为常、熟视无睹的射击后坐现象，马克沁巧妙地加以利用，于1884年造出了第一挺以火药燃气为能源的自动武器——马克沁机枪。该

枪械技术

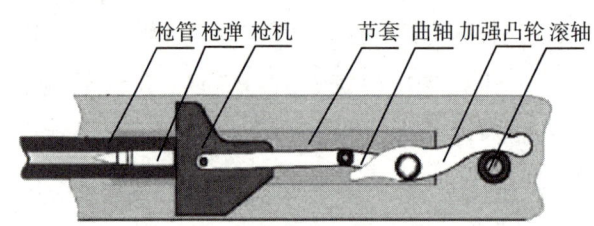

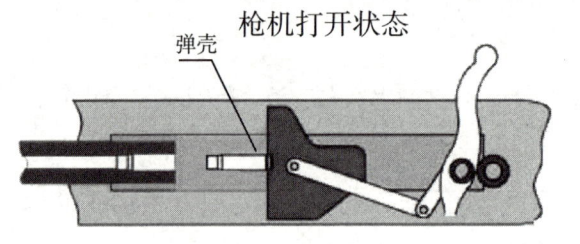

枪机闭合状态

枪管 枪弹 枪机　节套 曲轴 加强凸轮 滚轴

枪机打开状态

弹壳

图173　管退式自动原理示意图（马克沁M1908）

枪首创枪管短后坐原理，借鉴吸收了加特林连发枪的操纵机构和温彻斯特步枪的肘节闭锁机构。

马克沁首创的枪管后坐式自动原理，又称为管退式，其枪管相对于机匣是浮动的，底火击发瞬间枪管和枪机扣合在一起，弹头飞出枪口后，两者受火药气体向后冲力作用，一同向机匣后方运动。按枪管后坐距离的长短，分为枪管短后坐式和枪管长后坐两种。若此距离大于枪弹全长，就称为长后坐，反之则为短后坐。马克沁在发明的枪管短后坐原理是世界上最早实用化的自动方式，具有结构简单、可靠的优点，缺点是浮动式枪管对精度有影响，使用磨损后更加明显，故一般用在对精度要求不高的机枪上。

马克沁的这一重大发明，在世界枪炮发展史上开创了自动武器的新纪元。不久，马克沁又对机枪作了一些改进，风尘仆仆地辗转于英、法、意、德、俄等国进行表演，向各国军队推荐他的机枪。

1891年，英军正式装备马克沁机枪，并首先用于扩充殖民地的战争。战争一方仍挥舞长矛和棍棒，另一方则拥有弹仓步枪和机枪。1893~1894年，英国殖民军在罗得西亚同祖鲁人的战争中，第一次使用马克沁机枪。一支50人的英国小部队配有4挺马克沁机枪，据守在一个山头上。90分钟内，5000余名手持长矛、弓箭的祖鲁人发起数次冲锋。在统一指挥下，英军机枪火力如骤雨般扫射，剽悍的祖鲁人一排排倒在血泊中，3000多人战死。

19世纪末至20世纪初，马克沁重机枪在各种兵器中独占鳌头，许多国家的军队都先后装备了马克沁机枪及其改进型。其中以德国制造的1908年式7.92毫米马克沁机枪性能最优，是众多仿制型号中的佼佼者。它用低矮的

军事科技史话 ●古兵・枪械・火炮

枪械技术

三脚架（亦有两脚架）替换了此前的两轮手推车式枪架，采用水冷枪管，可长时间连续射击。该枪是德军第一次世界大战时的制式装备，每个步兵营配6挺。在1916年7月的索姆战役中，英法联军一天内死伤于此枪枪口之下的就达57000人。1908马克沁重机枪由此有"第一次世界大战中最厉害的杀人凶器"的恶名。

一百多年来，自动枪械已发展了好几代。但是，专家们一致认为在基本原理和机构上尚未出现根本性突破。马克沁机枪及其变型枪，一直使用到1972年的印巴战争。由马克沁首创的自动武器原理，至今仍在枪炮研制中发挥着作用。

图174 德国7.92毫米1908年式马克沁机枪

图175 晚年马克沁向孙儿展示自己发明的机枪

马克沁机枪在中国

图176 李鸿章等在伦敦考察马克沁机枪。图中大树刚被机枪打断

马克沁发明机枪后，为向各国军队推荐他的机枪，多次到英、法、意、德、俄等国进行表演。有一年，中国清政府大臣李鸿章访英，在伦敦参观了试射表演。机枪的猛烈火力将一棵大树击倒，使李鸿章一行感到震惊，并询问机枪的性能和造价。当得知一挺机枪每分钟能发射600多发

枪械技术

图 177 中国制造的 7.9 毫米 24 年式马克沁机枪。军事博物馆收藏

子弹，耗费达 30 英镑时，李鸿章便摇摇头说：这种枪耗弹过多，太昂贵了，中国用不起。后来，大约在清光绪十四年（公元 1888 年），中国购进少量马克沁机枪早期型号（使用黑药铅弹）进行仿制，仅生产 30 余挺。1914 年，金陵制造局引进使用无烟药枪弹的德国 1899 年式马克沁重机枪仿制，至 1922 年生产 300 多挺。此后，大沽造船所、金陵制造局、巩县兵工厂先后引进不同型号进行仿制，生产能力不断提高。

1934 年，中国政府获得德国赠送的 MG1908/15 式 7.9 毫米马克沁重机枪全套工作图样，交金陵兵工厂仿制改良。1935 年（中华民国 24 年）试制成功，称宁造 24 年式马克沁重机关枪，质量优良，被定为制式武器。抗日战争中该厂移迁重庆，改称第二十一工厂，1945 年在厂长李承干（毕业于日本东京帝国大学，1932 年任厂长，曾荣获"陆海空军甲种一等奖章"、"云麾勋章"等 9 次授勋和嘉奖）主持下，将马克沁重机枪由水冷式改进为气冷式，性能更为优越。

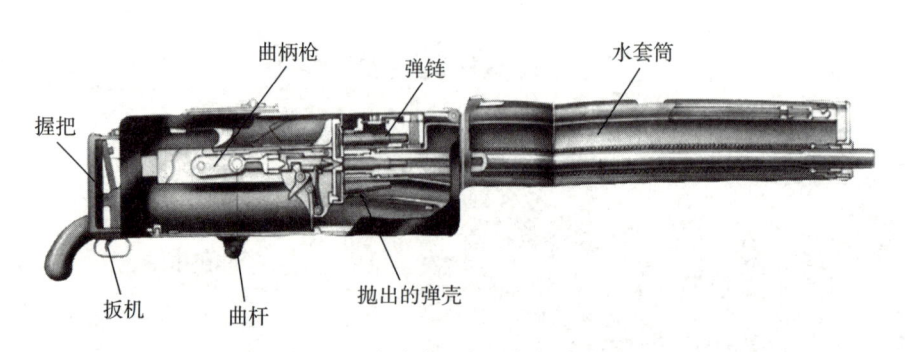

图 178 水冷式马克沁机枪结构图

麦德森轻机枪

马克沁发明的重机枪，火力猛，射程远，威力大，但也存在笨重、使用不便等缺点。1902年，丹麦人斯考博在对马克沁机枪作了细致研究后，研制成功一种适用于携行作战的轻便机枪，以当时陆军大臣麦德森的名字命名，称1902年式8毫米麦德森机枪，简称M1902。

图179 丹麦1902年式8毫米麦德森机枪

麦德森机枪是兵器发展史上的第一种轻机枪，被世界各国所公认。但发明者是谁，多年来却说法不一，归结起来有三种：①由一个名叫W.O.H·麦德森的丹麦炮兵上尉研制的。②由丹麦炮兵上尉麦德森和一位叫朱列斯·拉斯莫森的技术领班共同研制的，麦德森后晋升为少将，曾任一任丹麦国防大臣。（刘学昌《枪史》P85）。③拉斯莫森和简斯·斯考博共同研制的。这三种说法都不是空穴来风。麦德森机枪的全称是麦德森·克雷斯·斯考博机枪，这个冗长的名字包含着它真正身世和发明者的信息。排在首位的麦德森由上尉递升至将军，担任了丹麦国防大臣，其地位最高，并热心地支持丹麦军队采用这种轻型机枪；排在第二位的克雷斯是英国的一家兵工厂，由于英国规定英军装备的武器必须由本国制造，为向英国推销麦德森机枪，便挂上了英国兵工厂的牌号；排在最后的斯考博，才是麦德森机枪的真正设计师，他也是丹麦轻机枪综合制造厂的负责人。实际上，麦德森机枪的最早设计雏形，来自一位叫拉斯莫森的丹麦人，他是位于哥本哈根市皇家军用武器厂的负责人，1899年设计了一种轻型机枪，并于当年6月15日就该枪的自动原理申请了专利。专利发表后，被斯考博所在的丹麦轻机枪综合制造厂买去。斯考博潜心研究，三年后制造出了实用化的麦德森机枪，于1902年2月14日申请了专利。

8毫米麦德森机枪于1904年开始装备丹麦军队，后有荷兰、英国、德国、日本、美国等30多个国家订货或获得特许制造权。1909年，中国广东制造局以M1902式为基础，制造出了国内第一种轻机枪，但产量不大。1930年代，从德国进口了一批7.92毫米口径的麦德森轻机枪，并在国内仿制。

麦德森机枪采用管退式自动方式，是一种气冷式机枪，结构简单，动作可靠。它采用轻便的两脚架，首创弹匣上方供弹方式，可单兵携行，抵肩射击。这与当时广泛使用的水冷式、三脚架重机枪形成明显的对比。麦德森机枪有多种改进型，从1902年一直生产到1955年。

1902年式麦德森机枪战术技术诸元：口径8毫米，枪全重9.98千克，全长1169毫米。弧形弹匣容量25发或40发，理论射速400发／分，弹丸初速824米／秒，表尺射程1000米。

德国人首创通用机枪

通用机枪，是机枪系列中的后起之秀，它既具有重机枪射程远、威力大的优势，又兼备轻机枪携带方便、使用灵活的长处。近几十年来，各国研制的新型机枪，大部分是通用机枪。

但是，若要追溯通用机枪的源头，则要从第一次世界大战结束时谈起。此次大战，重机枪称雄战场，被视为最具威慑力的武器之一。战后签署的凡尔赛和约明确规定，战败国德国不可生产包括重机枪在内的各种进攻性武器。以希特勒为首的纳粹党在德国执政后，积极准备发动新的战争，加紧了各种新武器的秘密研制。凡尔赛和约的种种规定和限制，实际上都被希特勒法西斯分子所践踏。但他们为了欺骗世界舆论，许多事情还是偷偷摸摸进行的。在步兵武器方面，德国枪械专家施坦格绞尽脑汁，设计出一种既具有重机枪功能，又能以轻机枪面目应付监督的两用机枪，1934年设计定型，由毛瑟兵工厂生产，命名为MG34机枪。

图180 德国MG34通用机枪，左为两脚架的轻型，右为三脚架的重型

MG34作为世界第一种通用机枪（亦称两用机枪），在设计上确有许多独到之处：使用与步枪相同的7.92毫米×57毫米子弹，既可用弹链供弹，又可换装弹鼓供弹，弹链供弹左右都可进行，能双枪联装使用；主要零部件均用易装卸的销钉结合，分解、操作简便，能迅速变换射击方式。配两脚架和弹鼓，即为轻机枪；配三脚架和弹链，即为重机枪，还可做高射机枪对空射击。MG34理论射速达800~900发/分，有两根备份枪管，战斗中枪管过热，可迅速更换。该枪以其优良的性能，成为法西斯德国在第二次世界大战中使用的主要步兵武器之一。在使用过程中，MG34也暴露了一些缺陷，如结构复杂，锻造零件多，生产费时、昂贵，做轻机枪时仍感重量偏大。

MG34主要技术数据：枪长1224毫米，枪管长629毫米。枪重12千克（两脚架）。弹鼓容量50发，鞍形弹鼓容量75发，50发不可散弹链。弹头初速755米/秒，理论射速800~900发/分，实际自动射速200发/分，半自动为60发/分。有效射程，配三脚架1800米，两脚架550米。

在第二次世界大战中，德国的MG34通用机枪虽然性能优越，但结构复杂，锻造部件不适宜大量快速生产。1939年，德军占领波兰后，在兵工厂发现一份机枪设计图纸。德国枪械设计师格鲁纳综合波兰方案和MG34的优长，研制成功性能更加优良的MG42通用机枪，于1942年定型投产。

格鲁纳不仅擅长枪械设计，还是一个金属冲压专家和有影响的实业家。他首创在枪械制造上大量采用冲压件，极大地提高了生产效率，降低了生产成本。从MG42开始，枪械制造转广泛采用冲压、点焊和点铆工艺，建立了自动化生产线。第二次世界大战中，柏林毛瑟兵工厂、萨克森金属制品厂、维也纳斯太尔公司等都有 MG42 生产线，总产量超过 100 万挺。

轻武器专家这样评价 MG42：最短的时间，最低的成本，最出色的武器。它采用枪管短后坐自动原理，首创滚柱闭锁机构，显著提高了机构动作的可靠性和勤务使用性能。供弹机构采用金属弹链，能够平滑输弹。配两脚架全重 11.6 千克，配三脚架全重 19.2 千克。

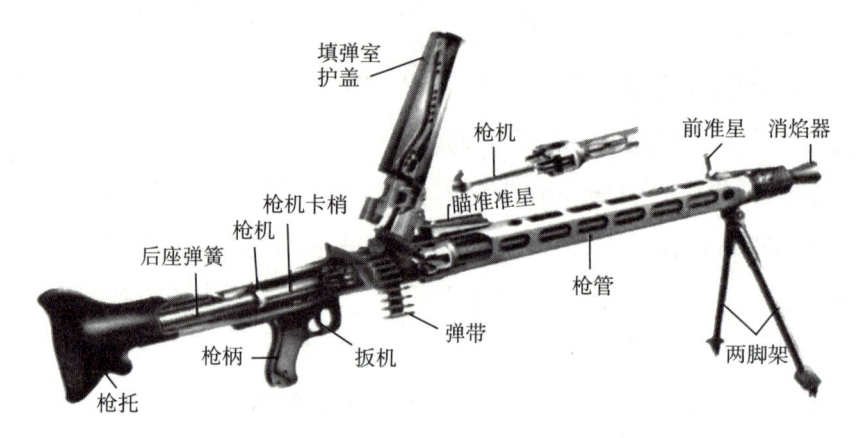

图 181　德国 MG42 通用机枪结构

战后，西德将 MG42 改型为发射 7.62 毫米北约步枪弹的 MG1 式，后有改进型 MG2。1968 年，又推出性能更优的通用机枪 MG3，后又有使用 7.62 毫米 ×51 毫米 NATO 弹的新一代通用机枪，成为西方国家使用最广泛的机枪之一。

服役 50 年的 M60 通用机枪

美国现役的 M60 通用机枪，最初由美国斯普林菲尔德兵工厂研制，后由萨科防御公司生产，1958 年开始装备美军，用来替换勃朗宁系列的 M1919A4 重机枪、M1919A6 轻机枪。半个多世纪以来，该枪一直为美国陆军、海军陆战队的主要机枪，并且被世界 30 多个国家的军队采用，生产量超过 25 万支。

M60 通用机枪采用导气式自动方式，枪机回转闭锁，大量使用冲压件，结构紧凑，火力强大，用途广泛，其设计充分借鉴了第二次世界大战期间德国通用机枪 MG42 和 FG42 伞兵步枪的优点，1957 年正式定型。越南战争后，根据实战经验作了十余处改进。为满足不同战斗部队需要，M60 有多种变型枪，如步兵装备的 M60E1 通用机枪，坦克或装甲车用的 M60E2 并列机枪，海军陆战队用的 M60E3（可像轻机枪那样用背带携带），武装直升机用的 M60C，海军炮艇、直升机用的 M60D 等。最新的型号为 M60E4，1995 年装备海军。M60 系列通用机枪都发射 7.62 毫米北约标准弹。

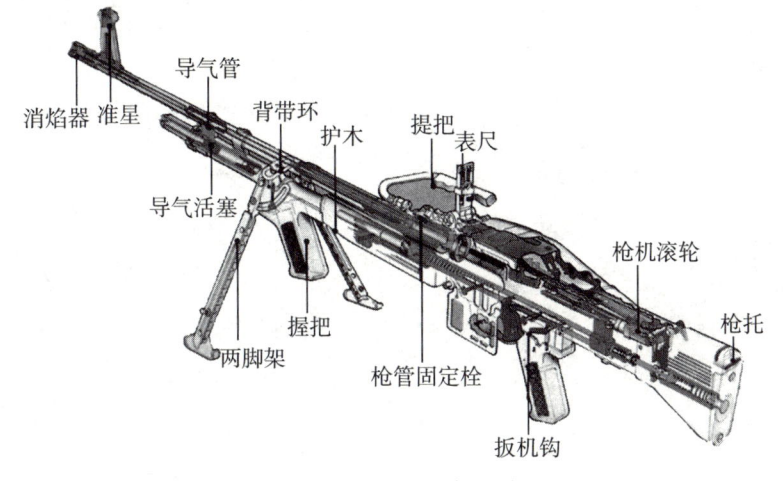

图 182　M60E3 通用机枪结构

在 20 世纪的越南战争、海湾战争和 2003 年的伊拉克战争中，M60 通用机枪都有上乘表现，发挥了其火力和机动性上的优势。但目前其在美军中的地位，正逐渐被比利时 FN 公司为美国生产的 M249 机枪所取代。M60E4 战术技术诸元：全枪长 958 毫米（标准管）、1077 毫米（长枪管）、940 毫米（突击枪管）。4 条右旋膛线，导程 305 毫米。全枪质量 10.2 千克（标准管轻机枪）、10.5 千克（长枪管）。发射 7.62 毫米 ×51 毫米 NATO 弹（包括 M61 穿甲弹、M80 普通弹、M82 空包弹等）。50 发或 100 发弹链箱供弹。弹头初速 853 米 / 秒，理论射速 550~650 发 / 分，战斗射速 200 发 / 分。最大射程 3725 米，有效射程 1100 米（配两脚架）。

历久不衰的勃朗宁机枪

美国著名轻武器设计大师约翰·摩西·勃朗宁一生设计过多种机枪，如首创导气式自动原理的6毫米M1895式重机枪，采用水冷式的7.62毫米M1917重机枪，采用气冷式的7.62毫米M1919A4重机枪，M1919A6式7.62毫米轻机枪等。

7.62毫米M1917式重机枪，是美军两次世界大战期间步兵的主要压制武器之一。该枪采用枪管短后坐自动方式，全枪重45.5千克，其中枪架30.5千克。250发弹带供弹，最大射程5029米（M2尖弹），有连续射击20000发无故障记录。7.62毫米M1919A4式重机枪，装备美军近40年，到1958年才逐步被

图183 勃朗宁（1855~1926）和他发明的重机枪

M60通用机枪取代。全枪重20.46千克，其中枪身14.1千克。

但勃朗宁最具影响力的机枪作品乃是一种大口径机枪——0.5英寸M2HB。时至今日，勃朗宁M2HB12.7毫米机枪仍是美国乃至整个西方装备的大口径机枪中最主要的型号。

1918年，根据美国陆军远征军的要求，勃朗宁开始研制一种口径0.5英寸（12.7毫米）的水冷式重机枪，1923年被采用，称M1921重机枪。后有采用风冷式枪管的改进型M2。为改善火力持续性，又将M2枪管改为加厚管壁的重枪管，1933年定型称勃朗宁M2HB机枪。HB即是Heavy Barrel的缩写，意为重枪管。该枪以当时无与伦比的优良性能，特别是动作可靠、射击精度高成为世界上最著名的大口径机枪。其单发精确射击的距离可达1300~1500米。在朝鲜战争中，美军曾尝试在M2HB机枪上加装瞄准镜，

军事科技史话 ●古兵·枪械·火炮

用于狙杀远距离目标，开创了大口径狙击武器的先河。

该枪参加了第二次世界大战、朝鲜战争、越南战争、海湾战争等。先后有 50 多个国家装备该枪，产量约 200 万挺。美军除装备带三脚架的 M2HB 机枪外，还将它配装在轻型吉普车、步兵战车和军舰上，作为地面和海上支援武器使用。直至 1994 年，美陆军仍继续采购 7 万挺活动式、固定式和并列式的 M2HB 重机枪，该枪将作为唯一保留的"寿星"在美军继续服役。

图 184　驻伊拉克英军试射安装在三脚架上的 M2HB 机枪

M2HB 战术技术诸元：枪长 1653 毫米，枪管长 1143 毫米。枪重 38.15 千克，三脚架重 20.2 千克。发射 12.7 毫米 ×99 毫米 M2 枪弹，110 发金属可散弹链供弹。弹头初速 920 米 / 秒，理论射速 550 发 / 分，实际自动射速 200 发 / 分，半自动为 60 发 / 分。有效射程 1650 米。

源于捷克 ZB26 的布伦轻机枪

英国布伦系列轻机枪有多种型号，其第一种型号 Mk1 式是著名的捷克 ZB26 轻机枪的英国改型。英国军方曾于 1932 年公开举行轻机枪选型试验。在参试的诸多机枪中，捷克 ZB26 充分展示了结构简单、动作可靠等优势，被英军选中。

ZB26 轻机枪是世界最有名的机枪之一，除装备捷克军队外，还大量出口，有 20 多个国家的军队装备该枪。根据英国军方的要求，ZB26 作了多项改进，如口径由 7.92 毫米改为 7.7 毫米，枪管缩短，导气孔后移等。1934 年，

枪械技术

图185-1　英国布仑Mk1式7.7毫米轻机枪

图185-2　捷克ZB26轻机枪，军事博物馆兵器馆陈列

军事科技史话 ●古兵·枪械·火炮

该枪正式定名为布仑Mk1式7.7毫米轻机枪，由位于捷克布尔诺的ZB兵工厂和英国恩菲尔德皇家轻武器工厂联合生产。"布仑"——Bren之名，便是由布尔诺(Bron)和恩菲尔德(Enfield)两地名称的前两个字母组成的。1937年9月，第一批布仑轻机枪在恩菲尔德问世，翌年8月正式进入英军制式装备序列。

布仑Mk1轻机枪战术技术诸元：口径7.7毫米，枪长1156毫米，枪管长635毫米。枪重10千克（Mk式48.69千克），30发弹匣或100发弹鼓供弹。弹头初速743米/秒，射速500发/分，有效射程800米。

布仑轻机枪外形的显著特征是枪身上方有个高大弯曲的弧形弹匣，弹匣前面的枪管上还有一个带护木的提把。其作用不可小视：在激烈的战斗中，机枪在发射几百发子弹后，烫手的枪管根本无法直接去摸，握持提把便可迅速、简便地更换枪管。与同时代其他轻机枪相比，布仑机枪的重量还是比较轻的，可采取立姿射击。它还可选择四种不同的射速，更是受到机枪手们的钟爱。布仑被公认为第二次世界大战中最好的轻机枪之一，它对于皇家陆军是如此重要，以至于还专门为其配备了一种履带式小型机动载具，称为"仑伦机枪车"。

布仑系列机枪有Mk1、Mk2、Mk4等型号，先后装备英国、加拿大等数十个国家的军队。第二次世界大战后，为适应北约标准弹药，英国又将其改为7.62毫米口径，称为布仑L4轻机枪，一直使用到70年代。

美国 M249 机枪及其改进型

美国 M249 式 5.56 毫米小口径机枪，是比利时 FN 米尼米机枪的美国特许生产型号，在原来基础上作了一些改进，如采用固定枪托和前提把，配备空包弹退壳器和装车车架，1985 年正式列装，大量装备美国陆海空三军部队和海军陆战队。此后，选择 FN 米尼米及改进型作为制式轻机枪的，有加拿大、法国、澳大利亚等 20 多个国家。

比利时 FN 公司 1970 年代初研制成功的米尼米 5.56 毫米机枪，1974 年首次公开露面，参加美国的班用自动武器选型试验，1977 年又参加北约下一代步枪选型试验，均被选中。

美国是枪械制造大国，军火商实力雄厚，FN 米尼米能在竞争激烈的轻武器选型中独拔头筹，证明其性能的确非同凡响。该枪采用导气式自动原理，枪机旋转闭锁方式，一般情况采用弹链供弹，应急时可直接使用 M16 步枪的 20 发或 30 发弹匣供弹，还可使用容弹量 200 发的塑料弹箱，实施连发射击。使用北约 5.56 毫米 ×45 毫米枪弹，其设计还是沿袭了通用机枪的概念。它即可装两脚架，也使用三脚架。由于重量轻，弹药通用，可用作步兵班的支持火力，所以它也被称为"班用自动武器"。M249 有诸多技术创新，它可被快速分解结合，数秒内更换使用中的枪管；使用容弹量 200 发的塑料弹箱，膛内有弹指示器白天可目视，夜间可触摸到；表尺可在 300~1000 米之间调节，并可调整风偏，有效提高射击精度。

M249 机枪战术技术诸元（标准型）：口径 5.45 毫米，枪长 1040 毫米，枪管长 466

图 186 使用容弹量 200 发的塑料弹箱的 M249 机枪

毫米，6条右旋膛线。空枪重7.5千克，枪管重1.6千克。弹头初速925米/秒，理论射速700~1000发/分，有效射程600米。

2009年10月，部分驻阿富汗美军开始换装一种更轻便的Mk48型轻机枪。这种机枪原只装备"海豹突击队"等特种部队，比美国陆军通用的轻机枪轻30%，使用北约7.62毫米×51毫米标准弹。

Mk48是比利时FN公司按照美海军特种作战司令部的要求，在M249的基础上改进而成。采用导气式原理，弹链式供弹，枪管可以快速更换，并有一个提把用于卸下灼热的枪管。在机匣顶部和护木隔热罩上装有5个皮卡汀尼导轨，能安装多种瞄准具和

图187 美国特种部队使用的Mk48轻机枪

战术附件。有坚硬的固定塑料枪托，折叠的整体式两脚架和枪背带，机匣寿命达到10万发，MRBS（射击中断故障时的平均弹数）为9700发。其最大优势是大幅度减轻了重量，枪重仅8.17千克，枪长1016毫米，十分便于在山地战和城市巷战中使用。该枪21世纪初装备美国海军海豹突击队，以轻便灵活、后坐力小、操作简单等优势获得了官兵们的认可。海豹突击队退役上士戴弗霍尔对它的评价是："易于操作和拆解"，"非常非常可靠"。

创制于第一次世界大战的冲锋枪

第一次世界大战爆发前三个月，对武器颇有研究的意大利陆军上校艾比尔·列维里设计了一种双管自动武器，它相对于重机枪要轻便很多，列维里的目标是装备一支自行车快速部队。此枪被意大利军队选中。因列维里于1914年4月将枪的专利让给了都灵附近的一家工厂，军方便以生产厂家的名字命名，称维拉-派洛沙M1915式冲锋枪。

该枪是世界上第一种发射手枪弹的连发武器，被公认为冲锋枪的鼻祖。

军事科技史话 ●古兵·枪械·火炮

"派洛沙"虽然还不够轻便,一般需两人操作,但比重机枪则灵活多了,且具有猛烈的火力,在第一次世界大战初期激烈的阵地争夺战中显示了特有威力。意大利军队实际上是把"派洛沙"作为轻机枪使用的,但就发射手枪弹这一点来说,却被后来作为冲锋枪的主要特征沿用下来。该枪的出现,揭开了冲锋枪快速发展的序幕。

图188 意大利维拉-派洛沙M1915式9毫米冲锋枪

但世界上第一支真正可供单兵使用的冲锋枪,还是德国的MP18。第一次世界大战初期,德国人将战场缴获的派洛沙M1915式冲锋枪作了仔细研究。德国著名轻武器设计师雨果·希买司根据战场的使用要求,在结构上大胆创新,设计出一种全新的单兵自动武器,并于1918年春在伯格曼兵工厂正式投产,定名为伯格曼MP18式冲锋枪。MP,即德文中"冲锋枪"单词的缩写。

MP18开始只装备了德国突击部队。1918年夏,希买司对MP18稍作改进,投入大批量生产,命名为MP18I型冲锋枪。但此时战争已近尾声,到11月大战结束时,德军前线部队共装备了35000支MP18I,每个连有6名冲锋枪手。MP18I成为世界上第一种被大量装备并用于实战的冲锋枪。

MP18I冲锋枪的设计富有创新意识,它首次采用了自由枪机式自动原理,为简化结构、减轻重量找到了最有效的技术途径。其外形、结构,为冲锋枪奠定了基本样式,对冲锋枪的发展产生了深远的影响。此后,美国、意大利、奥地利、西班牙等国相继研制出本国的冲锋枪,样式、性能与MP18I相近。

MP18I战术技术诸元:口径9毫米,全枪长815毫米,枪管长200毫米,空枪重4.18千克,发射9毫米巴拉贝鲁姆手枪弹,32发"蜗牛"式弹匣供弹。只能连发,理论射速350~450发/分,弹丸初速365米/秒,有效射程200米。

图189 德国MP18式9毫米冲锋枪

由于德军装备使用MP18I

时间很短，其威力在第一次世界大战中并未能得到充分发挥。但战后签订的《凡尔赛和约》仍明文规定，禁止德军再装备 MP181 冲锋枪。MP181 在当时的影响由此可见一斑。

开现代冲锋枪之先的 MP38

在 1936 年开始的西班牙内战中，佛朗哥领导的反政府军得到德国支持，德国将大批 MP181、MP28 冲锋枪运抵西班牙，使反政府军在近战火力上占有很大优势。西班牙政府军方面则得到了苏联和其他一些国家以及共产国际的支持。这场战争，不仅是西班牙国内两大政治力量的一次较量，也成为第二次世界大战前多种新型武器的试验场，德国和苏联首先从西班牙内战中看到冲锋枪的巨大发展潜力。

1938 年，德国陆军部召集几个兵工厂的负责人到柏林，要求他们迅速研制一种适宜装甲部队和伞兵部队使用的冲锋枪。埃尔玛兵工厂捷足先登，向军方提供了他们此前已经装备德国警察的一种轻便型冲锋枪。该枪采用自由枪机式自动方式，首创金属折叠式枪托，部分零部件以冲压工艺制成，成本大幅度降低，很快大批量装备德军，命名为 MP38 式冲锋枪。

MP38 是第二次世界大战期间德国最有名的冲锋枪，是世界上第一支成功地使用折叠式枪托和新型材料（铝与塑料）制成的冲锋枪，有专家称之"最早的现代冲锋枪"。

MP38 冲锋枪的列装，使德国步兵在闪电战中拥有明显的火力优势。随着战争需求的不断扩大，制造工艺精湛的 MP38 难以满足前线的需要。德国人马上着手对其生产工艺做了改进，大量采用经济、轻型材料，将许多需要车床、机床加工的精密部件改换成冲、焊、铆等简单工艺的零部件，推出简化版本 MP40。战争结束前，MP40 生产量超过 100 万支，

图 190　德国 9 毫米 MP38 冲锋枪

主要装备德国侦察兵、班长和军官。MP38、MP40 的成功，激发了冲锋枪设计的一场革命，启发其他国家开发出自己价格低、重量轻的新一代冲锋枪。1940 年以来，其他武器采用的折叠枪托、冲压件、铝或塑料件等，也都折射着 MP40 的巨大影响。

美国第一种制式冲锋枪

汤姆森冲锋枪出现于 1918 年，是美国的第一种冲锋枪。研制者是美国自动武器公司的设计师 O.V. 佩思和 T.H. 埃克霍夫。汤姆森是美国陆军的一位将军，当时任军械局局长兼该公司发展部主任。冲锋枪这个名称，就是他最早根据未来战争需要一种介于手枪和步枪之间的自动武器创造出来的，并被世人所接受，他对自动武器的发展作出

图 191　美国汤姆森 M1921 式 11.43 毫米冲锋枪

了重要贡献，于 1940 年 6 月去世，这种枪便以 J.T. 汤姆森将军的姓氏命名。早期型号主要有 M1921，后有改进型 M1928A1 等。

20 世纪二三十年代，汤姆森冲锋枪一直默默无闻，1938 年获得美国陆军认可，但装备不足 400 支。第二次世界大战暴发后，汤姆森冲锋枪突然红火起来，大批国外订货单飞往美国。不久，美国扩大装甲部队，乘员急需配备一种火力猛、尺寸小的自动武器，"汤姆森"成了抢手货。根据使用中发现的问题，对汤姆森 M1928 冲锋枪作了重大改进，采用结构简单的自由枪机，先后推出 M1 和 M1A1 型，二者在战争期间共生产了 140 万支，成为世界上有影响的著名冲锋枪之一。其缺点是稍嫌笨重，成本昂贵，于 1943 年停产。

汤姆森 M1 式冲锋枪战术技术诸元：口径 11.43 毫米，全枪长 811 毫米，空枪重 4.78 千克，发射 11.43 毫米柯尔特手枪弹，20 发或 30 发弹匣供弹，可单、连发射击。弹头初速 282 米／秒，理论射速 700 发／分，有效射程 200 米。

M3 冲锋枪走物美价廉之路

珍珠港事件之后，美国转入全面战争状态，对枪械的需求量非常大，M1、M1A1 汤姆森冲锋枪性能优良，很少出故障，但由于该型枪使用上等钢材等材料，加工也比较复杂，导致价格昂贵，每支约 235 美元，军方难以大量采购。美国兵工总署轻武器发展处提出要研制一种更加轻便、成本低廉、加工简单的新型冲锋枪。斯图德勒上校具体负责这项工作。上校精心挑选最佳的设计师，把他熟识的乔治·海德和弗雷德克·沙姆逊两人结合在一起。海德是一位枪械设计师，对冲锋枪研究造诣颇深；沙姆逊是通用电气公司的总工程师，擅长加工工艺。

图 192 美国 11.43 毫米 M3A1 式冲锋枪

1942 年冬天，海德、沙姆逊通力合作的 T20 型冲锋枪问世，不久即被送到阿伯丁试验场进行全面试验，同时参试的有十余种国内国外的冲锋枪。试验结果表明，T20 的威力、可靠性、寿命等诸项性能，都处于领先地位。美陆军部正式决定将其定为制式武器，命名为 M3 冲锋枪，此后又有改进型 M3A1。

M3 系列冲锋枪采用自由枪机式，结构简单，射击稳定，枪口几乎不跳。缺点是没有保险机构，没有快慢机，只能连发，单发射击靠射手控制。特别重要的是，该枪在生产工艺上有重大突破，体现了美国轻武器方面的一个崭新概念：广泛采用冲压件，以利于实施流水线生产；在整个结构中，不使用稀有金属，大幅度降低成本。生产一支 M3A1，只需 22 美元。1945 年，M3、M3A1 全面取代汤姆森冲锋枪，作为美军制式武器，一直使用到 80 年代，在美国轻武器发展史上占有重要地位。

生产量巨大的苏联冲锋枪

第二次世界大战中，苏联是生产、使用冲锋枪数量最多的国家。主要型号有著名轻武器设计师乔治·斯帕金（Shpagin）设计的 PPSh-41——"波波沙"式冲锋枪，以及器械工程师阿列克赛·苏达列夫（Sudarev）设计的 PPS-43——"波波斯"式冲锋枪。

PPSh-41 于 1941 年开始装备苏军，生产总量达 500 万支。大部分零件用厚钢板冲压而成，各零部件之间的连接方式是铆、焊、销等，便于大批量生产。中国于 1950 年仿制该枪，称 50 式冲锋枪，在朝鲜战争中装备志愿军，俗称转盘冲锋枪。

PPSh-41 战术技术诸元：全枪长 828 毫米，枪管长 265 毫米，枪重 5.4 千克，35 发弹匣或 71 发弹鼓供弹，发射 7.62 毫米手枪弹，可单、连发射击，弹头初速 48 米/秒，理论射速 900 发/分，标尺射程 50~500 米。自动方式：自由枪机式。

采用折叠式枪托的 PPS-43，是 PPS-42 的改进型，更加灵巧，1943 年装备苏军，到战争结束时生产了约 100 万支。

在卫国战争中，苏军的每个步兵连都编有一个冲锋枪排，特种兵也大都装备冲锋枪。为夺取战争的胜利，苏军创造了一个令敌人胆战心惊的战术：全部装备冲锋枪的部队，以人海战术蜂拥冲向德军阵地而不计伤亡。这些冲锋枪手视死如归，勇猛无比。他们常搭乘在坦克上，一只手抓住炮塔上

图 193　PPSh-41 式 7.62 毫米冲锋枪及弹鼓特写

图 194　PPS-43 式 7.62 毫米冲锋枪

的把手，一只手紧握冲锋枪，随时准备为坦克扫清"障碍"。他们肩上都有一个不小的背囊，装着备用弹匣。遇有敌情时，士兵们从坦克上跳下，用冲锋枪的猛烈火力肃清敌人。完成战斗任务后，他们又像燕子似的飞奔登上行驶的坦克。坦克为步兵开辟道路，这些灵活机动、英勇无畏的冲锋枪手也是坦克最可靠的保护神，为反法西斯战争的胜利作出了巨大的牺牲。

纳百家之长的乌齐冲锋枪

如果有人要问："现代冲锋枪中，哪一种经受的战火考验最多？哪一种最适用、最可靠？"相当多的轻武器专家会回答："以色列乌齐冲锋枪。"

这种当今世界负有盛名的冲锋枪于 20 世纪 40 年代末开始研制，设计者是一位名不见经传的年轻人——乌齐·加尔。当时，他是以色列陆军的中尉，潜心研究了流行于世的各种冲锋枪，特别是捷克人霍列克设计的 Vz23 系列，决心纳百家之长，研制一种适合中东地区作战环境的冲锋枪。功夫不负苦心人，经过几年的努力，乌齐·加尔终于研制成功一种出类拔萃的冲锋枪。军方对该枪试验评审以后，大为赞赏，当即投入批量生产，命名为乌齐(Uzi)冲锋枪，装备以色列军队。

乌齐冲锋枪问世后，经受了多次中东战争的考验，优异的战斗性能使其名声大震。如今，"乌齐"的身影遍布全球，美国、英国、比利时、委内瑞拉等 20 多个国家的军队、警察和特种部队采用了它。德国人在冲锋枪研制上成就卓著，但他们认为乌齐冲锋枪无可挑剔。德军曾将该枪定为制式武器，在德国的生产型号称 MP2 冲锋枪。

乌齐冲锋枪在设计上吸取了其它冲锋枪的长处，又有许多创新。例如，"乌齐"借鉴捷克 Vz23 的结构布局，巧妙地将弹匣与握把合一，还设计了一个基本上包裹枪管的套入式枪机，使得全枪结构紧凑，外形较小。由于枪的重心处于握把上方，射手能够实施单手射击，另一只手可腾出来进行投弹、攀爬等。

根据中东多沙漠的环境条件，"乌齐"的机匣两侧冲压有加强筋，呈凹槽状，不仅能提高强度，还可以容纳沙粒等污物，保证武器在风沙、泥水等恶劣环境下不出故障。"乌齐"设有三道保险机构，安全性极佳。一是快慢机手动保险，上有 A(连发)、R(单发)、S(保险)三个位置，快慢机平时置于 S 处，只有移至 A、R 处时才能射击；二是握把保险，只有当手握握把压下握把背部的保险钮，才能解脱保险，可预防武器跌落时走火；三是拉机柄保险，在机槽内有一个棘齿保险机，只有当机柄后退到位才能解脱，可防止枪机向后待击过程中出现滑脱走火。

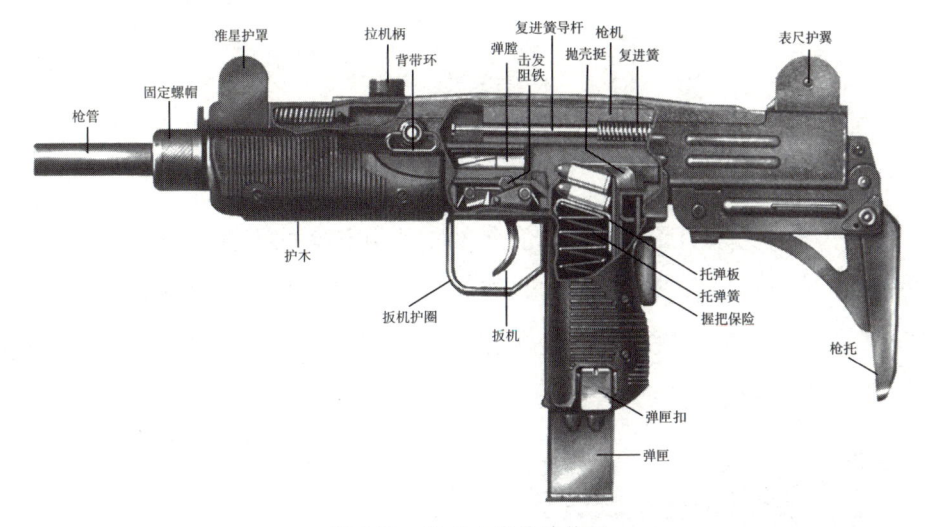

图 195　乌齐冲锋枪结构图

乌齐冲锋枪战术技术诸元(标准型)：口径 9 毫米，枪长 470/650 毫米(托缩/托伸)，枪管长 260 毫米，枪重 3.7 千克(带实弹匣)，25 发或 32 发、40 发弹匣供弹，发射 9 毫米巴拉贝鲁姆手枪弹，可单、连发射击，弹头初速 400 米/秒，理论射速 600 发/分，有效射程 200 米。自动方式：自由枪机式。

为了满足不同战术环境需求，"乌齐"陆续推出了多种变型枪，形成了乌齐冲锋枪系列。1982 年问世的小型"乌齐"，基本结构与标准型"乌齐"一样，更加轻便，被著名的"摩萨德"特工选用。1986 年又推出称为"迷你"微型冲锋枪，外形比手枪稍大些，空枪重 2.0 千克。乌齐冲锋枪采用现代最新技术，不断进行改进，新生产的"乌齐"配有激光瞄准具和用于特种作战的消音器等。

非同凡响的乌齐冲锋枪备受好莱坞电影的青睐。电影中许多单手持枪疯狂扫射的场面，枪手手持的大都是"乌齐"。在《黑客帝国 II》中，女主角崔妮蒂一边坠落一边用"乌齐"狂扫反派特工史密斯的镜头,让影迷对"乌齐"留下深刻印象。

乌齐·加尔在军队曾晋升到中校,后退役,建立了自己的武器公司。除冲锋枪外,他还研制了性能优良的手枪、卡宾枪等武器,赢得了世界级枪械设计大师的声誉。他和美国的斯通纳、俄罗斯的卡拉什尼科夫,被世人并称为当代枪坛"三巨头"。

特种部队钟爱的 MP5、MP7

1965 年,德国 HK 公司以著名的 G3 自动步枪为基础,研制成功一种样式新颖的冲锋枪,起初称 HK54 冲锋枪,1966 年首先被德国公安部队和边防警察采用,定名为 MP5 冲锋枪,随后出口到世界数十个国家,发展成为世界上威名显赫的冲锋枪系列。

在投入使用的 30 多年中,经过多次改进,根据不同的需求,MP5 形成了三个系列:一是 MP5A 系列,为基本型;二是 MP5SD 微声冲锋枪系列;三是 MP5K 超短型系列,没有枪托,却装了一个前握把,枪身大大缩短。MP5 系列冲锋枪以火力迅猛和精确度高而闻名于世,成为反

图 196 约旦军队赠送迟浩田的 MP5KA1 式微型冲锋枪,军博礼品馆陈列

恐部队尤其是营救人质小组的首选武器,被世上大多数的特种部队采用。

1980 年 5 月,英国空降特勤队(SAS)奉命解救伊朗驻伦敦大使馆里被恐怖分子扣押的 26 名外交官人质。几十名 SAS 队员借助昏暗的夜光,携带 MP5 冲锋枪发起了突袭。在 MP5 强大火力压制下,恐怖分子根本无法招架。11 分钟后,5/6 恐怖分子被射杀,MP5 的射击精度和可靠性再次得到验证。

MP5A3 冲锋枪战术技术诸元:口径 9 毫米,枪长 660/490 毫米(托伸/托折),枪管长 225 毫米,空枪重 2.55 千克,15 发或 30 发弹匣供弹,发射

9毫米巴拉贝鲁姆手枪弹，可单、连发和点射射击，弹头初速400米/秒，理论射速800发/分，有效射程200米。

1996年，中央军委副主席、国防部长迟浩田上将访问约旦，约旦军队领导人赠送一支MP5KA1冲锋枪作为礼品。该枪属超短型系列，枪长325毫米，枪重2千克。

在2003年的伊拉克战争中，德国HK公司为美军提供的一种新型冲锋枪MP7，既能单手握持射击，火力又猛，受到高度评价，誉之为近战利器。该枪已经装备德国国防军司令部、宪兵部队、特种部队，并出口到17个国家。曾被用于在阿富汗、科索沃和波黑的维和行动。此外，MP7已被确定为德国"未来步兵"计划中的武器装备之一，作为班、排长的主要随身武器和重武器操作者的辅助武器。

MP7冲锋枪设计上有很多独到、创新之处。如完善的两面操作结构，快慢机、弹匣解脱钮、枪机解脱钮、拉机柄等，均可左右手操作。机匣上配有北约制式皮卡蒂尼导轨，可安装各种光学和夜视瞄准镜以及战术灯、激光瞄具和其他辅助瞄具。枪机解脱钮位于扳机护圈的上方，在射击完毕、枪机开锁后，射手可以保持据枪姿势不动，借助弹匣解脱钮将空弹匣从下面拔出，装上满弹匣，按动枪机解脱钮，枪又立即处于待击状态。这就节省了士兵战斗中装弹的时间，在近战中有着生死价值。

枪管采用冷锻和镀铬技术，试验时连续发射15000发枪弹也未出现严重的精度问题和机件损坏，在100米距离上仍精确命中了靶板头部。机匣由玻璃纤维增强的高强度聚合物做成，除了闭锁突起以外，只浇注有三个金属件以增强机匣的牢固性。

换上消声器，即为微声型MP7，特别适合在隐蔽环境下使用，在150米距离上能有效杀伤有防护的人体目标。现在，美国海军陆战队正在为其直升机乘员试验微声型MP7。他们设想让直升机乘员将MP7挂在大腿部的枪套里，而将消声器单独放在防弹背心里。乘员在敌占区紧急降落时，能迅速插上消声器，如果敌人靠得很近，乘员可以在离开直升机时直接与之交火。

为适应各种的作战环境，MP7配备有多种背带、携行具和枪套。包括能快速解开的普通背带、供车辆乘员和仪器操作人员使用的胸挎背具、单肩背枪套、为隐蔽携行设计的快速抽拉携行系统、挂在大腿部位的枪套等。

MP7 采用 4.6 毫米 ×30 毫米枪弹，根据不同用途有多个品种。如战斗钢心弹能在 200 米距离上穿透北约标准的 CRISAT 防弹织物；警用弹是为国内使用而研制的变型弹头，在危险的小环境中能立即释放能量；亚音速弹用于微声冲锋枪，能保全武器在单、连发射击时的所有功能。

MP7 冲锋枪战术技术诸元：空枪重 1.6 千克，全枪长 340/540 毫米，（托折/托伸），枪管长 180 毫米。自由枪机式（短活塞）自动方式，机头回转闭锁，弹匣容量 20 发或 40 发，可单、连发射击。

图 197　德国 MP7 冲锋枪

中国冲锋枪由仿制到创新

近半个世纪以来，中国冲锋枪走的是仿制、自研和创新的发展之路。20 世纪 50 年代，曾仿制苏联型号，制造出 50 式、54 式冲锋枪。50 年代后期开始自行研制，成功的产品有 64 式和 85 式微声冲锋枪，79 式和 85 式轻型冲锋枪。

1964 年设计定型的 64 式微声冲锋枪，主要用于侦察兵、伞兵和其他执行特殊任务的人员。1985 年设计定型的 85 式微声冲锋枪是 64 式的简化型，采用了 85 式冲锋枪的部分结构和先进技术。此枪的主要优点是可发射 51 式和 64 式手枪弹，发射 64 式手枪弹消声效果最好，噪声可减少到 80dB。

70 年代后期，国际上出现了一批性能优良的新一代冲锋枪。1979 年，中国新一代冲锋枪也投入研制，由 208 所和 9616 厂共同承担，2 月 8 日成立了由 5 人组成的"轻型冲锋枪二代"项目研制小组。

采用什么样的自动方式为好？项目组

图 198　中国制造的第一种冲锋枪——7.62 毫米 50 式冲锋枪

图 199　中国 7.62 毫米 64 式微声冲锋枪

进行了多方案论证，提出了三种导气式方案（导气室分别为静力式、截流膨胀式、间隙开锁式）和四种自由枪机式方案（半机匣盖式、惯性撞击自由击式、自由枪机式直动击锤、自由枪机式圆筒机匣）。经过初步论证，决定选择以自由枪机式直动击锤为主、自由枪机式圆筒机匣为辅两个方案，随后转入工程设计。

1982年3月，依照两个方案，分别制造了5支实枪进行对比试验。在大数量的实弹射击中，采用自由枪机式直动击锤方案的冲锋枪，卡壳卡弹故障较多，还出现零件破损等问题。采用自由枪机式圆筒机匣方案的冲锋枪各项性能指标总体领先，被最终选定。

接着，项目组对选定方案进行一系列的优化设计。机匣、枪托采用无缝钢管，枪机、结套、尾铁等主要零件均采用圆柱回转体。工艺上采用冲压、焊接、精密铸件等多种工艺，不仅使枪的结构简单，而且成本低廉。

针对自由枪机式自动原理的枪械容易走火的问题，研制者专门设计了一种拉机柄保险。射手用左手握枪，右手只要对复进到位的拉机柄做一个压转90度的动作，即可将枪机牢固地锁在机匣上，任凭摔打滚爬绝不会走火。

弹匣的设计也独具匠心。它通过弹匣内腔前/后尺寸和供弹路线等关键部位的优化设计，可适用多种枪弹——弹长相差2毫米的51式手枪弹和64式微声手枪弹，以及弹头形状分别为平头（51式改进弹）、尖头（64式微声手枪弹）、圆头（51式钢珠改进弹）和卵形（51式手枪弹）的枪弹。

图200　2009年国庆阅兵的女民兵分队，手持的为85式轻型冲锋枪

1985年8月，85式轻型冲锋枪在国家靶场完成了全部设计定型试验任务，创造了当时最短的研制周期——1982年1月6日至1985年8月30日。同年12月27日批准定型，并命名为1985年式7.62毫米轻型冲锋枪。

85式轻型冲锋枪战术技术诸元：口径7.62毫米，枪长628毫米／444毫米（托伸／托折），空枪重1.9千克，30发弧形弹匣供弹，瞄具为片状准星，觇孔照门翻转式表尺。弹头初速500米／秒，理论射速780发／分，有效射程200米。

2005年，中国轻武器研制人员经过多年努力，设计定型了一种具有世界先进水平的小口径冲锋枪——05式5.8毫米微声冲锋枪。该枪主要装备侦察、特战等分队，可杀伤150米内有防护的有生目标和200米内无防护的有生目标。它在设计上颇富创新性，如采用无托和枪机包络枪管结构，有效地缩短了全枪长度，保证了全枪重心接近握把，便于单手操作；运动件靠近枪管轴心，有效地减少了枪管上跳，连发射击时振动小、精度高；大量采用工程塑料和铝合金，外形美观，防腐性好，分解结合不需专用工具。该枪采用双重保险机构，除发射机具有保险功能外，还设有握把保险，可有效地避免意外走火。该枪配有白光和微光瞄准具和激光指示器，巷战、夜战能力强。近战时，用激光指示器概略瞄准即可射击。具有良好的"三微"（微声、微焰、微烟）性能，取下消声器后，即是一支性能优良的轻型冲锋枪。

图201 中国5.8毫米05式微声冲锋枪

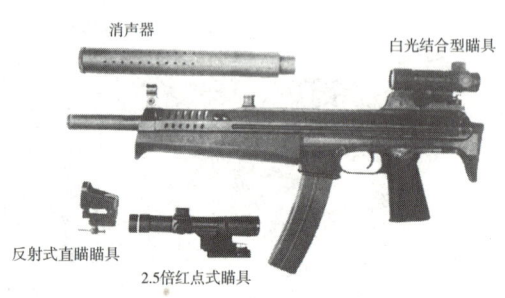

图202 05式微声冲锋枪分解图

火炮技术

火炮发展概述

炮与枪都是以火药为能源发射弹丸的身管射击武器，口径 20 毫米以上的称为炮。炮、枪同源于中国发明的火铳，单兵手持发射的小型火铳发展为枪，安于架上发射的大型火铳发展为炮。世界上现存最古老的有铭文火炮，当属 1987 年在元上都开平遗址附近发现的元大德二年（1298 年）铜火铳，口径 92 毫米，全长 34.7 厘米，重 6210 千克，现存内蒙古蒙元博物馆，构造形状与国家博物馆收藏的元至顺三年（1332 年）铜火铳相似，但铭文显示的时间要早 34 年。中国火药火器技术西传后，欧洲 15 世纪出现了带炮耳的铁制火炮，可使炮管俯仰。17 世纪，G. 伽利略、牛顿等科学家创立的弹道学理论（弹丸从发射开始到终点的运动规律及伴随发生的有关现象的科学），推动了火炮的发展。

19 世纪中期以前的火炮，普遍都是前装滑膛炮，起初发射球形实心弹，后改进为球形爆炸弹、霰（xian）弹、榴霰弹。1846 年，意大利 G. 卡瓦利少校研制成功后装线膛炮，发射锥头柱体长形爆炸弹，射程达 5103 米，方向偏差仅 4.77 米。线膛的采用是火炮结构上的一次重大变革，后装线膛炮的出现标志着近代火炮的诞生。

反后坐装置的发明和弹性炮架火炮的创制，是火炮技术的又一次飞跃。19 世纪末期，法国人研制成功一种利用火药气体使炮身复位的反后坐装置——驻退机和复进机，与炮架通过这种装置相连接，被称为弹性炮架。此前的火炮都是刚性炮架——炮身通过耳轴与炮架相连接，火炮发射时炮架受力大，整炮后座，产生较大位移，再次发射重新瞄准费时费力。弹性炮架解决了这个难题，使火炮结构趋于完善，射速等战斗性能显著提高。

火炮在战争中日益显示出巨大的威力，人们根据战争需求设计和制造出性能各异的专用火炮，有压制火炮榴弹炮、加农炮、迫击炮、火箭炮，有对付空中目标的高射炮，有对付坦克的反坦克炮，有配置在不同作战平台上的舰炮、航炮、坦克炮等。在两次世界大战前后的几十年里，火炮技术突飞猛进，发挥了巨大作用,被誉为"战争之神"。

20 世纪 70 年代以来,在高新科技的推动下,火炮技术的新发展主要表现在:①射程增大。主要采用高能发射药、加长身管、增大膛压以及发展底凹弹、底部排气弹、火箭增程弹等新弹种。现代各级炮兵武器的射程,比第二次世界大战期间普遍提高一倍以上。②射速提高。主要措施是实现火炮操作自动化和机械化。40 毫米高射炮射速达到 330 发/分,第二次世界大战前为 120 发/分。③弹丸威力增强。新发展的子母弹、自锻破片弹、预制破片弹、尾翼稳定超速脱壳穿甲弹、末段制导炮弹等,极大地提高了火炮对付不同目标的威力。④弹药品种多样化,一炮多用。⑤具有良好的机动性。自行火炮和牵引火炮并举,新式牵引火炮配有辅助推进装置,不用牵引车也能短距离自行。⑥射击指挥自动化,快速反应能力提高。装备以计算机为中心,包括激光测距机、侦察雷达、初速测定雷达、气象探测器等辅助器材的先进射击指挥系统,现代炮兵武器已经发展成为能够迅速搜索发现目标、精确计算射击诸元、及时召唤火力和进行射击的综合作战系统。

图 203 参加 2009 年国庆阅兵的自行榴弹炮方队

火炮始祖

火炮是以火药为能源发射弹丸，口径在 20 毫米以上的金属射击武器。中国是火炮的故乡，继公元 10 世纪将发明的火药用于军事后，13 世纪中期出现了竹制管形射击火器突火枪，随后不久便研制出金属制造的管形射击火器——火铳。内蒙古蒙元博物馆收藏的元大德二年（1298 年）铜火铳、国家博物馆收藏的元至顺三年（1332 年）铜铳，是现存于世的最古老、有确切制造时间的大口径火铳，被称为"火炮始祖"。它们口部形似酒盏，被称为盏口铳或盏口炮。

这门铳身上刻有"至顺三年二月吉日，绥边讨寇军，第三百号马山"等铭文。

图 204　火炮始祖——元至顺三年铜火铳

绥边讨寇军是使用者，马山是制造者。从编号可断定，此前同类炮已经大量制造和使用了。结构分前膛、药室和尾銎三个部分。尾銎两侧各有一个方孔，用铁栓穿过方孔，固定在木架上，起连接固定和耳轴的作用。发射时，可以根据目标的远近，在铳下加垫木块，调整角度。该铳铳口呈碗形，口径较大，形体短粗，碗形铳口中可放一大弹，是当时的重型火器。此铳解放前存于北京西南郊的云居寺，被一位文物爱好者收藏，解放后归首都博物馆，后又转到中国历史博物馆。铳口直径 105 毫米，尾部口径 77 毫米，全重 6.94 千克，全长 35.3 厘米。早期的金属管型射击火器，还没有枪和炮的区别，制造也没有一定的制式和标准，为了增大威力便造得大一些，为了使用轻便就造得小一些。通常将可单兵手持操作的小铳称为手铳，需安在架上发射的大铳称为火铳，它们后来分别发展为枪和炮。

明朝初年，中国火炮技术有了长足发展。朝廷设立专门机构，专司火器研制，朱元璋亲下诏书，把一些大型火铳封为"大将军"、"二将军"、"夺门将军"等。据洪武二十五年资料，明军装备各型火铳达 18 万支。永乐年间，迁都北京的明成祖朱棣在京军中创建了以火炮、火枪为主装备的神机营，作为朝廷的战略机动部队。神机营下辖中军、左掖、右掖、左哨、右哨5个军，将士3万余人，最多时7.5万余人，曾多次随皇帝出征。永乐十二年，朱棣率50万大军亲征漠北，与时常袭扰明边疆的蒙古军骑兵在忽兰忽失温（今蒙古乌兰巴托南）对阵。明军神机营火铳分成几列，轮番齐射，毙杀敌骑兵数百，明步兵乘敌混乱溃退之机攻击，大胜。在战争实践中，明军首创火炮齐射以及炮兵与步骑兵协同作战新战术。朱棣曾对此作了总结：布阵时"神机铳居前，马队居后"，"首以铳摧其锋，继以骑冲其坚，敌不足畏也。"神机营的建立和使用，标志着炮兵开始成为军队中的一个重要兵种。

图205 洪武十年铁炮

军博收藏的一门洪武十年（1377年）铁炮，口径210毫米，炮身长1米，是迄今发现的最早的带有炮耳的大型铁炮，炮耳可用于调整火炮的射击角度，在当时世界上首屈一指。

靠火炮称雄欧洲的瑞典军队

17世纪的欧洲，在科学革命和工业进步的推动下，火炮技术有了突飞猛进的发展。

——伟大的科学家伽利略和牛顿相继创立弹道抛物线和空气阻力理论，对火炮的设计和使用产生了巨大影响；

——在英国、法国、西班牙、葡萄牙、瑞典等国，一个个大型兵工厂拔地而起，不断制造大量的新型枪炮；

——优质粒状火药代替了粉状黑火药，使燃速、威力提高了约2倍；

——炮手们开始使用射表和测量射角的仪器，靠目力沿着管轴线方向进

火炮技术

行瞄准射击的方法被淘汰，火炮射击精度大幅度提高。

时势造英雄。火炮技术的飞跃，呼唤着将其运用于战争、创立一番宏伟大业的军事统帅。历史的重任落在了北欧一位年轻的国王肩上。公元1611年，古斯塔夫·阿道夫登上瑞典王位，他早年学习过军事，曾博览经典军事著作，通晓炮术、马术和各种军事技术。古斯塔夫即位不久，便显示出是一位能力非凡的统治者，是一位有治国之才和将帅之才的君主。他抓的第一件大事就是重整军队，从军事组织体制、武器装备、战术等方面进行全面革新，决心把瑞典陆军建成欧洲最强大的军队。古斯塔夫认为，现在的各种武器中，最具威慑力的是火炮，但由于火炮在制造和使用中尚存在不少问题，其威力还远远没有发挥出来。

古斯塔夫把炮兵改革作为军事改革的重点，他首先致力于火炮的标准化。针对火炮种类繁多，致使炮弹供应困难的情况，下令将瑞典火炮口径简化为三种，只发射24磅、12磅和3磅炮弹。他认为炮兵的机动性至关重要，下令取消了发射48磅炮弹的火炮。过去，火炮通常须在战斗前预先占领阵地，在整个交战过程中都固定在阵地上无法移动。古斯塔夫创造性地把火炮区分为攻城炮、野战炮和团属炮，具有不同的机动能力，都能随部队行动。特别是"团属炮"，结实牢靠，轻便灵活，火炮全长4英尺，连同炮架重625磅。它专门发射3磅炮弹，这是一种新研制的整装式炮弹，发射速率远高于其他火炮。古斯塔夫为每个步兵团都配备了两门团属炮，后扩至营，使瑞典军队的作战火力占有很大优势，步兵对这种"随伴炮"特别欢迎。野战炮的机动性也较好，只需三个人操作。

图206　古斯塔夫国王亲自操炮

在古斯塔夫掌管军队之前，火炮在瑞典被视为专业性很强的技术装备。掌握火炮操作技术的不是士兵，而是由军队雇佣的炮匠。炮匠们组成一个特殊的行业，招收学徒，传授操炮技术，并宣誓不泄露本行的秘密。这些人员大都自由散漫，目无军纪。古斯塔夫决心彻底改变这种状况，建立正规化的炮兵编制体制。1623 年，他组建了一个炮兵连，六年后扩建为炮兵团。这是世界上第一个正规的炮兵团，由古斯塔夫手下最优秀的炮手、27 岁的伦纳特·托斯坦森担任指挥官。这个团共 6 个连，其中 4 个连为炮连，还有一个工兵连和一个负责使用专门爆炸装置的连队。这样，炮兵首次成为瑞典军队中一个正规的兵种。与同时代的别国炮兵相比，古斯塔夫的炮兵装备精良，训练有素，战斗力卓然超群。

古斯塔夫经常告诫手下的各级军官：没有严格的训练和良好的纪律，新的军事编制和改良后的兵器就不可能发挥作用。炮兵团指挥官托斯坦森对炮手们进行十分严格的训练，除操炮训练外，还经常练习齐步行进，进行机动演习，不给部队一点空闲。古斯塔夫的士兵不仅以纪律严明、举止端庄闻名，而且在军事技能上高人一筹，每个瑞典炮手的操炮、装填技术都极其娴熟，火炮射速比同期的滑膛枪快 1/3 左右。

古斯塔夫统帅的瑞典军队成了欧洲第一流的军队。他率军先后打败了俄国和波兰，占领了波罗的海沿岸全部港口和大片土地，波罗的海成了瑞典的内湖。

为争霸欧洲，古斯塔夫又率大军征战德国。1631 年 7 月 22 日，瑞军 1.6 万人与德军 2.3 万人在韦尔本展开会战。瑞典炮兵大显神威，以猛烈炮火击溃了兵力占优势的德军。随后，瑞典军队乘胜追击，大胜。相继攻占了德国北部、中部和南部许多地区。

在欧洲平原的开阔战场上，以长矛为主要武器的方阵曾称雄数百年。17 世纪 30 年代，西班牙陆军仍采用方阵战术。但在强大的瑞典炮兵火力攻击下，长矛方阵失去了往日的辉煌，冷兵器终于被淘汰。在 1631 年的布莱登弗尔德会战中，古斯塔夫一方面派出步兵骑兵袭击西班牙笨重而不能机动的火炮，一方面命令野战炮发射"榴霰弹"，以密集火力猛烈轰击西班牙方阵，破坏了其战斗队形，西班牙军惨败。

17 世纪 20~30 年代，瑞典军队南征北战，所向无敌。古斯塔夫是第一位将炮兵卓有成效地运用于陆战场的军事统帅，他被誉为"近代战争之父"、"欧洲第一位野战炮兵专家"。古斯塔夫雄心勃勃，试图建立一个瑞典帝国。

但是，在征讨德国的吕岭会战即将结束时，一颗流弹击中了他的头部，一代军事天骄坠马身亡，年仅 38 岁。

古斯塔夫的赫赫战功早已烟消云散，瑞典依然是北欧的一个中等国家。然而，古斯塔夫的军事改革，特别是炮兵武器、编制、战术的改革，却对世界炮兵的发展和欧洲战争产生了深远的影响。"我们曾有一个所向无敌的北欧炮队！"瑞典人在回首历史时，也会为此自豪。

善于用炮的拿破仑

继瑞典之后，法国陆军成为欧洲首屈一指的劲旅，这与法国国王路易十四重视发展炮兵密切相关。路易十四组建了法国第一个炮兵团，并首设炮兵军官军衔。1675 年，他下令创办了世界上第一所炮兵学校，使炮兵军官的训练走上正规化，并对法国军事力量的发展、军事人才的成长产生了深远影响。

大约过了 100 年，法国的炮兵学校培育出一个"伟大的军事家"（恩格斯语），一个叱咤风云的军事天才——拿破仑·波拿巴。1785 年，16 岁的拿破仑毕业于巴黎军校炮兵专业，被授予炮兵少尉军衔，随后赴"拉费尔炮兵团"服役。

当时，法国的炮兵刚刚经历一场重大改革，主持者是著名的法国炮兵总监格里博沃尔（1715~1789 年）。他创建了一种杰出的野战炮兵体制，将步兵、骑兵、炮兵统编为能够独立协同作战的师。法国的火炮具备了很强的机动性，炮车架装上了铁制轴杆和结实的大直径车轮，可以在崎岖不平的山地行进。"拉费尔炮兵团"的实践，对拿破仑的军事生涯产生了重大影响。在那里，他从炮兵最基础的操作、指挥干起，掌握了关于打仗的基本知识。英国传记作家《拿破仑一世》的作者约翰·霍兰·罗斯指出：正是在炮兵少尉的岗位上，拿破仑学会了最困难而最有用的功课——立刻服从命令，完成了对征战艺术和统治艺术的见习工作。作家还将拿破仑与许多出身贵族的将领作了对比，指出：他们由于缺少这一课，虽然初期看来很有前途，但很快就以不幸的结局而结束了军人的生涯。

军事科技史话 ●古兵·枪械·火炮

　　拿破仑十分热爱他的职业，废寝忘食地博览群书。19岁时，他写了一篇关于弹道学的论文《论炮弹的发射》。炮兵团的军官们都承认拿破仑具有卓越的才能。五年以后，已晋升为炮兵上尉的拿破仑指挥了一次重要战斗，一举成名。

　　那是1793年，法国处于大革命时期，赞成革命的拿破仑站到了雅各宾派一边。7月，不甘心失败的保王党势力在法国南部一些地区策动叛乱，占领了重要港口城市土伦，新成立的共和国政府派部队前往镇压。正当两军对垒、形势严峻之际，拿破仑来到了驻在土伦附近的法国共和国派的部队中。这个部队有8000余人，但指挥官卡尔托过去是个画家，未受过严格的军事训练，对所属部队中的火炮射程有多远也一无所知。而该部队的炮兵指挥官多马尔坦又因伤致残，不多的几门火炮由一名军曹一筹莫展地看着，不知如何使用。拿破仑的到来被视为"天赐神助"，他被任命为炮兵指挥官。

　　对拿破仑来说，这真是天赐良机，他终于有了施展才华和抱负的机会。他上任后没几天，便把散放各处的16门加农炮、臼炮集中在一起，并亲自训练炮手，很快形成了战斗力。在围攻土伦的战斗中，拿破仑向指挥官提出了关于配置炮兵以及各兵种协同的方案，被采纳。他指挥的炮群发挥了关键作用。拿破仑率领士兵占领了一个能发挥火炮效能的高地，并在高地上迅速筑起炮台。他避开敌人坚固的城防，集中火力连续两天轰击城郊高地小直布罗陀炮台，夺取了土伦战场制高点。之后，拿破仑又指挥炮群轰击土伦港内支持保王党的英国军舰，断其退路，英舰不得不起锚逃离。法军趁机发起全面进攻，终于攻占了土伦城。

　　土伦战役的胜利，沉重打击了法国保王党势力，也使拿破仑名声大震，第一次显示了其卓越的指挥才能。特别是他对于配置、指挥炮兵，部署包围和组织火力方面发挥的重大作用，受到上下级军官们的一致称赞。还有一个偶然的因素，对拿破仑的前程尤为重要：雅各宾派著名领导人罗伯斯庇尔的弟弟小罗伯斯庇尔，正好也在围攻土伦的部队中，他亲眼看到了拿破仑对战役所起的作用，并向巴黎作了详细报告。

　　拿破仑的战功震动了巴黎，被破格提升为炮兵准将，这年他才满24岁。

　　1796年3月，刚与约瑟芬举行婚礼不久的拿破仑就任法军意大利兵团司令。在独当一面的意大利战场，他歼灭了奥军的精锐部队，迫使持续了四年之久的反法联盟自行解体。拿破仑率部凯旋巴黎时，他的名字已经威震全欧

火炮技术

洲。1799年，经全国公民投票，拿破仑当选为法兰西共和国第一执政，并兼任武装部队总司令。不久，他自封为拿破仑一世皇帝。他率领强大的法国军队，同欧洲反法同盟数量占优势的兵力，进行了十几年的战争。

由于拿破仑是一个受过良好训练的炮兵专家，他在战场上很重视发挥炮兵的作用。他最喜欢用的战术之一，是大规模的炮队作战。在各次战役中，不论是进攻还是防御，拿破仑都灵活、巧妙地运用了炮兵，把炮兵作为最主要的作战工具。每个步兵师由2~3个步兵旅和一个炮兵旅组成，配有数十门野战炮、榴弹炮，后又组建了军属炮兵和炮兵预备队。炮兵预备队由拿破仑亲自掌握，以便在决定胜负的时刻和地区对敌实施打击。在1807年弗里德兰战役中，法军第6军穿越通向弗里德兰镇的开阔地时，突然遭到河对岸一个高地上俄军炮火的猛烈轰击，俄骑兵乘势进行反冲击。情况十分危急。在前线指挥作战的拿破仑察明敌情后，立即将预备队炮兵的36门大炮全部调上来，迅速压制住高地上的俄军炮兵，并将其火炮大部分摧毁，保证了战役的胜利。在1809年的瓦格拉姆之战中，拿破仑采用密集炮火的战法，将数百门大炮配置在正面，对奥军阵地进行长时间的猛烈轰击，摧毁了敌人的一段防线，为步兵、骑兵冲锋打开了缺口，主攻部队勇猛突进，取得了第四次法奥战争的胜利。

在很多人看来，拿破仑的巨大军事胜利都是由于他使用炮兵的结果。他自己也这样说过："今天，炮兵确实决定军队和人民的命运。"特别是在法兰西第一帝国的后期，由于战争的大量消耗，法军部队数量减少，质量降低，更加重视炮战。数据统计也显示，火炮在拿破仑作战中是起决定作用的武器，敌人约有1/2以上的伤亡是炮兵造成的。拿破仑使前滑膛炮的效能得到最大限度的发挥。

图207　拿破仑时期使用的火炮

从土伦到滑铁卢，从炮兵少尉到法国皇帝，拿破仑的一生极富传奇色彩，世人对他毁誉不一。但其卓越的军事才干和炮兵指挥艺术，却为各方所公认。拿破仑有句名言："有了善于用炮的人，炮兵才真正成为可怕的兵种。"

卡瓦利创制后装线膛炮

19世纪中期以前，各国军队装备的都是前装滑膛炮。身管较长的加农炮发射球形实心弹，身管较短的榴弹炮发射球形爆炸弹、榴霰弹，均从炮口装填弹药，火炮无炮闩。发射时，点燃药捻，火药燃烧产生的气压使弹丸从炮口飞出，每分钟一般只能发射1~2发，射程、射击精度均不理想。

拿破仑战争结束之后的欧洲，处于相对和平时期，工业革命所带来的广泛的科技变革，孕育着火炮技术的飞跃性进步。意大利陆军少校卡瓦利即是一个对新科技充满兴趣的军官。他从步枪改用长圆形子弹后威力大增受到启发，认为也应该将球形炮弹改变为长圆形。他的设想得到了上级的支持，很快造出样品。但在试射时，装药量增大的长圆形炮弹从光溜的炮管射出后，却有点像醉汉一样东倒西歪，射程也很近。

卡瓦利苦苦思索，难题多日未能解决。一天，他在街上散步，看到几个男孩在玩陀螺，不由得茅塞顿开：旋转，高速旋转中的稳定！

图208 上海江南制造局1898年仿制的后装线膛炮，军事博物馆收藏

注：1磅=0.4536千克

1846年，卡瓦利制成了世界上第一门后装螺旋线膛炮。炮管内有两条旋转的来福线，发射圆柱锥形空心弹。

这门后装线膛炮上，安装有卡瓦利首创的楔式炮闩。炮闩也称闭锁机，用来与炮尾配合闭锁炮膛，击发炮弹底火，抽抛发射后的药筒，是实现后膛装填炮弹的关键装置。

在空旷的靶场上，卡瓦利新研制的线膛炮与一门大小相近的旧式滑膛炮正在进行对比试验。

随着一声令下，一枚64磅重的炮弹从线膛炮炮管飞出，弹丸因高速旋转而飞行稳定，射程达5103米，方向偏差仅4.77米。接着是滑膛炮发射，炮弹射程仅2400米，方向偏差却达47米。人们欢呼着向卡瓦利表示祝贺。

又过了七八年，英国人阿姆斯特朗在卡瓦利成果的基础上，制成了更为完善的阿式后装线膛炮，投入批量生产。后装线膛炮的问世，是火炮发展史上影响深远的重大变革，它具有三大优点：炮尾装填炮弹，简化了装填过程，射速快；闭锁式炮闩使火药燃气不外泄，弹丸推力大，射程远；螺旋膛线使炮弹飞行稳定，命中率高。

制作精良的克虏伯钢炮

19世纪中期的德意志联邦，是一个大小邦林立、四分五裂的国家，34个邦国和四个自由市在内政、外交、军事上都是独立自主的。德国资本主义经济的发展，迫切需要国家的统一。当时，普鲁士和奥地利是德意志联邦中最大的两个邦国。1862年被任命为普鲁士首相兼外交大臣的俾斯麦，为实现在普鲁士领导下统一德国的大业，提出了著名的"铁血政策"。他颇有远见和魄力地指出，统一过程不仅面临欧洲列强尤其是法国的反对，也会遇到奥地利的阻拦，"德意志的未来不在于普鲁士的自由主义，而在于强权……不可避免地将通过异常严重斗争，一场只有通过铁和血才能解决的斗争来达到目的。"

由于政府的大力支持，普鲁士的军火工业迅速发展。在埃森地区，崛起

军事科技史话 ●古兵·枪械·火炮

了一个闻名于世的巨型兵工企业——克虏伯公司。1850 年时，该公司只有工人、职员 700 人，1870 年发展到 1.6 万人。公司老板克虏伯是俾斯麦政府"铁血政策"的积极拥护者。当政府的军事预算在议会通过遇到阻力时，他当即表示："如果普鲁士下院拒绝批准预算案，本公司保证提供 100 万~200 万塔勒的长期贷款，以供武器采购。"克虏伯还是一个颇有造诣的兵器技术专家。1864 年，他博采众家之长，并在造炮材料上作了大的改进，制成精良的钢质后装线膛炮。这种炮使用的钢材拉力强度大，是同期其他炮所用材料的 2~4 倍。此后，克虏伯又主持研制了多种口径的全钢后装线膛炮，简称克式炮，大量装备普鲁士军。这是当时世界上性能最佳的火炮。

1866 年 6 月，普奥战争在俾斯麦的策划下拉开了序幕。此时的普鲁士军，装备了以后装击发枪和后装线膛炮为代表的先进武器，在兵力总数和武器性能方面都优于奥地利军。战争仅进行了半个月，普军即赢得了决定性胜利。战后缔结的合约规定，奥地利退出德意志联邦，并向普鲁士偿付一大笔战争赔款。这样，奥地利便完全丧失了领导德意志统一的资格，俾斯麦的"铁血政策"取得了第一个巨大胜利，建立了以普鲁士为首的北德意志联邦——辖 22 个邦国和三个自由市，人口 3100 万。

俾斯麦"铁血政策"的下一个目标，是统一仍保持独立的西南部四个邦。但这四邦紧邻法国，而法国不希望有一个强大的德国，极力施加影响，不让四邦统一于德国。这样，普法之间就难免兵戎相见了。

此时的法国统治者是路易·波拿巴——拿破仑一世的侄子。法兰西第一帝国崩溃后，他曾长期流亡国外，1848 年回国后当选为共和国总统，不久便效法其叔父，发动军事政变后称帝，建立法兰西第二帝国，自封拿破仑三世皇帝。但是，他完全没有其叔父治国治军、统兵打仗的雄才大略，此时的法国军事实力也远不及正在崛起的强国普鲁士。1870 年 7 月普法战争爆发时，法军使用的重武器依然是前装滑膛炮和部分前装线膛炮，轻武器性能也逊于普军新装备的毛瑟步枪。

9 月 1 日，普法两军在色当会战。色当北距比利时边境只有 8 千米，西面和西南是一条大河（麦士河），十几万法军在普军夹击下，被挤压到纵深和正面仅三四千米的弧形地带。普军集中数百门远射程克虏伯大炮向法军猛烈轰击，而法军火炮射程近、威力小，根本无法与普军抗衡。法军曾组织数次突围，均遭普军火力严重杀伤，法军惨败。被围困在弹丸之地色当的拿破仑三世和麦克马洪元帅无可奈何，率39名将军和8万余名法军向普军投降。此战，法军共损失12.4万人，拿破仑三世也当了俘虏，导致了法兰西第二帝国崩溃。1871年1月，普鲁士国王威廉一世在凡尔赛宣告德意志帝国成立，并自立为皇帝。至此，德国的统一遂告完成。

在完成德国统一的两次战争中，起关键作用的自然是政治、外交、军事指挥等方面的重大决策，而克虏伯后装线膛炮的优良性能也令世人刮目，克式后装线膛炮由此名声大噪，许多国家纷纷引进，大大加快了后装线膛炮取代前装滑膛炮的进程。

架退式到管退式，又一次飞跃

这是一个春光明媚的日子，在法国陆军炮兵射击场上，两门火炮正在进行试验比赛。

第一门炮是19世纪后期普遍使用的刚式炮架后装线膛炮。所谓刚式炮架，就是炮身通过耳轴与炮架相连接，火炮发射时，巨大的后坐力直接作用于炮架，带动整炮后座，因此也称作架退式火炮。为减轻射击时因后坐产生的跳动、位移，不得不把整个火炮造得很重。这门火炮属中型野战炮，用四匹马牵引才进入射击场。

第二门炮显然轻巧灵便得多，只需一匹马牵引，毫不费力地进入了射击位置。这门炮引人注目之处是它那与众不同的炮架：短小轻便，没有常见的耳轴，炮架通过一种新研制的反后坐装置与炮身相连。

射击场上虽不是人山人海，但来者中有不少是军方和政府的要员，许多兵工厂的技术专家也都闻讯赶来。

试验比赛开始了。担任监督员的陆军中校命令第一门首先射击。随着"轰"的一声巨响，炮弹飞向约2000米处的目标区。与此同时，整个火炮随炮架向后移动了一大截，以致发射第二发炮弹时，需要用较长时间重新瞄准，一分钟只发射了两发炮弹。

轮到第二门炮射击了。只见炮手将一发又一发的炮弹推进膛，炮管有节奏地伸缩着，炮架几乎没有移动，炮弹呼啸着飞向3000米处的目标区，一分钟竟发射了15发7.6千克重的炮弹！

此时试验比赛的时间为1897年，第二门火炮的研制者是法国人莫阿。他曾经当过炮手，对火炮威力与火炮机动性的矛盾感受颇深：火炮威力大，射击时产生后坐力也大；为使火炮射击时比较稳定，就必须造得很重，又导致了火炮机动的困难。莫阿想：能不能在火炮回转部分与底座之间安装一个缓冲装置呢？火炮后坐力能否变害为利呢？经过多年的潜心研究和反复试验，莫阿终于成功了。他发明了一种水压气体式驻退复进机，装在法国75毫米野战炮上，炮身通过驻退复进机与炮架连接。这种反后坐装置包括驻退机与复进机，驻退机可吸收消耗火炮后坐能量，使炮身后坐到一定距离便停止；复进机在炮身后坐时贮存能量，后坐终止时使炮身复进到位。安装有反后坐装置的法国75毫米野战炮，在火炮史上第一次实现了炮身与炮架的弹性连接，火炮射击时仅炮管后坐复进，炮架和整个火炮基本不动。这种火炮被称为管退式火炮，其炮架称作弹性炮架。弹性炮架不仅能节制火炮后坐，而且巧妙地利用原来令人头疼的后坐力，使后坐部分及时复位，使火炮可连续射击，发射速度大为提高。尤为重要的是，作用在炮架上的力大为减少，火炮重量便可大幅度减轻，极大地改善了火炮的机动性。

采用弹性炮架的火炮，一下子使其他所有火炮黯然失色。这是火炮技术上的又一重大突破，标志着火炮基本结构趋于完善，被一直沿用下来。从此，火炮的性能有了飞跃性进步，成为机动能力较强的速射炮，真正具有了巨大威力，为其在20世纪扮演"战争之神"角色奠定了基础。

1905年，中国上海江南制造局仿制成功一种75毫米克式山炮，为后装

图209 莫阿绘制管退式火炮复进机原理图

图210 江南制造局制造的75毫米管退式山炮

管退式，炮重 386 千克，发射 5.3 千克重炮弹，最大射程 4300 米，身管长为口径的 14 倍。该炮是中国自制的最早的一种速射炮，与同类火炮发明的时间相距不到 10 年。此后，山西、沈阳等地的兵工厂也开始制造管退式火炮。

地面压制火炮两个主炮种

当我们走进那如林的炮群，透过光亮如镜的炮膛，就会看见一个拥有庞大家族的火炮世界。它们个个身经百战，都有着自己非凡的经历。其中，资格最老、战功卓著者当属榴弹炮和加农炮，它们在较长时期内是地面压制火炮的主炮种。

早期的火炮，都是发射落地不爆炸的球形实心弹，并无榴弹炮、加农炮之分。16 世纪中期，英国人什拉波聂里发明了一种装有许多金属弹子的炮弹，落地后发生爆炸，弹子、弹片四飞。这种炮弹俗称开花弹、爆炸弹。又因它像石榴一种多籽，便得了个"榴弹"的雅号。

发射榴弹的火炮身管较短，管壁较厚，被称作榴弹炮。因受当时造炮材料限制，身管增长后耐张力就差，发射榴弹易发生爆炸。

而那些身管较长的火炮仍发射实心弹，被称作加农炮。"加农"是英文 Cannon 的译音，原意是"长圆筒"，这个名字也十分形象。

这样，火炮家族便有了性格迥然相异的两兄弟。它们不仅在身管长短、炮口大小等外形方面差别甚大，而且因弹道特征的差别，还分别担负不同的战术任务。榴弹炮身管短，初速较小，弹道比较弯曲，适宜于对遮蔽物后的目标及水平目标射击。而加农炮身管长，初速大，射程远，弹道低伸，主要用于平射暴露在地面上的目标，

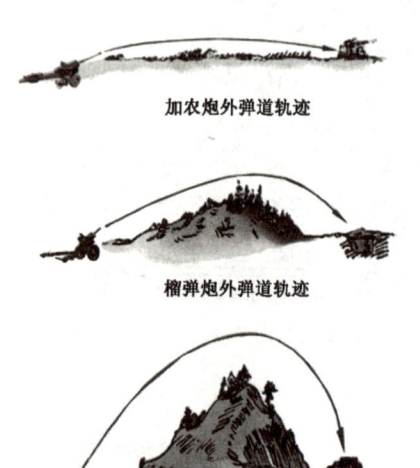

图 211　榴弹炮、加农炮、迫击炮弹道轨迹比较

对敌前沿和纵深进行火力突击。

16~19世纪的几百年中，火炮技术经历了多次飞跃性发展，榴弹炮、加农炮两兄弟比肩并进，都由原来的前装、滑膛、架退炮，发展成为后装、线膛、管退炮，真正成为战场上的火力支柱。从19世纪中期起，随着炮管材料的改进，加农炮也可发射爆炸弹，而榴弹炮的炮管也呈增长的趋势，两者的威力都在不断增强。有两组18世纪到20世纪初（第一次世界大战前）榴弹炮和加农炮性能变化的数据，从对比中可以看出它们的巨大进步。

18世纪时：榴弹炮身管长为口径的7~16倍，最大射程约1000米；加农炮身管长为口径的18~26倍，最大射程约1300米。

20世纪初：榴弹炮身管长为口径的11.4~23倍，最大射程约8200米；加农炮身管长为口径的30~45倍，最大射程约22800米。

红军长征带到陕北的唯一山炮

这是一门有着不平凡经历的火炮，曾跟随中国工农红军第二方面军进行长征，是红军带到陕北唯一的一门山炮。

这门山炮是红2、6军团（后组建为红二方面军）转战湘鄂川黔边境时，在湖南陈家河、桃子溪战斗中缴获国民党军第58师的。1935年4月，红2、6军团离开湖南的塔卧，经万民岗、陈家河、仓谷峪，从香溪北渡长江，准备到鄂西创建革命根据地。国民党鄂军纵队司令兼第58师师长陈耀汉急调第172旅从桑植出发，沿澧水西进，并限令4月12日进抵两河口、陈家河地区，企图配合正在开往陈家河的第174旅等部，截击北进的红军。红2、6军团利用陈家河的有利地形和第172旅不善山岳地作战的弱点，于13日集中优势兵力，在陈家河地区，将孤立突出的敌第172旅全歼。就在陈家河战斗刚刚打响的时候，陈耀汉亲自率领第58师直属部队及第174旅（缺第348团）由桑植增援陈家河。当进到两河口时，发现第172旅已被歼，遂掉头向南鼠窜。15日下午4时，军团长萧克率领红6军团进至离桃子溪约5千米处时，发现河水浑浊，判断有部队刚刚通过，遂令

图212 红军长征带到陕北的 75毫米山炮

部队加速前进。在距桃子溪约 4 千米的岔路口，萧克将部队展开，迅速扑向敌人，将第 174 旅打了个措手不及。敌仓皇撤退，红军乘胜追击。黄昏时分结束战斗。敌第 58 师直属部队及第 174 旅和山炮营被歼灭。此战，红军缴获山炮两门，这门山炮是其中的一门。红 2、6 军团首次缴获威力较大的山炮，非常高兴，将山炮装备于炮兵营。炮兵营用它参加多次战斗，消灭大量敌军。6 月 14 日的忠堡战斗，红 2、6 军团就是在这门山炮和迫击炮的火力支援下，将敌第 41 师 2000 余人包围压缩在忠堡附近的构皮岭地区，并将敌全歼。

1935 年 11 月，红 2、6 军团开始长征。这门山炮继续发挥威力。1936 年 1 月，突破乌江天险时，就是用这门山炮同迫击炮一起，压住对岸敌军火力，红军乘机夺取船只，渡过了天险乌江。后来，又带着这门山炮，转战于乌蒙山区，抢渡金沙江，翻越大雪山，走过人迹罕至的草地。在翻越雪山时，几百名战士牺牲了；在过草地时，更多的红军战士倒下了。但红军战士们对这门炮非常珍惜，吃了不少苦，流了许多汗，马驮人扛，必要时拆卸，过了困难地，再安装起来。就这样，终于把山炮带到陕北，成为红军长征带到陕北的唯一的和仅存的一门山炮。

山炮是一种适于山地作战的轻型火炮，大部件可分解，便于骡马驮载或人力搬运。此炮原型为德国克虏伯式 75 毫米山炮，上海兵工厂 1927 年仿制。1959 年军事博物馆筹建时，贺龙元帅亲自督促，寻找到这门山炮，将它陈列在军事博物馆。该炮重 386 千克，全长 3230 毫米（放列/忧点），最大射程 4300 米。

超远射程的"巴黎大炮"

1918年3月23日凌晨，远离前线的巴黎人尚在睡梦中。突然，一阵刺耳的呼啸声划破天空，接着，塞纳河畔、查尔斯五世大街上先后响起了惊天动地的爆炸声。

接二连三的爆炸声使巴黎民众惶恐不安。巴黎离前线100多千米，头上又未见飞机，炸弹是从哪里来的？就连法国军方和政府对首都的爆炸声也茫然不知所措。当日黄昏，埃菲尔塔电台广播："敌人飞行员从高空飞越法国前线，并攻击了巴黎，多枚炸弹落地……"

在法国上层会议上也是众说纷纭：有人认为德国已有一种隐形飞机，有人断言巴黎郊区匿藏着德国的秘密火炮……。弹片送到了法国军械专家的实验室，他们在作了认真分析之后，很快作出一种结论：这是一种超远程大炮发射的炮弹。法军利用日益精湛的反炮兵侦察技术，不久就侦察出德军的炮兵阵地：在德法边界的圣戈班森利，隐蔽着德军3门巨型火炮，向相距128千米的巴黎射出了每枚重约125千克的炮弹。

因为这种炮首次袭击了巴黎，后被称为"巴黎大炮"。当时的火炮最大射程20~30千米，"巴黎大炮"射程竟超过120千米，一下子轰动了整个欧洲和世界。

也有人将"巴黎大炮"称为"大伯沙"，借以对刚刚继承克虏伯家业的豪富——大伯沙夫人表示尊敬，因为这种巨炮是由大伯沙夫人名分下的克虏伯兵工厂研制的。研制小组领导者是该厂总监罗森伯格教授，火炮设计师是位年轻人，名叫艾伯特哈特。他从加农炮的"长脖子"受到启示：身管越长，弹丸初速越大，射程就会越远。他决心设计出能从德国境内直接轰击巴黎的巨炮，让世界震惊。

"巴黎大炮"口径210毫米，炮管长达34米，全炮重约750吨。它凭借炮管长，装药多（药柱长254毫米），使弹丸初速达1700米/秒，以53度射角发射，可将炮弹送至4万米高空，在同温层飞行约100千米，尔后飞向目标。

"战争之神"威名的由来

"战争之神"是苏联领导人斯大林对炮兵和火炮的赞誉，这个威名诞生于第二次世界大战中一次惊心动魄的激战——斯大林格勒会战。

斯大林格勒（现名伏尔加格勒）位于伏尔加河下游，西临顿河，是苏联南方地区的政治、经济、文化中心和水陆交通枢纽，也是重要的军事工业基地和战略要地。从 1942 年 7 月起，德军统帅部调集 50 个师的兵力和大批坦克、飞机、火炮等重兵器，对斯大林格勒进行了持续 4 个月的进攻，但未能实现其战略意图，而自身伤亡却很大，被迫转入防御。在德军消耗得精疲力尽的情况下，苏军拉开了反攻的序幕。

反攻前，苏军最高统帅部向斯大林格勒方向隐蔽地调集了大量兵力，前线部队兵力增至 110.6 万人，拥有火炮 15500 门，坦克上千辆，作战飞机 1300 余架。

静静的深夜，苏军炮兵利用暗夜抓紧进行进攻准备。由于道路坑坑洼洼，重型火炮进入阵地十分困难。马力不足，炮团的战士们便将自己和马套在一起，像纤夫一样，拖拉着大炮前进。

陡峭的顿河右岸，绵亘的斯大林格勒城下，百万德军凭借天险或野战工事扼守着。他们似乎已发觉城内有些异样的动静，可能会发动进攻，但未能判明苏军在哪个地段实施突击，更未能侦查到进攻的兵力和开始进攻的时间。

11 月 19 日清晨，浓雾笼罩着整个战场，接着又飘起了鹅毛大雪。7 时 30 分，苏军几千门大炮一齐怒吼起来。整整 80 分钟的炮火准备，上百万发炮弹倾泻在德军阵地上，难以计数的德军掩蔽部、观察所和防御工事被摧毁，数百个炮兵连被压制和歼灭。8 时 50 分，苏军坦克部队和步兵发起冲击，主要突击方向选在了配属于德军、战斗力较弱的罗马尼亚第 3 集团军防御地段，突破该阵地后，即向敌纵深推进。

战至 11 月 23 日，苏军完成了对德军两个精锐集团军约 33 万人的合围，最高统帅部决心予以全歼。前线指挥所里，一个围歼德军的炮兵进攻计划已经形成。炮兵司令对参加作战会议的指挥员们说:"这次总进攻,炮火准备时间要短,火力要突然猛烈,就是要把敌人一拳打倒,而不是把时间花在抽打敌人的嘴巴上。"

1943年1月10日,围歼战斗打响了。苏军6000余门火炮发射的炮弹,像龙卷风般横扫德军阵地,苏军步兵们高喊着"乌拉",为炮兵老大哥猛烈、准确的火力欢呼。硝烟弥漫的德军阵地上,无处可逃的士兵们跪在掩体内祷告,祈求上帝饶恕他们,不要被炮弹击中。

55分钟的炮火袭击后,苏军炮兵又将浓密的火团从德军防御前沿向其纵深移动200米,运用徐进弹幕射击法,支援步兵和坦克冲击。

此后的十多天中,苏军炮兵配合航空兵和坦克部队,给予困兽犹斗的德军多次沉重打击,迫使其停止抵抗,缴械投降,被围德军精锐部队覆灭。至此,苏军经过200个日日夜夜的苦战,终于取得了斯大林格勒会战的胜利,战役共歼灭德军80多万人。

斯大林格勒会战,是苏德战争也是第二次世界大战的一个转折点,法西斯德国从此丧失了战略主动权,苏军开始在整个战场转入反攻。

在这次会战中,苏军炮兵发挥了特殊作用,建立了卓越功勋。苏军最高统帅斯大林热情称赞炮兵是"战争之神",苏联政府专门作出决定,把斯大林格勒会战中苏军反攻的日子——11月19日定为炮兵节。

在整个第二次世界大战中,应该说飞机、坦克已成为战场上起主导作用的武器。但由于火炮的战术技术性能也有了很大进步,加之数量众多,仍担负着陆上战场火力支柱的重任。大战中共发射炮弹30亿发,地面有生力

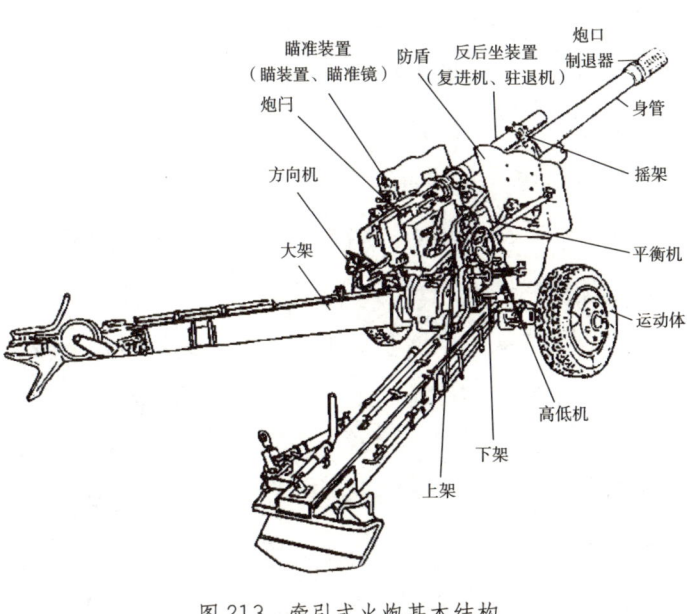

图213 牵引式火炮基本结构

量伤亡的 58% 是由炮火造成的。战争初期，仅苏军就装备压制火炮 6.7 万门，1945 年增至 27.1 万门，投入柏林战役的各型火炮超过 4.5 万门，雷霆般的炮火摧毁了法西斯德国的最后防线。美、英、德军使用压制火炮的数量也达到了历史顶峰，1944～1945 年在突破地段每千米正面平均火炮密度达到 150~180 门，苏军则达 200～300 门。

火炮的性能也上了一个新的台阶。榴弹炮的最大射程，由第一次世界大战时的 10 千米左右增至约 20 千米，加农炮则由 22 千米增至约 30 千米。

通过改进炮闩和装填机构，进一步提高了火炮发射速度。战争中出现了能自动装填和发射的火炮，每分钟发射炮弹达 200 发。加农炮、榴弹炮普遍实行机械牵引，炮兵率先成为摩托化部队。"战争之神"不仅威力凶猛，而且具有了较强的快速机动能力。

为超级大炮殉难的巴尔博士

1990 年 3 月 22 日晚 7 时许，一个打扮入时的女职员，按照约定的时间，来到了她老板住的公寓。这是位于布鲁塞尔市区的一座高层建筑。女职员打开电梯，突然大叫了一声。在幽暗的灯光下，她看到了一个身材魁梧、秃顶的男子躺在电梯里，地毯上流满了血。死者正是她的老板巴尔博士，头上和背部各中一弹。

外界传言，巴尔博士是被以色列摩萨德的特工人员用无声手枪暗杀的。

几天后，警方证实：这桩暗杀案件与中东问题有关。死者是一位空间弹道学权威和超级大炮专家，现年 62 岁，经历十分复杂，案件尚需进一步调查。

事情还得从巴尔博士从事的专业——超级大炮谈起。

杰拉尔德·巴尔 1928 年出生于加拿大安大略省。他自幼酷爱科学，20 多岁时就对空间弹道学颇有研究，后担任加拿大麦基尔大学的教授。1959 年，麦基尔大学提出了一个"竖琴"计划，企图研制一种超级大炮，进行空间探测研究，巴尔博士是这项计划的主要技术负责人。他借鉴德国"巴黎大炮"和战后发展起来的火箭技术，决心把火炮和火箭结合起来，以低廉的费用发射探空火箭。

"竖琴"计划开始由麦基尔大学独资实施。不久，美国陆军通过位于阿伯丁靶场的弹道研究所，对此项计划在资金与勤务方面给予了全面支持。当时，美国弹道研究所也有一项用火炮进行探空的计划，于是两者合一，共同投资，由美国陆军和麦基尔大学共管，共同实施一项称为 HARP 的空间探测计划，巴尔博士和美国的墨彼博士担任技术指导。

到 60 年代中期，研制工作取得重要成果。在加勒比海与大西洋之间的一个称为巴巴多斯的小岛上，安装了一门 L86 型探空火炮，该炮身管长 36.4 米，口径 424 毫米。在巴尔博士、墨彼博士指导和组织下，L86 进行了多次发射试验，将"欧洲燕"火箭弹送到 200 千米高空。他们下一步计划是用更大口径、更长身管的巨炮，将火箭送到 2570 千米高空，最大载荷 214 千克。

但是，随着导弹技术的进步，美国方面认为这种发射手段已没有什么价值，中断了研制经费，两国合作计划全面停止。

然而，巴尔博士却继续进行这一武器的研究，并于 1968 年创建了空间研究股份有限公司，主要从事弹道武器的设计开发。

1988 年，巴尔博士与伊拉克军方接触，为伊拉克设计了两种新型榴弹炮，并帮助伊拉克秘密制造超级大炮。巴尔博士私下与朋友交谈中曾夸下海口："我设计的超级大炮，能把炮弹从加拿大打到墨西哥。"

消息灵通的以色列特工人员获悉此情报后，引起高度警觉。"如果伊拉克拥有了超级大炮，对以色列将构成严重威胁。"他们决定采取必要的行动，于是便发生了故事开头讲的一幕。

海湾战争后，联合国检查人员在巴格达以北 200 千米处的哈雷恩山找到了一门 350 毫米口径的超级大炮，还有一些 1000 毫米口径火炮的部件。

至此，伊拉克秘密超级大炮计划昭然于世：拟造 3 门大炮，首先是口径 350 毫米的实验型，另两门是口径 1 米的实战型，计划 1992～1993 年完成，作为战略武器使用。

巴尔博士猝死，使伊拉克的超级大炮计划成为泡影。但此计划却向世人显示了火炮发展的巨大潜力。超长身管的巨炮不仅可用于军事，还可为人类空间科研的和平事业服务。

自行火炮崛起

在坦克普遍使用后，一种也有装甲防护、外形与坦克颇为相似的自行火炮迅速发展起来，外行人如果不留心，还可能把它误认为坦克呢。

自行火炮与坦克确实有很深的"缘分"。自坦克诞生之初，有些品种很难与火炮相区分，干脆被叫作"炮坦克"，如法国1917年生产的"桑夏猛"75毫米炮坦克、美国1918年试制的"伊雷克"75毫米炮坦克。自行火炮被确认为独立的炮种，是在第二次世界大战期间，主要用于协同坦克作战。

德国人最早提出以机动火炮对付机动坦克的设想。柏林阿尔凯特公司曾为此专门进行了研讨。一位资深的设计师指出："现在用于对付坦克的加农炮机动性太差。如果这些大炮不及时配置在敌人坦克威胁的方向上，则是毫无用处的，因为没有那么多的加农炮可以到处设防，所以最好的解决办法是设法使这些火炮跑得和坦克一样快。"

"真是一个绝妙的主意！这种火炮不应再用汽车牵引，应该是一种自行式火炮。"公司设计室主任显得很兴奋，他已胸有成竹。

1939年，世界上第一种自行加农炮在阿尔凯特公司诞生，1940年装备德军，命名为T1自行反坦克炮。它采用德国T1坦克底盘和捷克47毫米加农炮，去掉了坦克炮塔，加装了一个外形奇特的钢箱。钢箱三面围住炮架，后面敞开便于炮手上下，具有一定的防护能力。时速可达40千米，最大行程140千米，有较好的越野性能，进出阵地快，行军战斗转换迅速。该炮投入使用后，在反坦克作战中十分有效，其他国家纷纷仿效。早期的自行火炮多无炮塔或采用不能旋转的固定式炮塔，这是它与坦克最明显的区别。另外，自行火炮装甲较薄，防护能力远逊于坦克；方向射界较小，但高低射界则大于坦克；多数自行火炮口径比坦克大，主要以间接瞄准进行远程射击，而坦克则以直接瞄准射击为主。

与牵引火炮相比，自行火炮在机动性、战场生存能力等方面有很多优点，但它生产成本远高于普通火炮。在第二次世界大战中，自行火炮未被大量使用。

很多国家认为，花那么多钱造自行火炮，还不如多造些坦克，自行火炮被视为"奢侈品"。但美国人则持不同观点，他们认为，从费用与效益的比例看，自行火炮更为合算。经济实力雄厚、生产能力强大的美国，是第二次世界大战中唯一能够大量生产自行火炮的国家。1943～1945年，美国采用M3、M4坦克车体，装载105毫米、155毫米和203毫米榴弹炮，生产出一大批自行火炮，在战争中发挥了重要作用，它们被视为第一代自行火炮。

世界各国很快认识到了自行火炮的优越性，但在战后相当长一段时间里，除美国外，几乎没有第二个国家能拨出巨额经费来完成野战炮的自行化，美国继续主宰着自行火炮的市场。美国把研制自行火炮列为重点，先后推出四代自行火炮，领导着世界火炮发展的新潮流。1963年装备美陆军的M109式155毫米自行榴弹炮，首次采用了专门设计的履带式底盘和封闭式旋转炮塔，最大行程360千米，具有浮渡能力，标志着自行火炮技术达到了比较成熟的程度。

20世纪60年代后，自行火炮在西方军事强国的炮兵装备序列中逐步占了主导地位，英、法、德等国也研制了不同型号的自行火炮，装甲师、机械化师大都装备自行火炮。它们具有同坦克一样的越野机动能力，战场生存能力强，可以360度环射，能边走边打，打了就跑。

在自行火炮已风行欧美的60年代，苏联炮兵仍以牵引火炮为主。战术思想仍停留在第二次世界大战时期，即：首先以大量压制火炮实施覆盖射击，尔后以坦克部队攻击前进。苏联也造了不少自行火炮，但以反坦克为其主要任务，德国人称之为突击炮，是在坦克固定战斗室正面装备大口径火炮而成的，不属于专门设计的自行火炮。

在1967年的第三次中东战争中，装备美式坦克和自行火炮的以色列陆军，同使用苏式坦克和牵引火炮的埃及、叙利亚、约旦陆军进行了较量。按照以色列国防部长达扬、总参谋长拉宾制定的"闪电战"进攻计划，在强大空中力量配合下，以色列装甲军团迅速突破阿拉伯军队防线，占领了约旦河西岸、耶路撒冷城的约旦辖区、加沙地带、埃及的西奈半岛和叙利亚的戈兰高地，侵占的土地达6.5万平方千米，是以色列战前领土面积的4倍，而时间只用了6天。灵活机动、威力强大的美式自行火炮在战争中发挥了重要作用，而苏式牵引火炮则显得十分笨拙。英国著名评论家理查德·艾伦指出："这种惊人迅速而彻底的胜利,在严格的词义上已是一种闪电战了——的确,在历史上第一次发明这个词的德国人,在第二次世界大战中并没有成功地预期达到那么迅速而彻底地击败敌人,以便结束战争。而以色列人现在却做到了这一点。"

中东地区的"六天战争"使世界震惊,特别是为阿拉伯一方提供武器的苏联,从惨败中总结了许多教训,其中一条便是:应该重视发展自行火炮,旧的牵引式野战炮已经不能适应高速的机动战。

70年代初期,苏联研制出2C1、2C3两种"西方式"自行火炮。2C1为122毫米榴弹炮,外形及配置与美国的M109自行榴弹炮相似,车体呈船形并密封,可在水中行驶,浮渡性能好。战斗全重15.7吨,最大射程15.2千米,陆上最大时速60千米,水中行驶速度4.5千米/小时。2C3为152毫米榴弹炮,使用榴弹最大射程17.3千米,使用火箭增程弹可达24千米。该炮行军时重量虽达27.5吨,但履带底盘对地面的压力,只相当于一个成年人对地的压力,平均压力仅为每平方厘米0.6千克,因而能比较顺利地在沼泽地、雪地和沙漠上通行。

90年代,俄罗斯向世界军贸市场推出了一种崭新的自行火炮——2C19式152毫米自行榴弹炮,标价160万美元。俄军炮兵部队也都逐步换装了这

图214 美军155毫米M109A6式自行榴弹炮

种新型火炮，每个炮兵连装备6门。2C19于1988年问世，是当今世界上性能最优良的自行火炮之一。

2C19可发射多种炮弹，如底凹榴弹、底部排气榴弹、反坦克子母弹、通信干扰弹、火箭增程弹等，还可发射"红土地"激光半自动末制导导

图215 参加2009年国庆阅兵的中国152毫米自行加榴炮

弹。该炮的炮弹贮存架设计独特，可存放不同种类的炮弹，装填控制系统能根据作战要求，自动从贮存架内搜寻所需的弹种，每分钟可发射8发，射击精度也较高。密封性能很好的战斗舱内，装有标准的"三防"装置，空气经滤清器净化后，还可使舱内产生轻微的高压，使外面的"污染"难以侵入。

与美国同期装备的M109A6式155毫米自行榴弹炮相比，2C19在射速、机动性、携弹量方面占有优势；而M109A6则因配有炮载自动火控系统、自动定位定向导航设备等先进电子装置，在射击精度、独立作战能力上略胜一筹。

牵引火炮走出新路

1990年8月，伊拉克入侵科威特引起海湾危机。根据联合国通过的决议，美国紧急调运部队，执行"沙漠盾牌"计划，以慑止伊拉克新的进攻。最先抵达沙特阿拉伯的是美军第82空降师。他们从美国北卡罗来纳州布拉格堡登机，空运行程达1.2万千米，15个小时后即降落在沙特宰赫兰机场，在机场周围迅速建立起环形防御阵地。在现代战争中，仅有步兵随身携带的轻武器是难以形成威慑力的。与战斗人员同期到达的主要重武器是一批牵引

图 216　配有辅助推进装置的中国 155 毫米 89 式榴弹炮

式 155 毫米榴弹炮。该炮战斗全重仅 7000 多千克，可用直升机吊运或运输机装载，成为美军防御阵地中的火力支柱。而那些重达几十吨的自行火炮、主战坦克等，则主要依靠海上运输，海运距离约 1.5 万千米，需 10~12 天后才能抵达。

美国在重点发展自行火炮的同时，对牵引火炮的研制也十分重视，步兵师、空降师仍以装备牵引火炮为主。牵引火炮不仅具有结构简单、造价低廉等优点，最重要的其重量轻，便于空运，具有高度的战略机动性，短时间内可用飞机运送到全球任何需要的地点，在现代战争中有着不可替代的独特作用。海湾战争后，美国 M198 式牵引火炮在国际军火市场走红，出口到十几个国家，每门 48.37~60.7 万美元。

20 世纪 70 年代以来研制的新一代牵引榴弹炮，在战斗性能上也有显著提高。为了克服牵引火炮进出阵地慢的缺点，设计师别出心裁，在牵引火炮的炮架上安装了一个发动机和液压传动系统，称为火炮辅助推进装置，使火炮能短距离自行。长途行军时，用飞机空运、吊运或用牵引车牵引。空投或脱离牵引后，不用人力拖拉，火炮辅助推进装置即可驱动火炮行驶，自行进入阵地或转移阵地。自行时速一般约 30 千米，最大行程 150 千米，并可爬 30 度左右的斜坡。奥地利的 GHN45 式 155 毫米榴弹炮，装有约 120 马力的辅助推进装置，不仅能驱动火炮行进，还可向高低机构、方向机构、转向系统输送动力，从行军状态转换为战斗状态只需 1.5 分钟，而老式牵引火炮则需七八倍以上的时间。这种新技术为牵引火炮注入了生机和活力。

火炮口径标准化

第二次世界大战以后，特别是 20 世纪 60 年代以来，随着科学技术的巨大进步，火炮的发展进入了现代化的新阶段，其显著特点之一就是压制火炮型号减少，口径标准化。

1960 年以前，北大西洋公约组织许多国家装备的火炮是第二次世界大战时期的产品，虽经多次改进，仍难以满足现代战争的要求。1963 年，北约组织制订了第 39 号"基本军事要求草案"，规定 155 毫米为师级主炮的标准口径，射程要求达到 30 千米。此后，世界上大多数国家也选择 155 毫米作为大威力、远射程火炮的口径。近 30 年来，在世界范围内掀起一场竞相研制新型 155 毫米榴弹炮的热潮。这些新型榴弹炮集加农炮和榴弹炮的长处于一身，实际上是加农炮，但西方国家都称之为榴弹炮，"加农"、"加榴"的名称似乎有消失之势。

目前，西方国家压制火炮口径只有 105 毫米、155 毫米和 203 毫米三种，以 155 毫米为主。在美、英、法、德陆军师级主炮装备中，155 毫米自行榴弹炮占火炮总数的 2/3 以上，步兵师则装备牵引式 155 毫米榴弹炮。美国的 M110A2 式 203 毫米自行榴弹炮，发射 92.53 千克的炮弹，普通榴弹最大射程 21.3 千米，火箭增程弹最大射程 29.1 千米。据美国陆军 1988 年《野战炮兵火力支援总体规划》，该炮的战场任务将由 MLRS 多管火箭炮和 155 毫米自行榴弹炮取代。

而俄罗斯军队的压制火炮则继承苏联的，有五种口径，即 122 毫米、130 毫米、152 毫米、180 毫米和 203 毫米，仍区分为榴弹炮、加农炮、

图 217 中国新型榴弹炮结构图

加农榴弹炮。

1986年11月，在北京国家防务技术展览会上，中国首次展出国产155毫米牵引榴弹炮，其性能可与世界上的同类先进榴弹炮相媲美。中国还研制了155毫米自行榴弹炮，身管长度为口径的45倍，具有世界先进水平。而在过去较长时期，中国一直采用苏式火炮的五种口径。新型155毫米榴弹炮的研制成功，显示了中国在压制火炮口径标准化及火炮现代化方面取得的新成果。

图218 参加2009年国庆阅兵的155毫米07式自行榴弹炮

为火炮配备长眼睛的炮弹

有人预言："21世纪，最有发展潜力的武器是炮弹。"当火炮的发射、瞄准、运销等系统达到了相当完善的程度时，炮兵专家们的目光更多地投向了对炮弹的改进。近年，各国普遍采用简化炮型、增加弹种的措施，研制和装备了一批威力大、射程远、精度高的新型炮弹。如美国M198式155毫米榴弹炮，共配有18种炮弹，除普通榴弹（弹丸重42.91千克）外，还有对付远目标的火箭增程弹，打集群目标的子母弹以及布雷弹、二元化学弹、核炮弹等，可根据作战需要选用弹种，一炮多用。

在所有的新型炮弹中，最令人惊叹不已的当属长了"眼睛"的炮弹——"铜斑蛇"激光制导炮弹。

早在1970年，美国陆军罗德曼实验所的一位研究人员即提出了制导炮弹的最初设想。经过一年多的可行性论证，美国陆军武器局决定该项目上马，并于 1972 年 2 月同德克萨斯公司和马丁·玛丽埃塔公司签订合同，由这两家公司竞争，分别制造原型样弹，择优选用。

两年后，武器局组织对两家公司的样弹在不同距离上进行了试验。马丁·玛丽埃塔公司的 12 发样弹有 8 发命中，而德克萨斯公司同样数目的样弹只命中 1 发。竞争获胜者先后得到了 4450 万美元的全面研制合同，不久即制造出 350 发定型样弹，1979 年春由美国陆军部队进行实用试验，试验型号称 XM712 式激光制导炮弹，绰号"铜斑蛇"。

参试部队、人员和装备都来自驻佛罗里达州卡森堡的第 4 机械化步兵师，包括一个 M109A1 式 155 毫米自行榴弹炮连，一个射击指挥中心，五个前进观察组等。试验十分严格，包括各种环境，各种作战条件。"铜斑蛇"表现相当出色，于 1979 年年底被批准定型生产，正式命名为 M712。1982 年，首批炮射制导炮弹开始装备美军，第 82 空降师、第 18 野战炮兵旅、第 9 步兵师和第 24 步兵师等快速部署部队的炮兵，有幸成为最早装备"铜斑蛇"的部队。

该弹专为 155 毫米榴弹炮研制，火炮不用作任何变动，可像发射普通炮弹一样。"铜斑蛇"首先按火炮赋予的弹道飞行，在临近目标上空时，则寻着激光回波飞向目标。

"铜斑蛇"开创了炮弹制导化的道路。从此，野战火炮具备了在最大射程内准确打击点状目标的能力，"首发命中"不再成为困扰炮兵的难题。这项具有开创性的成果确实来之不易，研制周期历时 10 年，美陆军用于论证研究、试制和全面研制的经费达 1.632 亿美元。

M712 式制导炮弹由三个独立的部分组成：一是制导部，也称弹头部，呈圆锥形，内装寻的头——"炮弹的眼睛"，能在一定距离内自动寻找预定目标；二是战斗部，又称中间部，内装空心装药和引信；三是稳定和控制部，也称弹尾部，包括十字形稳定翼、控制驱动器和电源。

"铜斑蛇"主要用于攻击装甲目标，能越过地形障碍攻击敌坦克的顶装甲，破甲厚度 266 毫米。作战时，需由直升机、无人机或前方地面观察站用激光指示器照射目标，炮手只需概略瞄准即可发射炮弹，圆概率误差小于 1 米（普通炮弹为 13~20 米）。

有这样一组对比数字：击毁 1 辆坦克，1~2 枚"铜斑蛇"即可，所需费

用 3.5 万~7 万美元；用普通炮弹则需 250 枚，费用达 100 万美元。

20 世纪 80 年代末，美陆军曾用"铜斑蛇"等武器进行了一项模拟作战试验。卡尔上校的作战设想是：美军一个加强营抗击苏军两个坦克团。按第一作战方案，美军只使用常规反坦克武器，攻防双方损失比为 1.33 ∶ 1；按第二作战方案，美军使用 90 枚"铜斑蛇"炮弹，攻防双方损失比为 1.97 ∶ 1。如果在使用"铜斑蛇"炮弹的同时，再加上新研制的"打了不用管"的制导炮弹，攻防双方损失比为 5 ∶ 1。卡尔宣布："美军获得彻底胜利！"

图 219 "铜斑蛇"制导炮弹

美国研制的新型制导炮弹是"萨达姆"XM836。该弹采用毫米波末制导方式。这种制导方式比激光制导有更大的优越性，它不需要前进观察员用指示器指示目标，在恶劣气候条件下有较强的抗干扰能力。这种制导炮弹主要用于装备 203 毫米榴弹炮，每发炮弹有三个子弹头。炮弹发射后，子弹头在目标上空弹出，自动搜寻目标，尔后以 10 马赫高速攻击坦克顶部装甲。

美国还同法国、德国、意大利等八国携手，共同研制供北约 155 毫米榴弹炮使用的 APGM 制导炮弹。该弹具有"打了就不用管"、命中即击毁和全天候作战能力。

俄罗斯也研制了"鸭嘴鱼"激光制导炮弹，用 152 毫米榴弹炮发射，性能与美国的"铜斑蛇"相近。

毫无疑问，由"铜斑蛇"开创的炮弹制导化新技术，已经显示出强大的生命力，在未来战争中的作用不可低估。

日俄战争中诞生的迫击炮

1904年2月,在中国辽东半岛暴发了日本和俄国争夺远东地区霸权的战争——日俄战争。俄军据险扼守旅顺要塞,日军屡攻不下,改用挖壕筑垒战术,悄悄逼近俄军阵地。

当俄军发现这一情况时,日军已在距要塞约50米处筑起了一条进可攻、退可守的堑壕。俄军指挥官一时感到束手无策,因为野战炮、岸防炮对这样近的目标已无能为力,轻武器又威力不足。

在兵临城下的紧急关头,年轻的俄军上尉戈比亚托急中生智,建议将47毫米口径的轻型海军炮装在一种带车轮的炮架上,以大仰角发射超口径长尾型炮弹。司令官孔德拉坚将军已别无他法,便决定按戈比亚托的建议试试。

次日中午时分,隐蔽在堑壕里的日军士兵正吃着午餐。他们知道,俄军不会使用大炮,而重机枪子弹对厚达2米的掩体无可奈何。再说子弹也不会拐弯,从头顶落下来。忽然,空中传来"嘶嘶"的响声,接着是炮弹拖着白烟从天而降。日军还没弄清是怎么回事,一发发炮弹已在堑壕里爆炸,工事被摧毁,人员伤亡惨重。日军被迫撤退。有几个胆大的日本兵想看看俄军用的是什么秘密武器,趴在掩体边向对面阵地望去。只见几门怪模怪样的火炮,仰着脖子向天空发射。一簇簇炮弹喷着白烟,在天空中划出一道道曲线,仿佛是弯弯的彩虹,将近在咫尺的两个阵地连接在一起。"怪物!怪物!"吓得魂不附体的几个日本兵不敢再看下去了,炮弹正往他们的头顶倾落。

这就是世界上最早用于作战的"迫击炮",时间是1904年11月9日,最小射程50~40米,以45~60度射角发射。它尽管还很不完善,但却给人以启示,预示着火炮家族将产生一个新炮种。它的优势在于最小射程近,但轨迹比榴弹炮更弯曲,适于对近距离遮蔽物后的目标射击。世界第一门迫击炮的发明者列昂尼德·尼古拉耶维奇·戈比亚托(1875~1915年),后晋升为俄国炮兵中将,他的名字载入了军事百科全书。

第一次世界大战中,堑壕遍布战场,具有歼灭、压制近距离遮蔽目标"特长"的迫击炮备受重视。专用的迫击炮首先在俄国军队中广泛装备,并为其

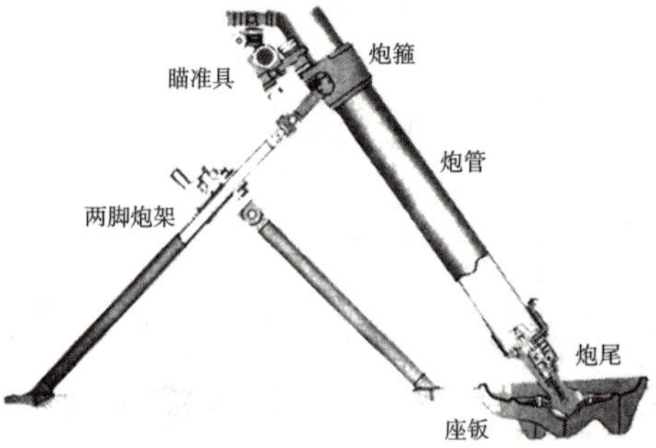

火炮技术

图 220　迫击炮结构图（瞄准具、炮箍、炮管、两脚炮架、炮尾、座钣）

他国家仿制，在实战中不断得到改进。1918 年，英国人 W. 斯托克斯研制的 76.2 毫米迫击炮，在这个时期最具代表性。它采用同口径炮弹，从炮口装填，炮弹借自重滑向火炮膛底，触及膛底击针后点燃发射药包，使炮弹飞离炮口，在外形、结构和发射方式上已与现代迫击炮相似，重量也大幅度减轻，适宜在车辆难以通行的条件下伴随步兵作战，在战争后期发挥了不小作用，被称为"步兵的好伙伴"。在松姆战斗中，法军每隔 25 米就配置了一门英式迫击炮，向对面每米德军掩体发射了约 300 千克迫击炮弹，然后法军步兵发起冲击，轻而易举地占领了被摧毁的德军阵地。

此后，各国均以斯托克斯式迫击炮为样板进行仿制和改进。1927 年，法国人勃兰特发明了一种安装于炮身与炮架之间的缓冲期，提高了迫击炮的稳定性，被称作"斯托克斯—勃兰特"型迫击炮。它每分钟可发射 18~30 发炮弹，射程由几十米到 3000 米，具备了现代迫击炮的基本特征。

大渡河畔显威的迫击炮

1934 年 10 月，在中国共产党领导的中央红军长征出发时的 8.6 万大军中，有 5 个炮兵营，23 个炮兵连，装备以迫击炮为主，都是从敌人那里缴获的。

历经半年多的艰苦转战，中央红军于 1935 年 5 月渡过金沙江，通过彝族区，来到了川康交界的大渡河畔。此时，中央红军已不足 3 万人，炮兵损失更大，担任先遣任务的红一军团炮兵营只剩下一个迫击炮连，有 4 门 82 毫米迫击炮。

中央红军先头部队攻占了大渡河右岸的安顺场，但形势依然十分严峻。前面是天险：大渡河宽 300 米，河水以每秒 4 米的流速奔腾咆哮，两岸悬崖高耸入云。后面有追兵：薛岳等部十几万大军正兼程追击，数万川军也奉命

军事科技史话 ●古兵·枪械·火炮

向大渡河方向推进，蒋介石亲自调兵遣将，妄图围歼红军主力于大渡河以南、雅砻江以东地区，声称一定要使红军成为"石达开第二"。当年，太平天国著名将领翼王石达开曾率数万大军进抵安顺场，因北渡未成，陷入清军重围而全军覆灭。

但是，蒋介石的算盘完全打错了。红军不是当年的石达开，中国共产党领导的工农红军指战员，不仅具有一往无前、压倒一切敌人的英雄气概，还具有灵活机动的战略战术以及过硬的军事技术。红军中的英雄有千千万，这里单表强渡大渡河中战功卓著的神炮手赵章成。

5月25日，先遣队司令员刘伯承、政治委员聂荣臻向红一团团长杨得志下达了强渡大渡河的命令，同时给一军团炮兵营长赵章成交代任务：集中全部火炮，掩护渡河成功。"保证完成任务！"在任何艰巨的任务面前，赵章成都没有半点含糊。他指挥迫击炮连，迅速在岸边占领了发射阵地。

对岸守敌是川军第5旅的一个营，在岸边峭壁上筑了几个土木结构的碉堡，以机枪火力封锁河面和渡口。距碉堡不远处，有一个四五户人家的小村落和一片竹林，隐蔽着敌人的主力，随时可增援渡口。炮兵连的任务，就是用火力摧毁敌碉堡，压制敌预备队。但这时我军只有4门迫击炮和31发炮弹，每一发都必须准确命中目标。赵章成凭着多年积累的经验和娴熟的技术，仔细测量计算射击诸元，指挥炮兵连做好射击准备，并亲自操作一门迫击炮。

杨得志团长一声令下，以红一团第二连连长熊尚林率领的十七名勇士乘船向对岸疾驶。敌碉堡的密集火力一齐射向渡船。说时迟那时快，赵章成稳稳地操作着迫击炮，首先瞄准对岸吐着火舌的敌主碉堡。只听"轰"的一声，一发炮弹腾空越过河面，准确地落在碉堡顶上爆炸。接着，他又发射了一发炮弹，炸毁了另一个碉堡。红军的重机枪也向对岸猛烈扫射，压制住敌人的火力。

十七勇士的渡船眼看就要接近岸边了，突然，敌人的预备队从竹林方向蜂拥而出，朝渡口扑来。在这危急时刻，赵章成营长命令4门迫击炮转移射击，连续两个齐放，所有炮弹都在敌群中开花，伤亡惨重的敌人四处逃窜。渡河勇士迅速登岸，攻占了渡口工事。不久，第二只船载着后续分队渡过河，会同十七勇士阻击企图反扑的敌人。此时，为了更有力地支援渡河分队作战，赵章成也随后续分队携炮过了河。步兵指挥员当即给他下达了三个不同方向

火炮技术

的射击目标，而赵章成只剩下三发炮弹。他心里很清楚，面对疯狂反扑的敌人，每一发都必须击中敌人的要害。他判明敌情后，便使出了在多年实战中练就的绝招——简便射击法，即不用瞄准具、炮架，只用手臂抱着一个光溜溜的炮筒，凭经验目测距离，赋予炮筒射角和射向。在很短的时间内，赵章成将三发炮弹分别射向敌人集中的山头和小村落，全部准确命中目标。我步兵乘势发动进攻，粉碎了敌人的反扑。渡口牢牢控制在红军手里，整个红一师和干部团从这里安全渡过了大渡河。战后，中央革命军事委员会发布命令，在嘉奖十七勇士的同时，也表彰了给予十七勇士有效火力支援的"神炮手"赵章成。

在中国军事博物馆里，陈列着当年红军使用过的迫击炮，向一批又一批的观众述说着"黄洋界上炮声隆"、"大渡河畔神炮手"……的故事。徐向前元帅在回忆红军时期炮兵的作用时说："那时，有几门迫击炮就相当了不起了。打敌人的据点，没有炮硬是攻不下来。如果有炮，打上几炮，部队就冲进去了。炮兵，在当时来说算是先进兵种了，是有其历史功绩的。"

图221　军事博物馆陈列的廿年式82毫米迫击炮

红军长征期间使用的迫击炮，从国民党军手中缴获，由金陵兵工厂制造，称廿年式82毫米迫击炮。全炮重68千克，发射3.8千克重的炮弹，射程100~2850米。

中国迫击炮生产始于20世纪20年代。1922年，奉系首领张作霖聘用原英国陆军上尉沙敦（奉军授少将衔），炮兵中校李宜春协助，在奉天（今沈阳）北大营建厂，制造出中国最早的80毫米、150毫米迫击炮，称辽11年式80毫米、150毫米迫击炮。1923年，汉阳兵工厂仿制成功英国斯托克斯式75毫米迫击炮，炮重612千克，最大射程1500米，1924~1928年生产1055门。北洋政府时期，上海、重庆等地兵工厂也生产不同口径的英国斯托克斯式迫击炮。1931年，金陵兵工厂参照法国最新的1930年式勃朗特式 82 毫米迫击炮，从奥地利购进炮身钢，制造成功此型炮，1932 年春夏之交开始交付部队使用，命名为廿年式 82 毫米迫击炮，是当时中国性能最好、与世界水平接近的制式迫击炮。该厂到 1949 年累计生产 14574 门，最高年产量达 2000 门。技术诸元：初速 196 米/秒，最大射程 2850 米，射速 9~20 发/分，全炮重 69 千克，弹重 4.15 千克。

82 迫击炮毙命日军中将

第二次世界大战中，迫击炮是各国生产和装备数量最多的一种火炮。它具有"小、轻、近"的独特优势，直接伴随一线部队作战，特别是在敌我近战和地形复杂等情况下，杀伤效能尤为突出。据统计，第二次世界大战期间，地面部队战场伤亡的 50% 以上是由迫击炮造成的。迫击炮虽小，还击毙过一些"大人物"呢。这里讲述的就是八路军在抗日战争中用迫击炮击毙日军"名将之花"阿部规秀的故事。

1939 年 10 月底，坐镇张家口的日军"蒙疆驻屯军"最高司令官兼独立混成第二旅团长阿部规秀（时为少将，后追授中将），派出 1000 余人进犯八路军晋察冀敌后抗日根据地的涞源，不料被八路军在燕宿崖设伏，歼灭 600 余人。阿部规秀毕业于日本帝国陆军大学，以擅长山地战著名，在日本军界有"名将之花"之誉。他接到前线战报后，气急败坏，于 11 月初亲率 1500 余人出张家口，对晋察冀边区北线实施报复性"扫荡"，想挽回他的"面子"。

八路军晋察冀军区司令员聂荣臻、第一分区司令员杨成武决定采用诱敌深入战术，在日军必经之地黄土岭集中了 5 个团的兵力，其中有几个装备 82 毫米迫击炮的炮连。

黄土岭位于涞源县东南，是太行山北部群山中的一座岬口，四周山峦起伏，中间谷深路狭。11 月 7 日，骄横狂妄的阿部报复心切，被巧妙纠缠的八路军少数部队诱入黄土岭、司各庄一带。严阵以待的八路军主力部队的上百挺机枪、十几门迫击炮，在统一号令下向日军开火。顿时，群山军号响，满谷杀声起，我军从西、南、北三个方向发起冲锋，将日军包围在一条长约 2

图222　击毙阿部规秀的82毫米迫击炮，军事博物馆抗日战争馆陈列

千米、宽仅百米的峡谷里。黄土岭弥漫在硝烟火海之中。阿部规秀凭仗其武器火力优势，多次组织突围，均告失败。

　　阿部规秀的指挥所设在南山脚下的一座独立小院里。他腰挎战刀，对着几个下级军官声嘶力竭地吆喝，指责他们作战不利。恰在此时，在前沿阵地指挥战斗的八路军团长陈正湘借助望远镜发现了这些挎战刀的日本军官，判断这个小院很可能是日军指挥所，当即命令通信员把炮兵连长杨九坪叫来。陈团长指着前方的目标问杨九坪："迫击炮能不能摧毁它？"杨九坪目测距离后果断地回答："距离800米，在有效射程内，保证把它消灭！"

　　杨连长接受任务后，指挥各炮进入射击位置，迅速作好了射击准备。随着"预备，放！"的口令，一发发炮弹呼啸着飞向空中，像长着眼睛似的，直落阿部规秀的指挥所。

　　爆炸声震撼山谷，浓烟覆盖了敌指挥所。阿部规秀被当场炸死。那条与他形影不离的高头狼狗也被弹片击中头部，随主子殉葬。失去了统一指挥的日军很快被八路军分割围歼，伤亡达900余人，残部在天黑后才趁夜突围出去。

　　战斗结束时，我方并不知道击毙了日军的一名将军。过了几天，日本报纸发布消息说："阿部中将……在这座房子的前院下达作战命令的一瞬间，敌人的一颗迫击炮弹袭来，在距离中将几步远的地方落下爆炸。瞬间，炮弹碎片给中将的左腹和双眼以数十处致命的重伤……大陆战场之花凋谢了。"

　　这是八路军在抗日战争中击毙的第一个日军将领，迫击炮立了大功。黄土岭大捷轰动了全中国，极大地鼓舞了抗日军民的斗志。蒋介石还特为此事给八路军总司令朱德发来贺电：阿部中将毙命"足见我官兵杀敌英勇，殊甚奖慰。"

迫击炮的新发展

在美国马里兰州阿伯丁陆军军械博物馆，陈列着一门名为"小戴维"的迫击炮，口径达 920 毫米，造于第二次世界大战后期，炮筒重 65304 千克，底座重 72560 千克，发射 1700 千克重的炮弹，需用吊车搬运。

这门火炮史上最大的迫击炮是为突破德军齐格菲防线专门设计的。但此炮未来得及运往前线，盟军即突破了齐格菲防线。"小戴维"未参战便进了博物馆。

20 世纪 50 年代，一些国家曾热心于制造口径 200 毫米以上的迫击炮。威力大了，射程远了，但昔日迫击炮适于步兵携带、操作简便的特点却失去了。而迫击炮的优势恰恰在于小巧、轻便、最小射程近。60 余年以后，各国军事专家对此取得共识，重点又转向发展中、小口径迫击炮。

英、法、美等国虽拥有核武器、导弹、重型火炮等多种先进武器，但仍十分重视迫击炮的研制，形成了从排属便携式迫击炮到师属自行迫击炮的系列化装备。如英国，专为陆军步兵排研制了一种十分轻便的迫击炮，称 L9A1 式 51 毫米迫击炮，由炮身、座钣和瞄准具三大部件组成，取消了脚架，战斗全重只有 6.275 千克。

1979 年 12 月，英国陆军和皇家武器研究所组织了对 L9A1 式 51 毫米迫击炮的鉴定，并与即将退役的老式 51 毫米迫击炮（1930 年代研制）进行对比试验。

老式迫击炮最大射程只有 480 米，而 L9A1 则达 750 米，最小射程两者相近，均为 50 米左右。

L9A1 式的设计精度更是遥遥领先，连续发射 5 发榴弹，都落在目标区 10 米以内，其杀伤威力比老式迫击炮提高了约 4 倍。不久，英国、阿根廷因马岛争端而大动干戈，L9A1 式经受了实践检验，在登陆作战中伴随步兵行动，深受英军士兵的欢迎。

在连属迫击炮中，美国的 M224 式 60 毫米迫击炮则是佼佼者，于 1979

火炮技术

年装备步兵连和空中突击连。该炮是越南战争的产物。在越战期间，美军发现其步兵连装备的81毫米迫击炮太重（44.5千克），携弹量又少，很不适应丛林地区机动作战。60年代末期美军不得不启用已退役的M19式60毫米迫击炮（20.4千克），以应付前线急需。但它的射程又太近，只有1800米，仍不能满足美军连属迫击炮的要求。于是，陆军当局下决心研制一种新的连属迫击炮，要求大小和重量与M19式相同，而威力和射程等性能要与现有的81毫米迫击炮接近。著名的沃特弗利特、弗兰克富和碧加丁尼三家兵工厂分别承担炮身、座钣、瞄准系统和弹药的研制任务。

虽然是小小的迫击炮，从1971年开始研制到定型投产，却历经8年时间，耗资2000余万美元。它采用新材料、新技术，最大射程（3489米）、最小射程（50米）、最大射速（30发/分）等战斗性能均达到了军方的要求。

M224由炮身、炮架、座钣和瞄准具四大件组成。身管使用高强度钢，瞄准具配有激光测距仪，命中精度很高。为减轻重量，双脚架采用轻合金材料制成，全炮重20.8千克。行军时，可将炮分解成两部分，由两名炮手背运。为增强使用灵活性，同时还设计了一种单兵手提型，不用炮架，全重仅7.8千克，射程可达1000米。

营属中型迫击炮，最著名的当属英国的L16式81毫米迫击炮，该炮具有射程远（5775米）、重量轻（36.69千克）、射速高（30发/分）等优点，既可人背，也可车载。炮手配有莫可斯手持式计算机，两秒钟内即可精确算出射击诸元。

L16式除装备英陆军步兵营和机械化步兵营外，还出口到30多个国家，1983年价格为每门30114美元。

图223 英国车载L16式81毫米迫击炮

由于美军步兵营原装备的 M30 式 106.7 毫米迫击炮性能落后，不能满足纵深机动作战的要求，美陆军于 70 年代后期也决定引进英国 L16 式 81 毫米迫击炮，并与英方协作对该炮作了多项技术改进。例如，炮身管采用镍铬钼钒高强度合金钢整体

图 224 以色列研制的"火球"制导迫击炮弹

锻造而成，重量轻、耐磨损、耐烧蚀；炮口装有新型超压衰减装置，可降低炮口冲击波和消除炮口焰；配用美国 M64 式瞄准镜和设计指挥装置，具有夜间作战能力，进一步提高了射击精度。这种改进型称 M252 式 81 毫米迫击炮。

从 1987 年起，M252 式迫击炮大量装备美国快速部署部队和其他高机动部队，包括步兵营、空降营、山炮营和海军陆战营。

1989 年 12 月 20 日凌晨 1 时，美国派出快速部署部队 2.4 万人，发动了入侵巴拿马的战争。美军趁着夜暗，兵分五路，向巴拿马军队的 27 个重要目标同时发动了猛烈的突然袭击。在进攻中，美军空降伞兵营、步兵营首次在实战中使用新装备的 M252 式迫击炮。仅经 15 个小时的战斗，美军就控制了巴军的大部分兵营，推翻了以诺列加为首的巴拿马政府。

目前，美国和西方国家装备的迫击炮主要有 51 毫米、60 毫米、81 毫米、107 毫米和 120 毫米几种口径。最新研制的迫击炮大多是 81 毫米和 120 毫米。美军营属 M120 毫米迫击炮由轻型车牵引，总重 145 千克，威力与 105 毫米榴弹炮不相上下，而最轻的榴弹炮 M777 重量也近 4 吨。迫击炮使用灵便，造价较低，大有取代轻型榴弹炮之势。

20 世纪 80 年代初，出现了迫击炮和导弹结缘的新趋势。英国率先研制成功"莫林"末制导炮弹，用 81 毫米迫击炮发射。"莫林"的外形、功能与近程导弹相似，从炮口装填。它能在 9 万平方米范围内自动搜寻和追踪坦

克等目标，专攻击其顶部，命中率很高。美国 XM395 制导迫击炮弹开始采用激光半主动/红外制导，2008 年调整为 GPS 制导，2011 年 3 月，美国 XM395 精确制导迫击炮弹交付驻阿富汗步兵旅。德国迪尔公司也研制了一种末制导迫击炮弹，用 120 毫米迫击炮发射，命名为"鸢"，试验时命中并击毁十几千米外的 3 辆坦克。以色列研制的"火球"制导迫击炮弹，采用激光半主动+GPS/INS 制导方式，鸭式舵控制，前端装有 GPS 天线、导航计算机、弹出式舵面和激光导引头，后面为战斗部。

这样，现代迫击炮已成为对付坦克等装甲目标的有效武器，大大扩大了使用范围，在现代战争中将有新的作为。

盯着飞机发展的高射炮

1870 年 7 月，普法战争暴发。普鲁士总参谋长毛奇指挥的数万大军于 9 月包围巴黎，切断了法国首都与外界的联系。为突破重围，法国内政部长甘必达从巴黎乘坐发明不久的载人气球，飞越普军防线，抵达巴黎西南 200 余千米的都尔城。甘必达很快组织起支援部队，并不断用气球载人，来往于都尔和巴黎之间。

气球飞行高度在轻武器射程之外，普军士兵只能望球兴叹。毛奇下令：迅速研制对空射击武器，切断巴黎与都尔的联系。

普军很快造出了一种专门打气球的火炮。该炮由加农炮改装，口径 37 毫米，装在四轮车上。当气球飘来时，由几名士兵推车操炮，适时变换位置和方向追踪射击。当时，这种炮被称为"气球炮"，是当之无愧的高射炮始祖。

20 世纪初，飞艇和飞机相继出现，极大地扩展了人类活动范围，也预示着战争将向立体化发展。德国军界鉴于以往法国人乘气球突破防线的教训，对尚未配备武器的飞艇、飞机的军事应用潜力非常敏感。1906 年，德国就开始组织人员研究对付空中飞行目标的专用武器。

德国莱茵军火公司的前身——爱哈尔特公司承担了此项任务。他们在原"气球炮"的基础上，根据新出现的飞艇、飞机的飞行特点，研制出了世上第一种专用高射炮。这种炮口径50毫米，身管长1500毫米（口径的30倍），炮弹初速573米/秒，最大射高4200米。两年之后（1908年），德国克虏伯兵工厂也造出了一门高射炮，口径为65毫米，身管长度为口径的35倍。值得一提的是，该炮装在门式炮架上，首次采用控制手轮调整方向进行瞄准。此后，法国、意大利的兵工厂也造出了式样各异的高射炮。早期高炮中，性能最好的当属德国1914年制造的77毫米高炮，它首次采用炮盘和四轮炮架，标志着从打气球起家的高射炮有了比较完善的结构。

高射炮和飞机是"对头"，高射炮盯着飞机的改进而发展，在两次世界大战中它们进行了激烈的较量。有这样的评价：第一次世界大战中，高炮在与飞机的对抗中略占上风；第二次世界大战中，它们打了个平手。让我们具体地看一看它们是如何较量的。

1914年7月暴发第一次世界大战时，各国所拥有的高射炮总共只有几十门，其中德国最多，也仅14门。这是因为早期飞机主要用于侦察，机上没有装备武器，人们还没有实际感受到空中的威胁。半个月后，法国飞机率先用炮弹当炸弹，对德军进行了轰炸。接着，许多飞机装上了机枪、炸弹等武器。

面对空中威胁，各参战国急忙启用战前制造的高炮。但这些未经过实战检验的高炮，命中率都很低，尽管当时飞机时速只有90千米左右，飞行高度都在2000米以下。

由于射击理论的滞后，战争初期的高射炮兵都采用直接瞄准射击法，即将炮身管直接对准目标现在点射击，尔后根据偏差修正瞄准点。这种射击法对付速度很慢的气球、飞艇尚可，对付时速达到上百千米的飞机，命中率很低。1914~1915年，高射炮击落一架飞机，平均消耗11585发炮弹。

一位法国火炮专家发明了间接瞄准射击法，即向飞机预定航路上的提前点射击，并为高炮安装了简易瞄准装置，射击效果显著提高，击落一架飞机的平均耗弹量大幅度降低。

为解决战争急需，参战国组织力量突击研制了一批新型高炮，口径增至80~105毫米，身管长度达到口径的45倍，普遍装备了瞄准装置，采用新的射击法，使炮弹打得又高又准，取得赫赫战果。

1918年9月18日，德国出动50架飞机空袭巴黎，绝大部分在巴黎外围被法军高炮击落，只有3架飞临目标上空。这3架飞机返回途中，又有2

架被击落。出动的50架飞机几乎"全军覆没"。

高射炮的数量也大幅度增加。到1918年,仅德国就拥有约3000门。战争后期,高射炮击落一架飞机所需炮弹平均数降至5000发。据统计,在德国战场上,高炮部队共进行1514次防空作战,击落飞机达1590架(其中含少量飞艇)。高射炮在与飞机的首次大较量中,略占上风。

为了对付低空俯冲、扫射的飞机,德国于1917年还研制成功一种20毫米小口径高炮,射高2000米,一名射手即可操作。该炮射速快,火力猛,是最早出现的一种能连续射击的高射机关炮,为以后小高炮的研制开拓了道路。自第一次世界大战结束直至30年代初期,由于飞机没有很大变化,高炮的发展也比较缓慢,在结构和性能上都没有明显改进。

第二次世界大战促进了飞机制造技术的快速发展,原来使用的木、布等软质结构材料,被高强度的合金材料取代,飞行速度提高到500千米/小时左右,最快的达700~800千米/小时,飞行高度普遍增至10000米左右。

"道高一尺,魔高一丈"。盯着飞机的发展而发展的高炮自然不甘落后,各军事强国很快研制出性能优良的新一代高炮,组成了可与新型飞机相抗衡的防空火力系统。

新发明的炮瞄雷达装备高炮部队,可远距离发现、跟踪目标,使高炮具有全天候作战能力。60~100毫米的中口径高炮成为防空的主炮种,大都配

图225 美国在第二次世界大战中使用的M13双管自行高射炮

有射击指挥仪、测距机等组成的高炮系统，使高炮的作战能力全面提高。

在第二次世界大战中，高炮与飞机基本上处于并驾齐驱的竞争地位。各种大、中、小口径高炮配合使用，是大战中起主导作用的野战防空武器，在大规模防空作战中发挥了重要作用。

1941年9月，德军发起了以夺取莫斯科为主要目标的"台风"战役，集中近2000架飞机对莫斯科实施连续空袭。德军统帅部自恃有绝对空中优势，狂妄叫嚣"要炸平莫斯科！"希特勒甚至下令："不准接受莫斯科投降！"

朱可夫大将受命担任莫斯科保卫战的前线最高指挥官。他调集1400门高射炮和高射机枪，集中600余架截击机、歼击机，组成了多层次纵深防空体系。

在历经半年多的激战中，德国空军先后出动飞机7146架次，进行了122次空袭，但只有3%的飞机（230架次）突入城市上空。不但未能实现"炸平"莫斯科的计划，反被击落1300架飞机，苏军取得了战役的胜利。此战使不可一世的纳粹军队首次遭到严重挫败，高射炮立下了不朽功勋。在整个"二战"中，各国损失的飞机，有一半是被高炮击落的。

朝鲜战场的绞杀反绞杀较量

1951年8月，抗美援朝战争中，以美国为首的"联合国军"在进行地面"夏季攻势"的同时，集中空军力量发动了空中"绞杀战"，企图摧毁朝鲜北部铁路、公路，切断中朝人民军队的运输补给线。

当时，中国人民志愿军空军的力量还很弱，防空的重任主要由高射炮兵承担。志愿军高炮部队缩短战线，将200多个联队、上千门高炮部署在铁路枢纽和沿线桥梁、隧道附近，与敌机展开了英勇斗争。志愿军高炮部队的主要装备是苏式37毫米和85毫米高射炮，均为苏联第二次世界大战时的产品。

有一天，美军出动130余架飞机，轰炸梧山里火车站及沿线铁路。守卫在这里的志愿军高炮营奋起还击，从拂晓一直打到傍晚，与敌机激战11个小时，击落敌机6架、击伤5架，己方仅伤5人。敌机飞行员被地面的猛烈炮火吓破了胆，投掷上千枚炸弹无一命中目标。

军事科技史话 ●古兵·枪械·火炮

图226 在抗美援朝防空作战中击落敌机10架的志愿军37毫米苏制高射炮，军事博物馆收藏

美飞机经常利用夜间空袭，以单机或双机轰炸我运行中的火车。而志愿军的高炮大都没有炮瞄雷达，夜间作战能力差。高炮部队群策群力，研究出了听飞机噪声射击法和按弹迹修正射击法，使得夜间来犯的敌机也难逃挨打的命运。在破邑地区作战的高炮营，半个月内五战五捷，击落敌夜袭轰炸机5架。

在反"绞杀战"的前三个月中，志愿军高炮部队击落击伤美军飞机500余架。遭到志愿军高射炮兵沉重打击的美国空军，不敢再像以前无所顾忌，改用避实就虚战术，即避开有高炮重兵掩护的目标，专炸无高炮掩护的目标。志愿军高炮部队针锋相对，采取了重点保卫与广泛机动作战相结合的战术，部署虚虚实实，行动出没无常。志愿军第612高射炮团通过认真研究敌情，准确地掌握了敌机活动规律，一个多月中在防区内进行了几十次机动作战，击落击伤敌机160余架。美军方面大为惊讶：怎么到处都有志愿军高炮？志愿军高炮太可怕了！

美空军为查明志愿军高炮部队部署情况，特别选派以一名上校为首的三人侦察组，乘飞机沿铁路巡航、拍照。可是，这架飞机刚飞到铁路线上空，即被志愿军高射炮的猛烈炮火击中，飞机凌空爆炸，上校一行全都去"上帝"那里报到了。

到1952年6月，美空军共被击落飞机260架、击伤1000余架；而投弹命中率，已从战争初期的50%~75%，降至6%左右。面对惨重的损失和越来越小的轰炸效果，他们不得不承认"绞杀战"失败了。在抗美援朝战争中，志愿军高炮部队也不断发展壮大，战争初期只有几个营，停战时发展到上百个营，为抗美援朝战争的胜利作出了巨大贡献。

持久不衰的小高炮

20世纪50年代中期，飞机技术取得突破性进展，喷气发动机被普遍采用，飞行速度超过音速，实用升限达到1.5万米以上。

几十年来一直盯着飞机发展而发展的高射炮，被远远地甩在了后面。其技术水平基本仍停留在第二次世界大战时期，难以与新一代喷气式作战飞机相抗衡。

为对付高空高速的飞机，苏联火炮专家进行了不懈的努力。但是，他们采用的仍是加长身管、加大口径的老办法。1955年，世界上口径最大的高射炮在苏联问世，命名为KC-30式130毫米高射炮。该炮重达29.5吨（行军状态），身管长8.412米，有效射高13720米，最大射程2.7万米，这些数据均创世界高炮之最。但与它的作战对象的战斗性能相比，仍有不小差距。例如，同年装备美国空军的B-52战略轰炸机，最大飞行高度超过了1.6万米。

面对高空轰炸机和超音速战斗机，所有的高射炮，包括苏联最新研制的"高炮王"，都只能望机兴叹。

与此同时，另一种新型防空武器——地对空导弹应运而生，1950年代末、60年代初开始在美、苏防空部队服役。于是，许多军事专家认为"高射炮已经过时"，其历史使命应由导弹取代了。不少西方国家，特别是美国从编制中取消了高炮装备，并停止高炮的研制工作，以集中力量发展防空导弹。当时，迷信导弹，认为导弹可以完全取代高炮的观念，在西方军界一度占了主导地位。

然而，美国飞机在越南北方上空的遭遇，很快使美国军方幡然悔悟。进入60年代后，防空导弹达到一定的技术和作战水平，能够有效地防御中、高空飞机。美军在越南的作战飞机不得不改变战术，转入低空突防和低空攻击，以利用导弹的射击死区。而越南北方则同时部署有大量高炮部队。从1964年8月6日到1968年11月1日，美军在越南北方上空共损失915架飞机，其中空战中被击落48架，被苏制萨姆-2防空导弹击落117架，其余750架全是被高炮击落的。在第四次中东战争中，以色列共损失飞机120架，其中被23毫米高炮击落的占55%。

世界各国从战争实践中认识到，高射炮仍然是现代战争不可缺少的防空武器，特别是轻便灵活的小口径高炮，对付低空、超低空飞机有着独特优势。于是，高炮的研制和发展又受到了普遍重视。

70年代后，大、中口径高炮逐步被防空导弹取代，而20~60毫米的小口径高炮则重新崛起。各国大都建立起防空导弹和小口径高炮搭配使用的防空体系：中、高空远程防御依靠防空导弹，低空近程防御主要依靠高射炮，辅以防低空导弹。炮兵专家们断言：小口径高炮在防低空作战中的特殊作用是导弹所不能替代的。

小高炮在近期的几次局部战争中显示了威力：海湾战争中，伊拉克军队用小口径高炮击落54架飞机，占击落总数的84%，还击落两枚战斧巡航导弹；1998年的"沙漠之狐"行动中，美军在头两天发射了305枚巡航导弹，有77枚被23毫米高炮击毁；1999年的科索沃战争中，南联盟击落北约飞机47架、直升机4架、无人机21架、巡航导弹100枚，其中80%~90%是小口径高炮的战果。

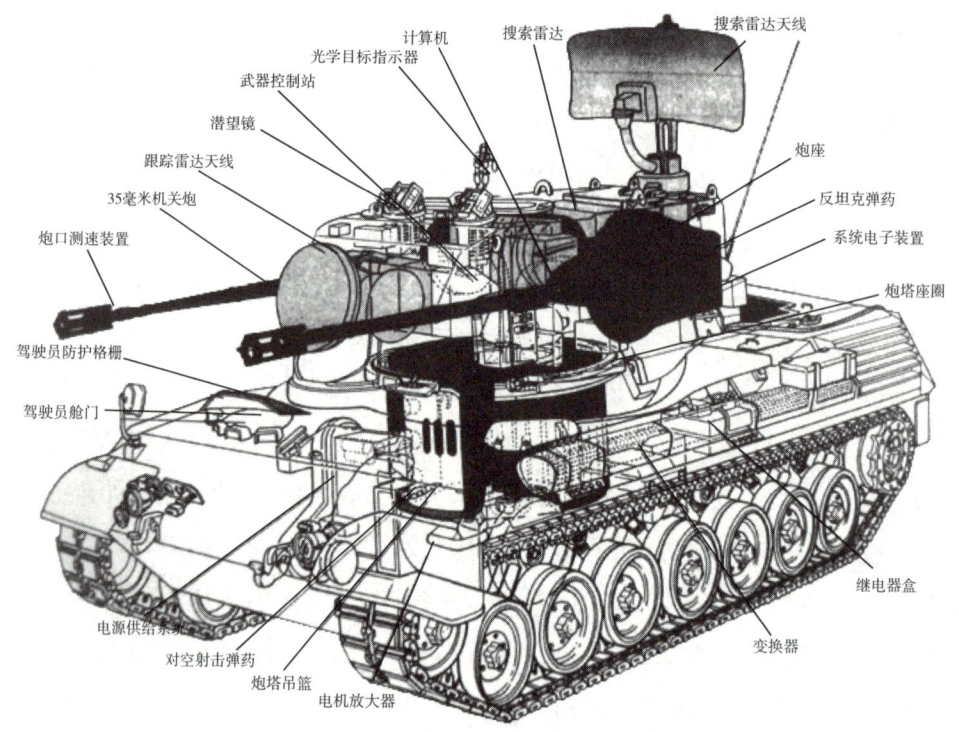

图227 德国"猎豹"35毫米自行高炮总体布置图

近40年来，新研制的高射炮口径大都集中在20~57毫米，在技术上有了很大提高和突破性进步。德国的"猎豹"35毫米双管自行高炮、希腊的"月神"30 毫米双管高炮、美国的 M247 "约克中士"双管 40 毫米自行高炮、日本的 87 式 35 毫米自行高炮、中国的 88 式 37 毫米自行高炮……都是具有代表性的新一代高炮。其中，德国于 70 年代研制的"猎豹"，最早将高炮火力、雷达火控和电源供应三大系统综合到一体，是现代"三位一体"自行火炮的

图 228　参加 2009 年国庆阅兵的中国 4 管 25 毫米自行高炮

开创者，在高炮发展史上具有划时代的意义。该炮采用瑞士厄里孔公司的著名产品——KDA-L/RO4 型双管 35 毫米高射机关炮，身管长达 3150 毫米，有效射程 4000 米，有效射高 3000 米，双管射速 1100 发 / 分；火控系统由搜索雷达、跟踪雷达、火控计算机、光学瞄准具、红外跟踪装置、激光测距仪等组成，实现对目标的搜索、识别、跟踪和射击，具有全天候独立作战、火力猛、反应快、射击精度高、机动性好、配用弹种多、弹丸威力大等优点。

弹炮结合的防空武器

在 1992 年 8 月的莫斯科航空展览会上，俄罗斯人向世界公开展出了将导弹与高炮合为一体的弹炮结合防空系统——2C6M "通古斯卡"。

西方国家的专家在惊讶之后赞不绝口，认为"通古斯卡"是目前世界上同类产品中唯一能在最大射程上对付武装直升机的武器系统。

实际上，早在 1983 年，苏联多里扬诺夫斯科兵工厂即研制成功并批量生产这种新型防空武器的首批型号——2C6 式，1987 年初开始装备苏军驻东德的防空部队，是世界上第一种正式装备的弹炮一体化防空武器。

军事科技史话 ● 古兵·枪械·火炮

火炮技术

图 229　俄罗斯 2C6M "通古斯卡"弹炮合一防空系统

"通古斯卡"装配有两部搜索和跟踪雷达，作用距离 15 千米；30 毫米双管高炮用于对付射程 4000 米、高度 3000 米内的目标，1~3 秒内可发射 83~250 发炮弹，理论射速为 1000 发/分。8 枚萨姆—19 防空导弹分装在炮塔两侧，射程 7~10 千米，用于攻击距离较远的目标，两部导弹发射装置可独立进行俯仰运动，不受火炮的影响。"通古斯卡"既适宜对付武装直升机，也可对付近距支援的固定翼飞机，毁伤率达 85%，操作人员只有 4 人。

由于 2C6M 式的外形酷似西德的"猎豹"35 毫米自行高炮，西方多年来将它误认为是一种普通高炮，并称之为 M1986 式 30 毫米双管自行高炮。直至苏联解体后，西方才弄清了"庐山真面目"。因为俄罗斯已决定公开出口这种最新式的防空武器，标价 800 万美元。

80 年代初期，美国也开始了弹炮合一防空武器的研制。美国陆军在一份报告中指出：随着武装直升机在战场上的大量使用，使低空机动防空力量面临新的挑战。武装直升机携带的对地攻击导弹射程可达 7~8 千米，使射程一般为 4000 米左右的小口径高炮在对抗中处于劣势；而防空导弹对超低空目标命中概率偏低，且有一定死区，对掠地飞行的武装直升机束手无策。1985 年，美国国防部长温伯格宣布撤销已耗资 18 亿美元的 M247 式 40 毫米高炮计划，改造现装备的小口径高炮和地对空导弹，研制一种将它们结合为一体的新型防空武器。陆军在"前方地域防空计划"（FAAD）中，要求这种新型防空武器系统既能有效地对付高度仅有 5 米的掠地面飞行目标，也能击毁高度、距离在 6000 米的空中目标，反应时间要在 8 秒之内。

1986 年 6 月，以美国马丁·马埃塔公司为主承包商研制的"阿达茨"弹炮合一系统秘密问世，被送到美国白沙靶场进行严格的鉴定试验。在对喷气靶机和悬停直升机进行的 10 次射击中，命中 8 次，各项战斗性能达到了军方的要求。不久，美国陆军即同有关公司正式签订了高达 35 亿美元的研制和生产合同。"阿达茨"装有数字式火控系统、激光测距机和激光指示器等先进设备，采用射程较远的防空导弹和"大毒蛇" 25 毫米机关炮，雷达可对 6~10 个空中目标边搜索边跟踪，具有全天候作战能力。

此外，美国还研制成功"运动衫"、"吉麦格"等型号的弹炮合一防空系统，采用便携式"毒刺"防空导弹和 25 毫米高炮，有牵引式，也有自行式。英国、法国、瑞士、埃及等国也不甘落后，合作或独立研制了弹炮合一防空武器。

戴维斯发明无坐力炮

早期的火炮，发射时产生很大的后坐力导致整个火炮后退、跳跃，让人们伤透了脑筋。为解决这个难题，火炮设计师们后来发明了驻退复进装置，实践证明这是一条成功之路。但也有人另辟蹊径，发明了无坐力炮。

无坐力炮的原理，源于 15 世纪意大利著名艺术家、科学家达·芬奇的一个大胆而奇妙的设想。他亲手绘制了一幅"双头炮"图案：两门相同的火炮尾部相接，炮口朝相反方向成一直线。两门炮"背靠背"地同时发射，产生的后坐力互相抵消，即可使火炮在发射时保持静止。

"双头炮"方案实际上是对反作用定律的最初揭示，达·芬奇比牛顿早了 200 年；它也是最早的无坐力炮设计基本原理。遗憾的是达·芬奇之后的 400 年间，"双头炮"方案长期被束之高阁。直到 1914 年，一位叫戴维斯的美国海军军官，对"双头炮"方案产生浓厚的兴趣，把达·芬奇的奇妙设想变成了现实。

戴维斯认为，双头炮的设计思想极富创造性，但在结构上需作较大的改进。他把达·芬奇的两门炮尾对尾的设计，改为用同时向后抛射另一颗平衡弹来抵消后坐力，即将两枚尾接尾的弹丸放在一根两端开口的炮管中发射，朝前飞行的是真弹，在后坐力作用下向后运动的是假弹——平衡弹。粘接而成的假弹在发射后破碎，散落在炮后不远地方，操作人员躲避开这个危险区

图230 军事博物馆兵器馆陈列的美国75毫米M20式无坐力炮，最大射程6584米

就不会造成伤害。这就是世界上第一门无坐力炮——戴维斯炮。

后来，人们对戴维斯炮的结构不断改进，逐步接近现代无坐力炮。对此作出重要贡献的是俄国人梁布兴斯基。他于1917年去掉戴维斯炮的假弹，将后半截炮管改装成喷管，直接用向后喷出的火药气体来进行平衡。后来，梁布兴斯基研制成功具有实用价值的76.2毫米无坐力炮，并装备苏军，在1941年的对芬战争中首次使用。同期，德国克虏伯兵工厂也造出了性能优良的LG40型无坐力炮。它们的结构、外形等已比较成熟，一直被现代无坐力炮沿用。

在第二次世界大战中，无坐力炮得到了广泛使用，主要作战任务是对付坦克和装甲车，也用于摧毁野战工事。无坐力炮基于其特殊的发射原理，无需配装通常火炮所必需的反后坐装置和炮架，因此具有结构简单、重量较轻、便于机动、操作使用方便等优点。它的弹道低伸，使用破甲弹和碎甲弹，是一种适应能力较强的近距离反坦克武器，在反坦克作战中曾发挥过重要作用。

"门罗效应"与空心装药破甲弹

无坐力炮之所以能成为一种有效的近距离反坦克武器，与它使用的空心装药破甲弹密切相关。在第二次世界大战期间，德军率先用LG40式75毫米无坐力炮发射空心装药破甲弹，对装甲目标的威胁比普通穿甲弹大几倍，

军事科技史话 ●古兵·枪械·火炮

在反坦克作战中显示了威力。德国人最先使用的这种破甲弹，发明者是一位叫门罗的美国人。

那是在1888年，美国科学家门罗进行了一次有趣的炸药试验：用同一种炸药做成两个外形相同的药柱，一个是实心的，另一个有圆锥形的空心。门罗同时将它们放在钢板上起爆。爆炸效果差别很大：实心药柱只在钢板表面炸了个浅圆坑，而空心药柱却炸出了一个漏斗形深坑。

人们将这种现象称为门罗效应，亦称空心效应、聚能效应。其秘密在于：实心药柱爆炸时，能量在药柱端面上平均分散，好像张开的五指，力量不集中；而空心药柱爆炸时则犹如攥紧的拳头，力量自然大多了。

德国人将门罗效应原理用于武器制造，研制成功空心装药破甲弹，弹丸重4.54千克，破甲深度可达弹径的4~5倍。美国人很快认识到无坐力炮和空心破甲弹在反坦克作战中的重要作用，于1944年制造出57毫米无坐力炮，全炮重仅18.2千克，发射空心装药破甲弹，在六七百米距离内能穿透76.2毫米厚的钢板和203毫米厚的混凝土工事。此时大战已进入最后决战，美军在太平洋战场转入反攻，但日本陆军仍凭借坚固工事和装甲部队坚守菲律宾主要岛屿。麦克阿瑟指挥的第6集团军担负登陆作战任务，装备了大量新研制的无坐力炮和空心装药破甲弹。在攻占莱特岛、吕宋岛等战役战斗中，无坐力炮发挥了威力。日军一个装甲师被全歼，坚固的工事被摧毁，美军迅速占领了菲律宾群岛，随后直逼日本本土。

图231 中国105毫米1975年式无坐力炮，军事博物馆兵器馆陈列

火炮技术

前景难测的无坐力炮

20世纪50~60年代,是无坐力炮发展的一个高峰,各国将其作为步兵分队的主要反坦克武器,出现了一批射程远、威力大、机动性强的新型号。如美国在60年代初装备的M67式90毫米无坐力炮,炮身重16千克,可单兵携行,最大射程2100米,有效射程457米,垂直破甲厚度为280~300毫米,每分钟能发射10发炮弹,曾广泛装备美军步兵连作为制式武器。口径100毫米以上的重型无坐力炮,装在吉普车或轻便履带车上即可。英国1960年代初生产的"翁巴特"120毫米无坐力炮,全重295千克,首发命中距离达到1100米,为步兵、伞兵提供营级反坦克火力。英军伞兵营每个连队都编有反坦克排,装备6门"翁巴特",其几大部位能迅速分解组合,全重186千克,适宜空降作战。

为适应地面机械化部队的需要,也出现了一部分自行式无坐力炮,如日本研制的106毫米双管自行无坐力炮,于1960年装备自卫队机械化步兵团,有很强的机动能力,有效射程1370米,垂直破甲厚度达550毫米。该炮配用75厘米立体测距仪及红外夜视仪,有较高的命中精度。

60年代美军还曾装备过"大卫·科洛科特"120毫米无坐力炮,用于发射小型核弹头,TNT当量为200吨。

从1940年代到70年代初期,无坐力炮一直是许多国家步兵分队的主要反坦克武器之一,在越南战争、中东战争中都曾广泛地使用过。

无坐力炮的特点和优势在于发射时没有后坐力,由此使结构大为简化,重量相应减轻,便于携行和机动。但它也有明显的缺点,与反坦克炮、反坦克导弹等反坦克武器相比,在弹丸威力、射程和精度方面均显不足,已难以对付日益先进的现代坦克。另外,无坐力炮消耗火药多,发射时有一多半的火药用于后喷,以消除后坐力。后喷火危险区大,易暴露目标。

论射程、精度、威力,无坐力炮不及新崛起的反坦克导弹和不断改进的反坦克炮;讲轻便、灵活,在反坦克武器系列中,还有比它更小、更轻的反坦克火箭筒。因此，美国与其他一些军事强国已有将无坐力炮从现装备中逐步淘汰的趋势，而许多第三世界国家还在大量装备。

仍有一些武器专家对无坐力炮情有独钟，千方百计对现役的大量无坐力炮进行改进，延长其服役年限，维持其作为一个独力炮种的地位。如瑞典博福斯公司为现役无后坐力炮配用火控计算机、激光测距仪和微光夜视装置，使火炮命中概率提高 2~4 倍。最重要的改进是：利用无坐力炮的原理，发射带火箭发动机的炮弹——增程火箭弹，使有效射程从 500 米提高到 1000 米左右。这样，无坐力炮即同它的主要竞争对手火箭筒相结合，纯无坐力炮大都已停产，而一种集无坐力炮和火箭筒优点于一身的轻型火箭炮则显示了很强的生命力，仍将在近距反坦克武器中占有一席之地。如德国 1985 年装备部队的 60 毫米 "铁拳" Ⅲ 轻型反坦克武器系统，即采用戴维斯发明的平衡抛射原理：发射火箭弹时，从筒后抛出配重物——5000 块塑料片，既抵消了后坐力，又无烟、无光、无后喷焰，十分安全可靠，便于在建筑物、地下室、隐蔽壕等狭小空间内使用。在 400 米距离内，"铁拳" Ⅲ 垂直破甲厚度达 700 毫米，能穿透当代世界上最先进的主战坦克前装甲。在 "铁拳" Ⅲ 身上，无坐力炮和火箭筒的界限已经模糊不清，为传统无坐力炮开创了新的发展道路。

图 232　德国 "铁拳" Ⅲ 反坦克武器系统

"巴祖卡" 和新一代火箭筒

1942 年 5 月，美国陆军上校斯克纳发明了一种新式反坦克武器——M1

式火箭筒。不久，美、英联军在北非登陆，发动代号为"火炬"的作战行动。美军在突尼西亚战场与德军装甲部队激战，步兵首次使用火箭筒，击毁大批德军坦克。小小的火箭筒为盟军在北非全部肃清德、意军队立下不小的战功，深受步兵的喜爱，因为他们以前对付坦克的主要手段是投掷炸药包，伤亡大，效率低。

在一次战斗胜利之后，美军士兵们欢呼雀跃，他们终于有了一种近距离内对付铁乌龟的有效武器。上士约翰说："火箭筒虽小，威力可够大的。我建议大家给它起个好听的名字。"

一个叫希尔的新兵抢了先："这家伙外形很像喜剧演员用的管乐器'巴祖卡'，就叫它'巴祖卡'怎么样？"

"巴祖卡，太棒了！"士兵们几乎异口同声地投了赞成票，因为当时喜剧在全美国很流行，大家都很熟悉那种长筒状的管乐器。

从此，美军士兵便都亲切地称 M1 火箭筒为"巴祖卡"，这个美名后来成了欧美各国对火箭筒的习惯称呼。盟军各国纷纷仿制，"巴祖卡"成为步兵分队反坦克的主要武器。

"巴祖卡"主要由火箭弹和发射筒组成，分别重 1.52 千克和 5.96 千克，初速 83 米/秒，有效射程 200 米，可击穿 127~152 毫米的装甲，需两人操作，每分钟可发射 3~4 发。

"巴祖卡"在第二次世界大战中的杰出表现，给人们留下了深刻印象。战后，美国仍将它作为步兵分队反坦克的主要装备，并不断改进，推出多种型号的反坦克火箭筒。1950 年代装备部队的主要是 M20 型，初速增至 104 米/秒，破甲厚度提高到 280 毫米，但仍需两人操作，亦称"超巴祖卡"。

50 年代末，美陆军部根据当时坦克数量增多、性能提高的情况，提出研制一种威力大、可单兵操作、一次性使用的轻型火箭筒，并向有关公司招标。

图 233　美国"巴祖卡"火箭筒

美国赫西东方公司推出的 M72 满足了陆军的要求，成为世界上第一种单兵操作的制式反坦克火箭筒。它的筒重只有 1.36 千克，筒径 66 毫米，配用 1 千克重的破甲弹，有效射程 300 米，垂直破甲厚度 305 毫米。从 1962 年起，美国陆军和海军陆战队大量装备 M72，每个步兵连配 15 具。后又有改进型 M72A1、A2、A3，形成 M72 系列火箭筒，出口到北约集团和其他一些国家。这种火箭筒的特点是结构简单，操作方便，可根据不同地形条件采用立姿、跪姿、坐姿或卧姿射击，射击后火箭筒即抛弃。

在战后的多次局部战争中，小巧灵活的火箭筒与庞然大物般的坦克相对抗，战绩斐然。

1969 年 3 月 15 日，苏联军队派出 20 辆坦克、30 余辆装甲车，入侵中国领土珍宝岛，中国边防军奋起反击。40 毫米火箭筒是中国边防军的主要反坦克武器，击毁苏军两辆 T–62 型主战坦克和 7 辆装甲车。当时，T–62 是苏军最新式的坦克。

在 1973 年 10 月的中东战争中，埃及步兵使用苏制火箭筒，配合反坦克导弹部队作战，全歼了以色列军的一个装甲旅。

80 年代，各军事强国相继装备第三代主战坦克，配有复合装甲，防护力大大增强。而各国配置的火箭筒仍为 1960 年代的产品，破甲厚度都在 400 毫米之内，已无法与现代坦克相对抗。

根据法国陆军提出的要求，法国马尼汉公司率先研制成功新一代大威力轻型反坦克火箭筒，1983 年开始装备法军步兵，命名为"阿比拉"（APILAS）。

"阿比拉"筒径比以往的火箭筒增大很多，达 112 毫米，由"凯夫拉"复合材料制成；配用尾翼稳定空心装药破甲弹，内装 1.5 千克黑索金混合炸药，在 330 米有效射程内，破甲威力达 720 毫米，超过了当时装备的大部分反坦克导弹。

陆军装备之前，对"阿比拉"进行了 2700 多次射击试验。有这样一个镜头："阿比拉"火箭弹飞行 200 米后，不仅穿透了作为靶子的"谢尔曼"坦克前装甲，还击穿了置于坦克后 2 米处的一块 40 毫米厚的钢板。

随后，又对钢筋混凝土筑成的野战工事进行射击。火箭弹以 295 米 / 秒的速度飞出筒口，穿透了 2 米以上的厚度。

专家们指出，"阿比拉"的破甲威力超出苏制 T–72 主战坦克前装甲厚度的 25%，能够有效地对付 80 年代、甚至 90 年代出现的坦克目标。

"阿比拉"配用的瞄准装置也非同一般。它有光学、光电和微光瞄准三套瞄准具，可自动测距、测速，自动计算气温、气压、风速等射击条件修正量，对 25~330 米距离上的固定目标射击的命中概率达 90%，对活动目标命中概率为 80%。

海湾战争中，法军士兵携带"阿比拉"参加地面作战，击毁大量伊拉克坦克，再现了其祖先"巴祖卡"当年在战场的神威。

反坦克炮的发展

自从坦克问世，就受到了来自各方面的攻击，产生了各式各样的反坦克武器。其中，资格最老、使用时间最长的还是反坦克炮，它与无坐力炮、火箭筒并称为反坦克武器中的"老三件"。

早期坦克装甲厚度仅 6~18 毫米，步兵们主要用反坦克枪、喷火器、集束手榴弹和炸药包对付它。炮兵也参加对坦克的作战，使用的是普通野战炮。野战炮虽也可击毁坦克，但其直射距离近，机动性差，在与坦克的对抗中处于劣势。

1918 年 7 月的维莱科特战斗中，英法联军以几百辆坦克为主力发动进攻，德军以上千门野战炮与之抗衡。结果，德军火炮击毁英法联军 102 辆坦克，但损失火炮 700 余门，无法阻止滚滚"铁流"，阵地丧失。第一次世界大战末期，法国根据运动中的坦克特点，率先用加农炮改制成专用反坦克炮，称"乐天牌"。由于战争很快结束，这种炮也没能发挥多大作用。

19 世纪 20~30 年代，随着坦克性能的不断提高，欧洲一些国家研制了性能较完善的专用反坦克炮，又称"战防炮"。其特点是身管长、初速大、直射距离远，口径 20~45 毫米，发射实心穿甲弹或装有炸药的穿甲弹，在 1000 米距离内可击穿 15~45 毫米的装甲。

第二次世界大战中，反坦克炮与坦克的对抗趋于白热化。防护、机动、火力俱佳的坦克称雄于战场，各国都设法竭力提高反坦克炮的威力。当时，德军坦克在数量、质量上占有优势，苏联一时难以制造足够数量的坦克与之抗衡，便大力发展反坦克炮。

德军"豹"式坦克装甲厚度达 150 毫米，苏联研制的 1944 年式 100 毫米反坦克炮，能在 450 米距离上穿透 200 毫米装甲，是对付"豹"式坦克的有效武器。苏军炮兵在协调装甲部队与德军坦克的交锋中，取得多次重大战役的胜利。在整个战争期间，德军损失的坦克有 60% 是被火炮击毁的。德国也研制了多种型号的反坦克炮，其中威力最大的为 1943 年式 88 毫米反坦克炮，是唯一能穿透苏制重型坦克装甲的火炮。这个时期反坦克炮的口径大都为 57~100 毫米，初速达到 900~1000 米/秒，使用的弹种增多，有次口径钨芯超速穿甲弹、钝头穿甲弹和空心装药破甲弹等。

图 234　军事博物馆兵器馆陈列的德国苏罗通式 47 毫米战防炮（反坦克炮）

第二次世界大战结束到 60 年代，随着反坦克武器的多样化，特别是反坦克导弹的迅猛发展，许多西方国家认为反坦克炮已经过时，大量裁减牵引式反坦克炮。而只有苏联仍十分重视反坦克炮的发展，先后研制和装备了 57、85、100 毫米等多种口径、多种型号的反坦克炮。其中，彼得洛夫设计局研制的СД44 式 85 毫米反坦克炮很有特色，于 1950 年代后期装备苏军空降部队。该炮配有辅助推进器，每小时能独立行驶 25 千米，空投后可迅速进入阵地或转移，有效射程达千米以上。

从滑膛到线膛，原是火炮的一大进步，滑膛炮管除用于迫击炮，已被淘汰数十年，但苏联科技专家却使大型滑膛炮重新焕发生机，于 1965 年研制成功 100 毫米滑膛反坦克炮。70 年代末，苏军又装备了 125 毫米滑膛反坦克炮。西方国家也纷纷效仿，推出 120 毫米滑膛反坦克炮。

滑膛炮之所以"死灰复燃"，是因为发明了一种新的炮弹——尾翼稳定脱壳穿甲弹，它更适宜用滑膛炮管发射。

火炮技术

尾翼稳定脱壳穿甲弹，在反坦克炮使用的穿甲弹中已是第三代了。早期的穿甲弹结构比较简单，弹体采用高强度合金钢，弹头只装少量炸药甚至不装炸药，可穿透100毫米左右的坦克装甲。后来，坦克装甲不断加厚，这种普通穿甲弹就难以奏效了。于是人们研制了一种旋转稳定脱壳穿甲弹，用线膛反坦克炮发射，可视为第二代穿甲弹，其弹芯用高强度碳化钨制成。弹头冲出炮口后，高速旋转飞行，弹托自动脱落，只剩下又细又尖又硬的弹芯靠陀螺稳定射向目标，破甲能力比普通穿甲弹强很多。

苏联科技人员在试验中发现，穿甲弹威力与弹芯长度密切相关，弹芯越细长，穿甲威力越大。但是，弹芯长度与直径的比例（长径比）又有一定限度，一般不能超过4：1。他们断定，这是因为弹芯是依靠旋转稳定飞行的，如弹芯太长，飞行中就会翻跟头，无法击毁坦克。

进入60年代，主战坦克开始采用大倾角钢甲和现代复合装甲，线膛炮发射的旋转稳定脱壳穿甲弹已难以对付。苏联火炮和弹药专家通力协作，再创新绩，研制出了第三代反坦克穿甲弹——尾翼稳定脱壳穿甲弹。它外形似箭，合金钢是高密度钨合金材料制成，初速可达1300~1800米/秒。弹头出炮口后不旋转，是靠尾翼稳定飞行的，因此，其长径比可达12：1甚至20：1，穿甲威力大幅度提高。

苏军于70年代后期装备的125毫米滑膛反坦克炮，主要发射尾翼稳定脱壳穿甲弹和尾翼稳定空心装药破甲弹，曾在一个时期内是世界上威力最大的反坦克炮，弹丸初速达1800米/秒，直射距离2100米，在2000米距离上垂直穿甲厚度340毫米。这种反坦克炮系由T-72滑膛坦克炮改装而成，两种武器协同作战，弹药通用。

美国及其他西方国家长期以来不重视反坦克炮的发展。美军空降部队曾于60年代装备过90毫米自行反坦克

图235 尾翼稳定脱壳穿甲弹，最右边为破甲弹

炮，以后由能发射"橡树棍"导弹的轻型坦克取代。随着坦克复合装甲技术的迅速发展，以往的穿甲弹、破甲弹及普通反坦克导弹难以发挥有效作用，迫切需要高速动能弥补不足。

图236　正在脱壳的尾翼稳定脱壳穿甲弹

苏联在滑膛反坦克炮和尾翼稳定脱壳穿甲弹方面取得的成就，引起了西方军方的高度重视。这种新型穿甲弹，在极小的弹芯断面上集中了极大的能量，有很强的穿甲能力，在近距离上的设计精度也很高。于是，用反坦克炮发射高威力、高精度的穿甲弹，成为热门的研究课题。美国军方在70年代后期又研制出更先进的穿甲弹——贫铀合金穿甲弹，具有更大的穿透能力和后效燃烧作用。

图237　中国PTL02式突击炮参加2009年国庆大阅兵

反坦克炮与反坦克导弹相比，固然有许多不及之处，但它却有弹药品种多、比较经济、适应性好等优势，在反坦克武器系列中仍将占有一席之地。

目前，各国研制和装备的反坦克炮口径在57~125毫米之间，线膛、滑膛各显其长，牵引式、自行式同时并存。2009年国庆阅兵中，新研制的一种自行式突击炮首次公开亮相。它采用100毫米反坦克炮作为主炮。该炮在制造时采用了电渣重熔、身管自紧等技术，射击膛压可高达450兆帕，炮口初速为1610米/秒，直射距离为1800米，可发射脱壳穿甲弹、破甲弹等弹种，是新一代反坦克利器。

火箭炮源远流长

从发射原理和结构上看，火箭炮与身管火炮差异很大。火箭炮是一种引燃火箭弹发动机点火具、赋予火箭弹初始飞行方向的多联装发射装置。火箭弹的飞行，靠自身的火箭发动机，由发动机装药燃烧产生的高温、高压燃气流，经喷管喷出而产生的反作用力推动火箭弹飞行。

火箭弹源于中国古代发明的火箭。早在公元12世纪中期的南宋时期，即将火箭用于作战。明万历年间（1573~1620年），赵士祯研制了称为火箭溜的滑槽式发射架，火箭在滑槽上发射，能控制方向，堪称最早的火箭炮。近代火箭炮出现于19世纪的欧洲，1830年法国使用三脚架、筒式定向器发射50毫米火箭弹。真正把火箭和炮联结在一起，成为一种威力巨大的现代火箭炮，是在第二次世界大战中。

图238　苏联 БМ-13（英文BM-13）火箭炮。
军事博物馆兵器馆陈列

军事科技史话 ●古兵·枪械·火炮

火炮技术

　　1941年7月14日拂晓，侵入苏联奥尔莎地区的德军还在睡梦中。突然，成千上万枚火箭弹如暴雨般倾泻下来，伤亡惨重的德军惊慌失措，不知苏军用的什么新式武器，因为从未见过如此猛烈密集的火力突袭，还伴随着一种奇特的火炮发射声，德军士兵便称之为"鬼炮"。这是苏联新研制的火箭炮在战场上首次使用，前线的官兵无不为火箭炮的

图239　中国1963年式107毫米火箭炮。军事博物馆兵器馆陈列

强大威力欢欣鼓舞，但他们谁也不知道这种新式武器的名称。一位士兵看见每辆炮车上都标有字母"K"，灵机一动，想起了俄罗斯民间传说中那位能歌善舞的美丽姑娘喀秋莎（俄文第一个字母为K），兴奋地冲着火箭炮高喊："喀秋莎！喀秋莎！"从此，苏军官兵都亲切地称这种火箭炮为"喀秋莎"。

　　"喀秋莎"的正式命名为ЪM-13型火箭炮，1939年研制成功，由沃罗涅日州共产国际兵工厂生产。它最大的优越性就是能在很短的时间内形成巨大的火力网，使敌集群目标来不及躲藏和转移即被歼灭。在朝鲜战争期间，中国人民志愿军装备了大批的"喀秋莎"火箭炮，取得了辉煌战绩。ЪM-13采用滑轨定向器，联装16发弹径132毫米的尾翼火箭弹，最大射程8500米，一次齐射仅需9.5~11秒，重新装填需5~10分钟。

　　火箭炮结构简单，一般由定向器、高低机、方向机、平衡机、瞄准装置、发火系统和运动体组成。发射火箭弹时，火箭炮只起到支承、赋予方向和点火的作用。火箭炮管数有几管、十几管、几十管的。可以单发、部分连射，也可以一次齐射。火箭炮发射速度快，火力猛烈，有较好的机动能力和越野能力，适于对大面积目标实施突袭。70年代以来，火箭炮技术有了新的发展。如美国在海湾战争中首次使用的227毫米M270式12管火箭炮，采用箱式定向器，集装箱式弹仓实现了装填自动化，并配有先进的电子系统和自动收放炮系统。配有4种不同类型的弹药，其中反坦克子母弹射程32千米，可击穿100毫米厚的坦克顶部装甲；末端敏感式火箭弹，能自动寻找并击毁目标，射程达45千米。近年又出现了射程超过100千米的远程火箭炮，

229

还配有末段制导子母弹等新弹种，可远距离打击集群装甲目标。

50年代后期，中国把火箭炮发展列为重点项目，研制成功多种型号的火箭炮。107毫米63式12管火箭炮，是为满足高地、丛林、水网地带陆军高速机动作战要求而设计的，1963年定型投产。特点是火力猛烈，构造简单、重量轻、机动性好。以吉普车牵引为主，骡马挽曳为辅，便于分解搬运。此后，又对该炮作了改进，1967年定型投产，称63-1式，主要是减轻全炮和各大部件重量，最大部件不超过30千克，便于人背马驮。大部架采用了铝合金铸造结构，定向器由900毫米缩短至600毫米，各大分解部件在结构尺寸上具备如下特点：上不过颈——便于抬头，下不过臀——便于跨步，宽不过肩——便于通过，重心贴心——防止扭腰。该炮曾出口国外，至今仍在不少国家和地区使用，被誉为最有效的游击战武器之一。

图240 参加2009年国庆阅兵的300毫米远程火箭炮

63式火箭炮战术技术诸元：口径107毫米，12个管式定向器，可连射也可单发射击，一次齐射7-9秒，再装填时间50秒。行军状态全重385千克，战斗状态全重613千克。火箭弹重18.8千克，初速31.4米/秒，最大飞行速度372米/秒，最大射程8500米。炮班5人组成。

液体发射药火炮

海湾战争结束之后，美国陆军在总结经验教训的同时，对未来战争特点、

军事科技史话 ●古兵·枪械·火炮

炮兵的地位和作用等问题，进行了广泛深入的探讨，随后组织军事专家拟定了美军21世纪炮兵现代化建设的宏伟蓝图——《2020年野战炮兵发展规划》。其中，最引人注目的项目便是研究试验"十字军"（Crusader）自行火炮。这种火炮首次采用液体发射药，设计新奇，性能优异，被誉为火炮发展史上"革命性的变化"。

火炮问世后几百年来，一直采用固体发射药。而现代火箭则长期以液体推进剂为主，其推力之大，可将卫星送入遥远的太空，将战略导弹射向地球上任何目标。火炮是否也能采用液体发射药呢？

第二次世界大战结束不久，美国、苏联等国相继开展了这方面的研究。美陆军曾设想在坦克炮上采用液体发射药炮的试验装置，但限于当时的技术水平，难以达到理想的效果，不得不停了下来，而将主要精力转入对普通火炮的改进。

1970年代以后，固体发射药火炮已经达到了所能企及的较高水平，而随着新技术、新材料的发展，液体发射药火炮的难题迎刃而解。美国一些武器设计者认为，M109式155毫米榴弹炮和其他一些火炮，虽经多次改进，但大都没有脱离老炮的框架，其陈旧的结构已经严重束缚着自身的发展。要想使火炮性能有重大突破，必须另起炉灶开发全新的项目，而最具潜力的便是液体发射药火炮。

美国通用电气公司对液体发射药火炮的研制投入了巨大的财力，从60年代后期到80年代中期，先后进行了3000多次试验，取得了突破性成果。1986年，美军弹道研究所与该公司签订了4200万美元的合同，研究155毫米火炮采用液体发射药的应用前景。通用电气公司很快制成3门样炮，并交由美军进行各种试验，取得了基本满意的结果。1991年10月，美陆军正式宣布，未来的野战火炮将采用液体发射药技术，并将通用电气公司研制的样炮（原称"防御者"）命名为"十字军"155毫米自行榴弹炮，于21世纪初投入小批量生产，交付美军使用。

"十字军"确实是一种全新的火炮，采用了一系列高新技术。它的液体发射药由60.8%的硝酸羟氨、19.2%的三乙醇胺硝酸盐和20%的水组成，每立方厘米1.4克，密度比固体发射药高40%。液体发射药贮存在一个208升的桶内，贮存桶设置在车内较安全的地方。作战时，通过导管将液体发射药注入药室，操作十分方便，即使被敌炮火击中，车内也不会发生爆炸。原来的 155 毫米榴弹炮只能携带 34 发炮弹，而"十字军"能携带 60 发 155 毫米弹体，它去掉了药桶和抽筒装置，使火炮结构简化，载弹量大幅度增加。

液体发射药能量高，极大地改善了火炮的弹道性能，弹丸初速、射程、射速大幅度提高。"十字军"采用 52 倍口径的长身管，最大射程达 50 千米，每分钟可发射 4 发炮弹，毁伤目标的能力比现有火炮提高一倍以上。

液体发射药还具有成本低廉、工艺简便的优点。一发 155 毫米榴弹，使用固体发射药约需 60 美元，使用液体发射药仅需一美元。加上火炮结构简化，重量减轻，整个火炮系统的硬件制造成本也大幅度下降。轻便的"十字军"具有良好的战略机动能力，能在危机爆发后的最短时间内，用 C–5、C–141、C–17 等运输机运送到世界任何地点，也能用直升机进行战区空运或低速空投。

"十字军"配有先进的计算机火控系统、先进的自动定向和导航装置，能在复杂的战场环境中及时获得各种信息，在运动状态计算射击诸元，控制火炮快速、准确地开火；具有自动定位和导航能力，可在分散指挥的情况下独立作战。它还具有很强的"三防"能力，能在核、生、化沾染条件下坚持战斗 72 小时。同时，"十字军"火炮仍有一些技术问题需进一步解决，如控制液体发射药的分解速度和燃烧面的大小等。

图 241　"十字军"火炮发射试验

2002 年 8 月，由于美国军事战略的变化，以及国防经费的调整，国防部长拉姆斯菲尔德宣布"十字军"项目取消研制。但液体火炮的技术成果不会取消，将在新概念武器中得到应用。据报道，美国科技人员把液体发射药技术与电热技术结合，研制出新型燃烧增强等离子 (CAP) 电热炮。CAP 电热炮综合了液体发射药火炮和电热炮技术的优点，与磁化技术结合将可研制液体电磁弹药，比液体发射药火炮和电磁炮的威力更大。

前途无量的激光炮

　　用光做武器，曾是古代神话中奇妙的幻想。在古希腊诸神中，神通广大的太阳神阿波罗就是以万道金光横扫妖魔鬼怪，为世间百姓除害的。世间第一次真正将光作为武器用于实战的战例，也发生在希腊，那是公元2世纪的事了。强盛起来的罗马帝国野心勃勃，一心想征服富饶美丽的希腊。一年的夏天，经过充分准备的罗马帝国派出大批战船，横渡爱奥尼亚海，气势汹汹地扑向地处巴尔干半岛南端的希腊。这天，烈日炎炎，骄阳似火。罗马战船满张风帆，越驶越快，眼看就要靠近希腊海岸了。突然，一束强光闪电般射向罗马军队的旗帜，涂有油脂的船帆顿时起火燃烧，海面上浓烟滚滚，烈火熊熊，惊恐万状的罗马士兵纷纷弃船逃命。原来，在希腊军队阵地上有一面大型金属凹面镜，镜子由著名科学家阿基米德研制，并亲自在阵地上指挥、操作，强光就是由凹面镜发出的。

　　时间过了2000多年，一位美国人发现了一种比太阳光还要亮千百倍的光，起名为laser，中文译为激光，原意是"受激励辐射的光"。它与普通可见光并无根本区别——都是由物质中的原子、电子等微观粒子无休止的运动而产生的，主要在于发光形式不同。太阳光属自然光，而激光则必须用外来光或电，对某种激光器进行激励才能发出。关于激光到底是谁发明的，还有一场有趣的争论。1958年，美国科学家汤斯和肖洛在大量实验基础上，写成了一篇关于激光的论文，发表在美国权威刊物《物理评论》上，并申请了发明专利。汤斯还因在激光研究方面的卓越成就，获得了1964年的诺贝尔物理奖。但不久，有人证实，美国科学家古尔德在1957年就在激光研究上取得成果，并写出了论文，只是因故未曾发表。不管怎样，他们都为激光的发明各自独立地进行了卓有成效的工作，都是美国人的骄傲。伟大的科学发明属于整个人类。

火炮技术

经过几十年的发展，激光研制取得了一系列显著成果，低能激光武器——激光枪，已在美国、俄罗斯投入试用；高能激光武器——激光炮，尚处于实验之中。

激光炮由高能激光器（平均输出功率不小于2万瓦）、精密瞄准跟踪系统、光束控制和发射系统组成。它发射的"炮弹"——光弹，是一种高能激光束，主要用于摧毁敌方的飞机、导弹、卫星等重要目标。

1968年，美国人格里研制成功世界上第一种高能气体激光器，输出功率达6万瓦，为激光炮的问世创造了条件。90年代，世界上最大的激光器输出功率为10万~100万瓦，它安装在美国的洛斯阿拉莫斯实验室。美国军方已制成少量激光炮，在"实弹"射击试验中取得了令世人瞩目的战果。

1973年，在柯特兰空军基地，美军用首门激光炮——以二氧化碳为激光器，击落一架低空飞行的靶机，靶机时速320千米。

1985年，美国研制成功世界上功率最大的"米腊克尔"化学激光炮，对准正在发射腾空的"大力神"导弹第二级，射出一串"光弹"，仅仅几秒钟，庞然大物般的"大力神"战略导弹即被摧毁。

1987年，美国在加利福尼亚州南部试验场，用陆基激光炮击毁了几千米外正在高速飞行的"陶"式反坦克导弹。

苏联/俄罗斯在激光武器研制上也处于世界前沿。曾用激光炮击中美国两颗监视其军事活动的间谍卫星，卫星变成失控的"瞎星"，让美国人吃了"哑巴亏"。

同普通火炮相比，激光炮有几个显著特点。首先是速度极快。强激光束以光的速度（30万千米/秒）运行。如果对10千米处以1马赫（约331米/秒）速度运动的目标，用激光炮进行射击，从发射到命中目标的瞬间，目标仅仅移动了10毫米。这就意味着，在激光炮的射击范围内，一切运动目标几乎都成了固定目标，无需计算什么提前量。二是威力极大。无论多么坚硬的目标，被激光"炮弹"命中后，不是粉身碎骨，就是化为一缕青烟。三是不产生后坐力，能迅速变换射击方向，在短时间内可对付多个目标，使用起来机动灵活。四是不需备弹和装填，射速极高。一部激光器，就是一座大弹药库。只要有电源激励，激光器就能连续发射"光弹"，1秒钟可发射1000"发"（次）。

激光炮既可设置在地面上，用于地面防空作战，或攻击敌方的重要地面目标；也可装载在飞机、军舰和坦克等各种战斗车辆上，用于空战、海战和陆战；还可安放在宇宙飞船、航天飞机等航天器上，成为太空作战的主要武器。

激光炮虽有着独特的优势和神奇的力量，但也有致命的弱点，还有许多技术难题尚待解决。例如，激光束在大气层中容易衰减，并发生抖动、扩散和偏移，作用距离受到限制，恶劣气候（雨、雾、雪等）和战场烟尘、雷电对它也有很大影响。另外，对付远距离、高速运动目标，跟踪瞄准系统必须相应配套，这也不是一件易事。激光炮所需的功率较大，研制平均功率在2万瓦以上、脉冲量在3万焦耳以上，且比较轻便的激光器，也还需相当长的时间努力。

美国为了保持在空间军备竞赛中的优势，于1983年3月由里根总统提出了轰动一时的"星球大战"战略防御计划。其主要内容就是研制和部署天基激光炮等武器，以拦截、击毁敌方的弹道核导弹，破坏敌方在空间轨道上运行的卫星、宇宙飞船、航天站等。苏联解体后，世界战略格局发生重大变化。各国都强调应付局部战争，激光武器的研究重点从战略应用转向战术和战区应用。1993年5月13日，美国国防部长阿斯平正式宣布放弃"星球大战计划"，把"战略防御计划"缩小为"弹道导弹防御计划"。在这个新的计划中，机载激光炮是研制重点。据透露，正在实验中的机载激光炮方案是：将45吨重的激光器及其辅助设备，安装在宽体飞机（如波音747）上，巡航于1.2万米高空。在敌方弹道导弹发射后约1分钟时（助推段），发射激光"炮弹"将其击毁，以确保弹头落在导弹发射方的国土内。初期的激光炮射程为100千米，后期将增至约500千米。尚未解决的关键技术是：如何保证激光束顺利穿越稠密的大气层，而不出现发散和畸变。尽管激光炮的难题也不少，但它无疑是定向能武器中最接近实用的一种。

20世纪90年代，高能激光研究的重点之一是确认大气吸收作用最小的波长。2006年10月30日，美国杰弗逊实验室的样机在1.61微米红外波长下产生14.2千瓦的激光束，成为激光技术发展的又一个里程碑。多次实验确认的1.61微米波长至关重要，因为这个波长的激光能穿过海上大气层，可用于反导防御。2011年1月，美国海军研究局宣布，洛斯阿拉莫斯国家实验室又取得一项重大突破——电子发射器研制成功，其所发射的电子能够产生用于激光武

火炮技术

军事科技史话 ●古兵·枪械·火炮

器系统的兆瓦级激光束。

2012年夏天,美国海军在加利福尼亚沿海进行新型舰载激光炮（LAWS）"实弹射击"：在雷达引导下,激光炮向3.2千米外,以480千米时速飞行的4架无人机射击,仅仅数秒,无人机全部化作火球……如果算上此前的测试,LAWS打无人机的战绩是连续12次命中击毁。LAWS外形类似一个小型单筒望远镜,可锁定移动目标并朝其发射稳定的激光束,激光束威力足以烧穿钢板。

图242　美国舰载激光炮

2013年4月8日,美国海军宣布,明年初在长期服役于海湾区域的"庞塞"号军舰上安装新型激光炮。LAWS被设计成"即插即用"的一种系统,可轻易地安装在军舰上,与现有的目标瞄准设备、发电设备共同发挥作用。每次发射激光束的能源成本低于1美元。只要电力供应不断,激光炮就可以第一时间并持续地发射激光束。这种激光束属于红外线光谱,人的眼睛看不到。据称,美海军过去6年用于研发激光炮的投入为4000万美元,一门能够安装到军舰上的激光炮造价约3800万美元。美海军少将克隆德称：预计终有一天,在激光武器发射极为精准的激光束的阻挡下,导弹将难以发挥作用,激光炮将是"导弹终结者"。

走向成熟的电磁炮

早在19世纪,科学家们在发现电磁感应定律的同时,就产生了借助强大的电磁力来发射弹丸的设想。两次世界大战期间,法国、德国、日本等国都曾进行电磁炮的秘密研究,但均未成功。战后,美国空军科研所对此项目

军事科技史话●古兵・枪械・火炮

表示了极大的兴趣，投入了大量的人力、财力，但也以失败而告终。1957年，美国空军科技人员曾灰心丧气地断言："电磁炮是一条死胡同，根本行不通。"

但是，许多热心于电磁炮的科学家仍然矢志不移，继续进行不懈的探索。进入20世纪70年代，电磁炮研究终于取得突破性进展：澳大利亚国立大学的研究人员建成第一台电磁发射装置，成功地打出了世界上第一颗电磁"炮弹"。"炮弹"是只有3克重的塑料片，飞行速度达6000米/秒。此项成果虽然距施展应用还甚远，但却显示了电磁炮的巨大潜力和广阔的发展前景，引起世界各国军界的关注。

90年代，美国科学家又把电磁炮技术推进到新的水平：可将3克重的弹丸加速到11000米/秒，将300克重的弹丸加速到4000米/秒，而普通火炮的弹丸初速约为1000米/秒。

电磁炮按照原理，可分为电磁线圈炮和电磁轨道炮。目前各国发展的重点主要集中在电磁轨道炮，它是一种利用电磁力沿导轨发射炮弹的武器，其结构并不复杂，两条平行的长直导轨，导轨间放置一质量较小的滑块作为弹丸。当两轨接入电源时，强大的电流从一导轨流入，经滑块从另一导轨流回时，在两导轨平面间产生强磁场，通电流的滑块在电磁力的作用下，弹丸以很大的速度射出，这就是轨道炮的发射原理。

电磁炮主要由加速器、电源、开关、能量调节器和电子计算机控制操作系统等组成。加速器，是电磁炮的核心部位，通过它把电磁能量转换成炮弹动能，赋予弹丸极高的飞行速度。现在研制的加速器有两种不同的结构类型，一种是使用低压直流单极发电机供电的轨道炮加速器，能以极高的速度发射小质量弹丸；另一种使用脉冲交流发电机供电，叫同轴同步线圈加速器，适宜发射大质量弹丸。

发射电磁炮弹需要强大的电流，其电流值要达到几万至几十万安培以上。它来源于燃料驱动发电机和储能器。储能器把发电机产生的电能储存起来，一旦需要发射，即可在瞬间向加速器提供足够的电流脉冲能量。按下发射电钮，弹丸在强大电磁力作用下，便闪电般从轨道上射出，在天空中划出一道白光……弹头所具有的动能，是同质量炮弹的几十倍甚至上百倍，任何坚硬的目标也难逃厄运。

与常规火炮相比，电磁炮对弹丸作用时间长，炮口动能大（可达60兆焦耳）。采用高能发射药的美国 MK45 型 127 毫米火炮，其炮口动能只有 10 兆焦耳，这样电磁炮的飞行速度、射程、威力都显著大于普通火炮，可拦截弹道导弹等速度较快的目标。

电磁炮具有射速快、射程远、动能大、命中精度高等优点。电磁炮射击时，既没有后坐力，没有炮口焰和烟尘，也没有震耳欲聋的炮声。它的炮弹结构十分简单，无需弹壳、药筒、火药等，成本较低。可根据目标性质和射程大小快速调节电磁力的大小，从而控制弹丸的发射能量。与常规武器比较，火炮发射药产生每焦耳能量需要 10 美元，而电磁炮只需要 0.1 美元。一枚战斧导弹价值 60 万美元，而一个具备 GPS 导航能力的电磁炮弹不会超过 5 万美元。它将主要用于反卫星、反导弹、反装甲和战术防空，有着不可估量的发展前景。

目前，美国研制的电磁炮有战略型和战术型两种。战略型电磁炮主要部署于天基平台上，以对付洲际弹道导弹威胁。战术型电磁炮主要置放于地面、车辆和舰艇上。美军拟用研制中的战术电磁炮代替高射炮和防空导弹执行放空任务，其长约 7.5 米，射程几十千米，每分钟能发射 500 发炮弹。它不仅能打飞机，还能远距离拦截各种战术导弹，对付地面坦克更是绰绰有余。

电磁炮作为新概念武器，还有一些技术问题有待解决。例如，电磁炮能耗巨大，为其提供可靠、适宜战场使用的能源是个难题；体积庞大，一般平台安装不下。最有希望装备电磁炮的，是海军核动力航空母舰，因为大型航母上既有适宜的平台，也有充足的能源。正在制造中的美国海军下一代航空母舰，装备电磁轨道炮就是引人注目的新技术亮点之一。美国海军对舰载电磁轨道炮的战术技术要求是：

图 243　美国海军用于试验的电磁轨道炮

炮管长度12米，发射速率6~12发/秒，弹丸发射重量20千克（含推进式弹托），弹丸初速2500米/秒，最大射程360千米，圆概率误差小于3米。

　　2012年2月，在美国弗吉尼亚州达尔格伦一处海军武器试验基地内，新型电磁炮进行了首次全威力射击试验。同年10月，通用原子公司向美国海军交付了"闪电"多功能电磁轨道炮的全尺寸样炮，进行全能量试验和评估。这种全新火炮列装大型水面战舰的时日已经可期。

参考文献

1. 总装备部司令部编研室等单位主编.中国军事百科全书（第二版）.北京：中国大百科全书出版社，2008
2. ［英］Peter Bood 著，张琪，付飞译.简氏航天器鉴赏指南.北京：人民邮电出版社，2009
3. G.E.M.J.Gething 著，李佩乾译.简氏飞机鉴赏指南.北京：人民邮电出版社，2009
4. Tony Holmes 著，杨晓珂，董奎译.简氏美军战机鉴赏指南.北京：人民邮电出版社，2009
5. 梁学明，孙连山编著.航空武器发展史.北京：航空工业出版社，2004
6. 李业惠主编.飞机发展历程.北京：航空工业出版社，2007
7. 童志鹏总编.现代电子信息技术丛书.北京：国防工业出版社，2008
8. 王兆春著.中国科学技术史–军事技术卷.北京：科学出版社，1998
9. 总装备部电子信息基础部编.现代武器装备知识丛书.北京：原子能出版社，航空出版社，兵器工业出版社，2003
10. 《科学奥秘》周刊编著.中外军事大揭秘.北京：中央编译出版社，2009
11. ［美］马克斯·布特著.战争的革新——1500年至今的科技、战争及历史进程.北京：军事谊文出版社，2009
12. ［美］迈克尔·怀特著，卢欣渝译.战争的果实——军事冲突如何加速科技创新.生活·读书·新知三联书店，2009
13. 黄宏主编.世界新军事变革报告.北京：人民出版社，2004
14. 李辉光主译.伊拉克战争——战略战术及军事的经验教训.北京：军事科学出版社，2005

15. 李成智，李小宁，田大山编著.飞行之梦——航空航天发展史概论.北京：北京航空航天大学出版社，2004

16.［美］罗伯特 oL.奥康奈尔著.兵器史——由兵器科技促成的西方历史.海口：海南出版社，2009

17.［英］R.J.Andrew White 著.简氏枪械鉴赏指南.北京：人民邮电出版社，2009

18.卜杰，温成伟，王俊梅主编.现代新型火炮.沈阳：白山出版社，2007

作者简介

李俊亭 河北南宫市人，厦门大学毕业。1969年入伍，曾在南京军区、北京军区作战部队任班长、营教导员、团政治处主任等职。1985年调军事博物馆，任馆员、研究馆员、现代馆筹备办公室主任、科普办公室主任、军事科技馆内容设计组组长等。从事军事史、兵器史研究和陈列展览编创设计30年。编著出版《中国武装力量通览》《中国国防与军队建设》《兵器王国大观》《兵器史画丛书》《中国军事博物馆》《兵器的故事丛书》《王牌武器的发明与创新丛书》《中国军事史图集》《兵器世界》《枪林王牌》《名人名枪》等著作40余册，其中有12种获国家图书奖、"五个一工程"奖、解放军图书奖等省级以上奖励。创作发表论文、报告文学、诗歌、科普文章200余篇。为军委领导、老红军撰写长篇回忆录、传记、讲话稿多篇。先后担任军内外40多个展览陈列的主创、主编，其中十余个为国家和全军的大型主题展览，获多项国家级奖项。为中央电视台、中央广播电台编创20多集(期)军事科技、军事历史专题片，获军事节目一等奖。多次主笔起草军事博物馆发展规划、馆党委工作总结、专题汇报等重要文件，连续三届获军博学术论文一等奖。四次荣立三等功，被评为全国科普作家协会成绩突出的国防科普作家、北京市科普先进工作者，聘为国家社科基金军事学项目同行评议专家、中国国防战略学研究会专家委员、中国高科技产业化学会理事、中华雷锋研究会理事。

第四届全国科普产品博览会期间，给邓楠（中国科协第一书记、常务副主席）介绍军事博物馆参展的展品

军事科技史话 ●古兵·枪械·火炮

作者简介

游云 山西太原人，先后就读于吉林大学、北京外国语大学和北京大学，分获史学学位、文学学位和艺术学研究生学历。1990年入伍到军事博物馆工作至今，历任讲解员、展览编辑、杂志社编辑，现任展陈管理教育部二室主任，负责军博科普工作和军事科技馆筹建办公室日常工作。多年从事军事科普、军事历史、英文翻译和博物馆学研究等工作。参加全军社科基金课题《国防教育基地建设问题研究》和《军事科技陈列研究》。作为课题负责人承担多项馆学术课题研究任务。参加编撰《请祖国检阅》《毛泽东军事活动纪实》《中国战争史地图集》《中国战争哲学史探源》《兵器馆》等著作，在《博物馆研究》等专业杂志发表论文10多篇。荣立三等，被授予"北京市科普工作先进个人"荣誉称号。

后　记

　　《军事科技史话》丛书分为：《军事科技史话——古兵·枪械·火炮》《军事科技史话——航空航天装备》《军事科技史话——导弹与核武器》《军事科技史话——舰艇与"水柜"》四册。合计 120 余万字，配图 1000 余幅。

　　在此要特别感谢军事博物馆领导和同事们的支持。本丛书才得以顺利面世，如对读者了解军事科技发展历史有帮助的话，我们将不胜荣幸。

　　在研究和写作的过程中，作者参阅了国内外数十种图书、报刊，除了列出的摄影作者外，还有一些作品不知作者姓名，在表示感谢的同时，也望有关作者与本书主编联系。电话：010-66866404 邮箱：lijunting99@126.com

　　本丛书摄影作者（排名不分先后）：陈正清、毕深忠、红　枫、杨振亚、乔天富、吴　群、罗广达、熊志兴、宋　贝、高　亮、林　洋、雪　印、谷芬、卢文君、唐茂林、刘　峰、照　妖、蔡尚雄、孙　忠、张家华、邹建东、杨　林、李福培、杜　鑫、于天伟、王新庆、胡宝玉、孙　牛、高枫章、周万平、段继文、颜志宏、李振森、王建民、李　靖、罗　飞、韩悟平、俎瑞亭、陈立人、岱天荣、彭　山、袁学军、刘　建、曹益民、车　夫、王良元、杨子恒、张　磊、贾明祖、刘志斌、谢焕池、李　文、李　涛、杨　磊、李　勇、丁　林、李　彦、文　亮、军　亭、王子桐、李子甦